国家自然科学基金项目（No.52075183）资助出版

氢能装备
橡胶密封技术

周池楼 编著

Rubber Sealing Technology
for Hydrogen Equipment

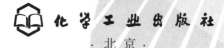

化学工业出版社

·北京·

内容简介

本书首先描述了氢能装备与橡胶密封结构的基本术语与概念，紧接着阐述了氢在橡胶中的传输行为，之后分别从密封材料层面和密封结构层面系统梳理了氢能装备橡胶密封材料与密封性能的氢损伤，随后论述了氢能装备橡胶密封结构设计。本书完善了氢能装备密封失效泄漏事故预防所需的技术资料和性能数据，内容层层深入且充实紧凑，语言表述与逻辑思路清晰，具有很强的科学性、工程指导性。

本书可作为高等院校的氢能科学与工程、安全工程、储能科学与工程、过程装备与控制工程等专业及相关专业的本科生教材和研究生参考教材，也可作为从事氢能装备，特别是密封技术研究的科研人员和工程技术人员的参考书。

图书在版编目（CIP）数据

氢能装备橡胶密封技术 / 周池楼编著 . —北京：化学
工业出版社，2023.10
ISBN 978-7-122-44471-4

Ⅰ.①氢… Ⅱ.①周… Ⅲ.①氢能-装备-橡胶密封-密封
材料-研究 Ⅳ.①TK912

中国国家版本馆 CIP 数据核字（2023）第 220739 号

责任编辑：丁文璇　　　　　　　　　装帧设计：张　辉
责任校对：王　静

出版发行：化学工业出版社（北京市东城区青年湖南街 13 号　邮政编码 100011)
印　　　刷：北京云浩印刷有限责任公司
装　　　订：三河市振勇印装有限公司
787mm×1092mm　1/16　印张 13¾　字数 339 千字　2023 年 12 月北京第 1 版第 1 次印刷

购书咨询：010-64518888　　　　　　售后服务：010-64518899
网　　　址：http://www.cip.com.cn
凡购买本书，如有缺损质量问题，本社销售中心负责调换。

定　　　价：88.00 元　　　　　　　　　　　　　版权所有　违者必究

序 言

氢能作为来源多样、清洁环保、应用广泛的二次能源，可实现电、气、热等异质能源形式间的相互转化，是构建以可再生能源为主的多元能源供应体系的重要载体，也是实现"双碳"战略目标的重要途径。氢能的开发和利用已经成为新一轮世界能源技术变革的重要方向。

氢能装备密封技术是氢能利用的关键技术之一。其中，橡胶密封件广泛应用于制氢、储氢、输氢、加氢、用氢等氢能产业链的各个环节。密封件虽小，却往往是薄弱环节。近几年发生的氢气泄漏爆炸事故表明，氢能装备密封失效导致的氢气泄漏爆炸是国内外氢能产业发展面临的共同挑战。由于氢气分子小，易泄漏，且易引发密封材料氢损伤，目前氢能装备橡胶密封技术仍面临许多挑战和亟待解决的问题。因此，系统梳理氢能装备橡胶密封技术发展现状，揭示密封损伤机理，建立密封设计方法，对保障氢能装备安全可靠运行、促进氢能产业健康发展具有重要意义。

本书作者在浙江大学攻读博士学位期间就开始研究氢能装备橡胶密封技术，在橡胶密封氢损伤和设计方面的基础扎实，并带领团队取得了多项研究成果。本书不仅较为系统地介绍了作者团队在氢能装备橡胶密封技术领域的研究成果，而且融入了本领域国内外同行专家的最新科研成果，涵盖了氢密封概念、橡胶中氢传输、密封材料/结构氢损伤、密封结构设计等，内容丰富，数据翔实，系统性强，填补了我国氢能装备密封技术书籍的空白。

本书兼顾理论基础和工程应用，可作为从事氢能装备，特别是密封技术研究的科研、工程技术人员，以及氢能科学与工程、过程装备与控制工程等专业本科生和研究生的参考书。

浙江大学氢能研究院院长

中国工程院院士

2023 年 8 月

序 言

　　氢，是可再生能源的重要载体，也是实现碳中和目标的关键途径。氢的制、储、运、加、用各个环节涉及一系列氢能装备设施。其中，密封件是氢能装备不可缺少的重要组成部分。橡胶是氢气密封的常用材料，然而，临氢环境下橡胶材料易发生鼓泡断裂、吸氢膨胀、力学性能劣化等材料性能损伤行为，继而诱发橡胶密封失效，最终影响氢能装备安全性和可靠性。但临氢环境下密封技术研究与开发的难度大，性能数据严重缺乏，技术积累相对薄弱，因此系统梳理氢能装备橡胶密封技术与理论，对新一代氢能装备密封技术的研发具有重要意义。

　　本书作者一直从事氢能装备密封技术研究，在氢能装备橡胶密封的基础理论、技术发展、实际应用等方面都有很好的基础和深入的认识，提出了抗挤出失效的高压氢气密封结构，建立了高压氢环境橡胶密封性能预测方法，较好解决了传统密封设计方法无法定量评估吸氢膨胀对密封性能影响的问题。本书系作者团队在氢能装备密封技术领域研究成果的凝结，同时融入了本领域国内外科学家的前沿科研成果，涵盖了橡胶密封与氢系统、氢在橡胶中的传输行为、密封材料的氢损伤、密封性能的氢损伤以及氢能装备橡胶密封结构设计等内容，内容丰富翔实，汇集了氢能装备橡胶密封方面的较全面的理论知识、基础数据和关键技术。我相信该书对氢能领域的研究人员、氢能相关专业的教师及学生，乃至氢能领域的工程技术人员和企业家都会有很好的参考价值。

　　本书是作者围绕氢能装备研发关键基础元器件的有益尝试，我衷心期待他们在学术和工程应用上取得更大的成绩。

华东理工大学教授

中国工程院院士

涂善东

2023 年 10 月

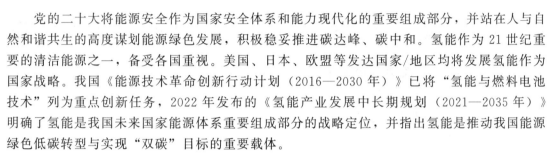

前　言

党的二十大将能源安全作为国家安全体系和能力现代化的重要组成部分，并站在人与自然和谐共生的高度谋划能源绿色发展，积极稳妥推进碳达峰、碳中和。氢能作为 21 世纪重要的清洁能源之一，备受各国重视。美国、日本、欧盟等发达国家/地区均将发展氢能作为国家战略。我国《能源技术革命创新行动计划（2016—2030 年）》已将"氢能与燃料电池技术"列为重点创新任务，2022 年发布的《氢能产业发展中长期规划（2021—2035 年）》明确了氢能是我国未来国家能源体系重要组成部分的战略定位，并指出氢能是推动我国能源绿色低碳转型与实现"双碳"目标的重要载体。

随着氢能产业规模扩大，应用场景增加，氢能承压设备的种类和数量快速增长。然而，氢能承压设备密封失效导致的氢气泄漏爆炸是国内外氢能产业发展面临的共同挑战之一。我国对于氢能装备的密封技术研究起步较晚，相关技术资料尤为匮乏，难以满足中国氢能产业迅速发展对氢气密封抗泄漏安全保障的迫切需求。因此，系统梳理氢能装备橡胶密封技术的发展现状，介绍氢能装备橡胶密封的失效机理及调控方法，具有重要理论意义和实际应用参考价值。

本书共 5 章，第 1 章主要介绍氢能装备与橡胶密封的基本术语与概念；第 2 章主要介绍氢在橡胶中的传输行为；第 3 章从密封材料层面系统梳理氢环境下橡胶密封材料的氢损伤，包括鼓泡断裂、吸氢膨胀、力学性能氢致劣化、化学结构损伤等；第 4 章从结构层面论述氢能装备密封性能的氢损伤，包括静密封性能、动密封特性、摩擦磨损特性；第 5 章介绍氢能装备橡胶密封结构设计，包括密封设计方法、密封性能预测、密封性能优化、密封结构的失效与防治等。

本书按照"双碳"目标的国家战略需求，在国内外氢能市场化起步大背景下编写，可为氢能源领域工程技术人员，氢能源安全专业教师及本科、研究生提供行业亟须的氢能装备密封技术方面的知识。

本书得到国家自然科学基金项目（No.52075183）、广东省自然科学基金项目（No.2023A1515010692）、华南理工大学研究生教材建设项目 & 华南理工大学研究生精品教材修订专项项目（No.2023XJZX08）的资助，谨致谢忱。

在本书编撰过程中，浙江大学郑津洋院士、华东理工大学涂善东院士提出了宝贵的意见和建议。

特别感谢课题组研究生郑益然同学在书稿编写、制图、校对等方面付出的辛勤劳动，感谢刘先晖、戴鹏智、黄炎磊、薛金鑫等同学对本书出版付出的辛勤努力。

由于编著者水平有限，书中难免有不妥之处，敬请读者指正。

周池楼

华南理工大学

2023 年 6 月

目 录

第1章
橡胶密封与氢系统

橡胶密封件是氢能装备不可缺少的重要组成部分，应用于制氢、储氢、输氢、加氢到用氢（氢能汽车）的各个环节。橡胶材料不适用于液氢极低温环境，故本书所述氢能装备并不涉及液氢装备。

1.1 氢系统中橡胶密封的应用

1.1.1 氢能装备概述

近年来，随着全球能源需求的快速增长和化石能源储备逐渐减少，探索清洁可再生能源载体和减少对传统化石燃料的过度依赖已迫在眉睫。党的二十大将能源安全作为国家安全体系和能力现代化的重要组成部分，并站在人与自然和谐共生的高度谋划能源绿色发展，积极稳妥推进碳达峰、碳中和。氢能作为 21 世纪人类可持续发展最具潜力的二次清洁能源之一，可与多种能源形式连接，构成如图 1-1 所示的氢-电-化石燃料耦合发展体系[1]。氢能的发展能够有效解决当前能源领域存在的许多问题，可助力能源、交通、石化等多个领域实现深度脱碳。因此，加快氢能发展步伐已成为全球共识[2]。

随着世界各国对氢能产业的重视和关注，安全、可靠、稳定的氢能装备研发和应用将成为全球氢能产业快速发展的关键。如图 1-2 所示[3]，氢能产业链包括制氢、储氢、运氢、加氢及用氢所涉及的一系列装备设施[4]。

1.1.1.1 制氢装备

根据制氢过程中是否有二氧化碳的排放，将氢气分为灰氢、蓝氢和绿氢。电解水是制取绿氢的主要途径，是氢能发展的关键技术之一。目前国内外市场中，大型电解水制氢技术主要采用碱性电解水制氢技术（alkaline electrolysis，ALK）和质子交换膜电解水制氢技术（proton exchange membrane electrolysis，PEM）两种，电解装置主体结构如图 1-3 所示。图 1-3 （a）中的碱性电解槽主体由端压板、密封垫片、极板、电板、隔膜等零部件组装而成。图 1-3 （b）中

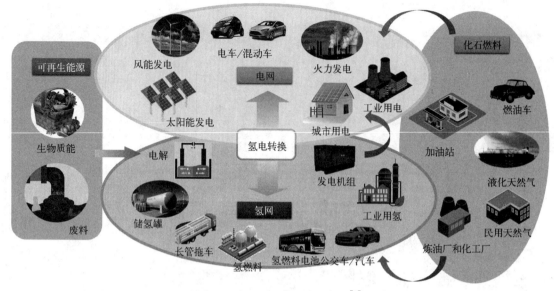

图 1-1　氢-电-化石燃料体系网[1]

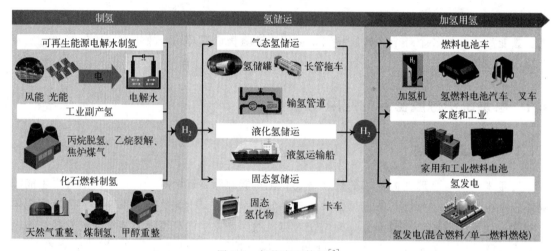

图 1-2　氢能产业体系[3]

的质子交换膜电解水制氢系统的质子交换膜电解槽由质子交换膜、催化剂、气体扩散层和双极板等零部件组装而成，是质子交换膜电解水制氢装置的核心部分[5,6]。可以看到，无论是哪种电解水制氢技术，关键装置均涉及大量密封部件（如密封垫片）的使用。

1.1.1.2　氢气储运装备

氢气的储运是连接整个氢能产业链上下游的关键环节，甚至已成为制约氢能广泛应用的主要技术瓶颈之一。目前，主流的氢气储运方式主要有三种：固态氢储运、低温液态氢储运和高压气态氢储运。固态氢储运主要是利用金属氢化物、碳质材料的选择性可逆吸放氢能力来储存和运输氢气，但其成本较高且吸放氢过程难以控制。低温液态氢储运是指通过将氢气液化，然后储存在绝热低温容器中，但该技术需要提供极低的温度条件，且存在能耗过高和设备复杂等缺点。高压气态氢储运是指直接将高压状态的氢气储存在气瓶或储罐中，凭借其充放速度快、技术简单的优势，已成为目前最流行和成熟的氢气储运技术。如表 1-1 所示，

(a) 碱性电解槽主体　　　　　　　(b) 质子交换膜电解水制氢系统

图 1-3　电解装置主体结构

气态氢储运装备普遍具备压力高的特点[7]。这些设备长期在高压氢气环境下运行，其橡胶密封件等临氢密封材料易产生氢致性能劣化。

表 1-1　气态氢能储运装备及其氢储运压力范围[7]

氢能储运装备	氢储运压力范围	氢能储运装备	氢储运压力范围
加氢站储氢容器	45～100MPa	长管拖车和管束式集装箱	20～30MPa
车载高压储氢气瓶	35MPa 或 70MPa	氢气长输管道	2～20MPa

（1）储氢装备

① 固定式储氢容器　主要用于加氢站、应急电站等，目前在加氢站中应用最为广泛。根据结构特点，固定式储氢容器主要包括单层钢质储氢容器和多层钢质储氢容器[7]。

单层钢质储氢容器主要包括旋压式储氢容器和单层整锻式储氢容器。单层储氢容器发展时间较长，生产线设备技术十分成熟，有着结构简单、成本低、交货快的优点，但其容积受到限制。

多层钢质储氢容器主要包括钢带错绕式全多层储氢容器与层板包扎式储氢容器。相比单层钢质储氢容器，多层钢质储氢容器的储氢压力更高，容积也更大。

② 储氢气瓶　主要用于氢能交通运载，如氢燃料电池乘用车、物流车、大巴车、叉车、重卡、轮船、无人机等。氢燃料电池叉车主要采用钢质氢气瓶，其余则采用铝内胆碳纤维全缠绕氢气瓶（简称"Ⅲ型瓶"）和图 1-4 所示的塑料内胆碳纤维全缠绕氢气瓶（简称"Ⅳ型瓶"）[8]。储氢气瓶充装速度过快会导致温度的骤变，影响橡胶密封部件密封性能。此外，储氢气瓶使用环境复杂多变，关键密封部件还存在机械损伤、氢致开裂等风险。

（2）输氢装备

① 道路输氢设备　道路输氢设备通过公路、铁路等输送、分配氢气，适用于距离短、

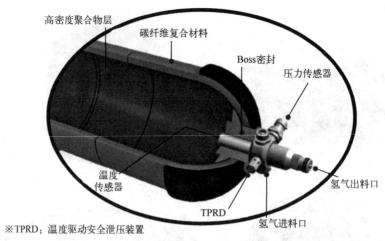

※TPRD：温度驱动安全泄压装置

图1-4　塑料内胆碳纤维全缠绕氢气瓶结构图[8]

用氢量较少的场合，主要包括长管拖车和管束式集装箱。该类设备的公称工作压力通常为20～30MPa，容积不大于3000L，单车运氢量不超过500kg，运输效率低，成本高。

② 氢气管道　氢气管道具有种类多、管径和压力范围大、量大面广等特点，分类及用途如表1-2所示。

表1-2　氢气管道分类及用途

氢气管道	用途
工业管道	制氢、冶金、电子、建材、电力、化工等企业内输送氢气
长输管道	远距离集中输送氢气
公用管道	城镇氢气管道
专用管道	加氢站、氢燃料电池汽车供氢系统、氢安全试验设备等的氢气管道

1.1.1.3　氢气压缩装备

加氢站用压缩机主要有隔膜式压缩机、液驱式压缩机以及离子压缩机。应用较多的是隔膜式压缩机和液驱式压缩机。图1-5所示为液驱式往复氢气压缩机示意图[9]。

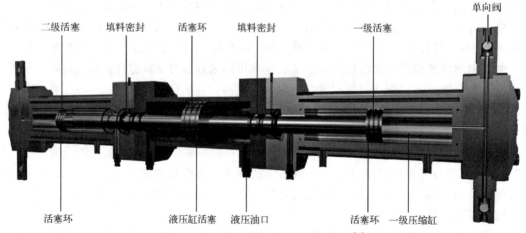

图1-5　液驱式往复氢气压缩机示意图[9]

三种压缩机的优劣势总结如表 1-3 所示。

表 1-3　氢气压缩机种类及特点

压缩机类型	优势	劣势
隔膜式压缩机	1. 相对余隙很小，密封性好，氢气纯度大； 2. 单级压缩较大； 3. 压缩过程散热良好； 4. 单台气体增压量大； 5. 在国内加氢站应用广泛	1. 单机排气量相对较小； 2. 不适用于频繁启停； 3. 排气压力较大时隔膜寿命会缩短
液驱式压缩机	1. 单机排气量相对较大； 2. 相同输出效率的情况下，运行频率低，使用寿命长； 3. 设计简单，易于维护和保养； 4. 同等功率下，体积更小，效率更高； 5. 可以带压频繁启停	1. 密封性要求高； 2. 密封圈易损坏和老化，更换周期短； 3. 单级压缩较低，单台增压量小； 4. 活塞结构，噪声较大
离子压缩机	1. 构造简单，维护方便； 2. 能耗较低	1. 制造标准与国内不同，引进复杂； 2. 价格较高

1.1.1.4　氢气加注装备

氢气加注装备泛指用于分配氢气的机器或设备，典型的氢气加注装备有加氢站中用于给燃料电池车辆加注氢气的加氢机，如图 1-6 所示[10]。

加氢机与传统的加油机非常相似，它们都由一个主机和一套柔性软管组件组成，且均需要连接到车辆的燃料储存系统中[10]。相比之下，氢气软管更厚、更重，造成这些差异的原因在于氢气的高压。用于汽油或柴油输送的软管额定最大工作压力为 1MPa，而氢气软管则需要承受更大的气体压力（可达 70MPa）。为此，氢气软管需要额外的强化层，见图 1-6（c）。软管与车载储氢气瓶之间通过图 1-6（b）所示的加氢枪进行连接。为了保证二者之间密封连接的可靠性，需要在加氢枪上加装一个锁定机构[10]。

1.1.1.5　氢燃料电池装备

氢燃料电池（hydrogen fuel cell，HFC）是氢能产业链的核心装备，它能将氢气和氧气中的化学能直接转化为电能，在氢能交通运输应用和可再生能源大规模储能方面发挥着关键作用。

图 1-7 所示的氢燃料电池属于质子交换膜燃料电池（proton exchange membrane fuel cell，PEMFC），包括燃料电池堆、空气供应、氢气供应、热管理及水管理五个子系统[11]。其中，燃料电池堆主要由成百片的单电池以堆栈的方式构成。每个单电池由双极板、膜电极和密封圈组成。膜电极与双极板之间分隔成独立的腔室，需要使用大量密封元件以保证每个腔室的密封效果，从而提升燃料电池性能，减少燃料损失。由于膜电极组件和双极板长期暴露于湿热气体（氢气和空气）中，因此，用于密封的橡胶等材料需具有可靠的稳定性和对电化学反应中间体的耐受性。

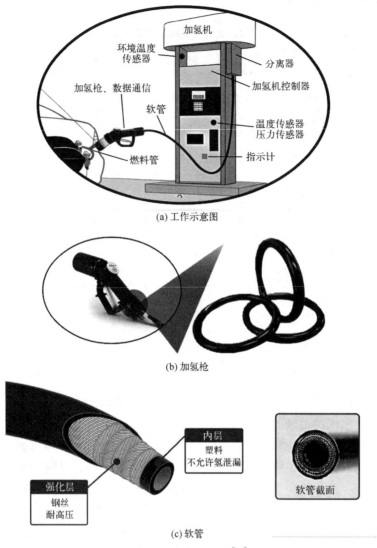

(a) 工作示意图

(b) 加氢枪

(c) 软管

图 1-6　加氢机组成[10]

1.1.2　典型密封部件

图 1-8 为氢能装备典型密封部件应用图解，涉及氢气生产、运输、储存、加注到使用的各个环节所需的氢能装备，如 PEM 电解槽、长管拖车、氢气压缩机等[12]。这些装置在氢系统中发挥着至关重要的作用。此外，装置之间的连接或装置内部结构的分区需同时使用多种密封部件。这些密封部件长期暴露在宽温（−40～85℃）高压（部分高达 100MPa）环境下，或是与电解质溶液直接接触，面临严峻考验。

表 1-4 概述了氢气从生产、储运、加注到氢燃料电池过程中涉及的关键氢能装备组件的密封部件和材料组成。需要注意的是，表中列出的密封部件和材料只是可供参考的类型，并非完全适用于所有工况。氢系统用橡胶密封部件面临诸多挑战，如氢气快速泄压可能导致橡胶密封圈发生鼓泡断裂等损伤现象。因此，为开发适用于不同氢能装备要求的密封材料，需聚焦氢能装备典型密封部件，深入了解密封件在特定使用场景下的工况条件。

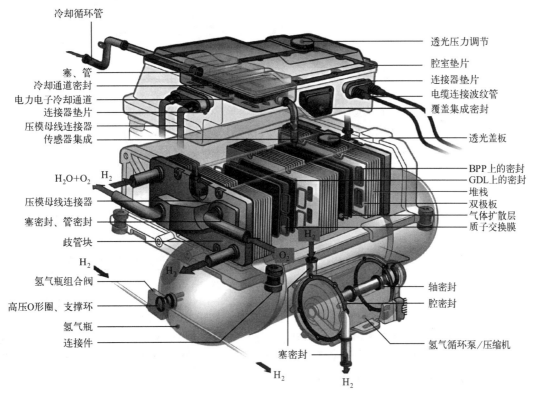

冷却循环管

塞、管
冷却通道密封
电力电子冷却通道
连接器垫片
压模母线连接器
传感器集成

H_2O+O_2　　H_2

压模母线连接器
塞密封、管密封
歧管块
　　　　H_2
氢气瓶组合阀
高压O形圈、支撑环
氢气瓶
连接件

透光压力调节
腔室垫片
连接器垫片
电缆连接波纹管
覆盖集成密封
透光盖板

BPP 上的密封
GDL 上的密封
堆栈
双极板
气体扩散层
质子交换膜

轴密封
腔密封

氢气循环泵/压缩机

塞密封　　H_2

H_2

图 1-7　氢燃料电池结构原理图[11]

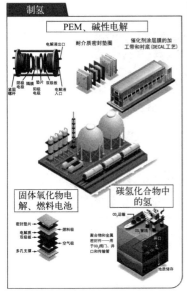

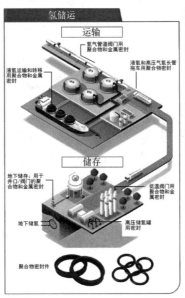

图 1-8　氢能装备典型密封部件应用图解

表 1-4　氢能装备典型密封部件及材料[13]

组件	描述	材料
高压储氢气瓶	Ⅳ型	聚合物内胆:高密度聚乙烯、聚酰胺、聚对苯二甲酸乙二醇酯;复合容器:玻璃或碳纤维、环氧树脂
管道/管线	高压运输(高于 10MPa) 低压运输(低于 10MPa)	聚合物衬垫:高密度聚乙烯、聚酰胺/高密度聚乙烯、聚丙烯、聚氯乙烯、氯化聚氯乙烯
氢压缩机	密封组件	聚四氟乙烯、聚醚醚酮
分配软管	密封组件	丁腈橡胶、氟橡胶、聚碳酸酯
法兰接头	O 形圈、垫圈(低压低于 10MPa)	丁腈橡胶、氟橡胶、聚四氟乙烯
螺纹连接器	O 形圈(高压高于 10MPa)	丁腈橡胶、氟橡胶
阀门	活塞	聚醚醚酮
	O 形圈、配件等	丁腈橡胶、氟橡胶、聚四氟乙烯
	密封组件和垫圈	聚四氟乙烯、丁腈橡胶、氟橡胶、聚醚醚酮、聚酰胺、乙丙共物、氟硅橡胶、硅树脂、氯丁橡胶
	阀座	聚酰胺、聚四氟乙烯、聚三氟氯乙烯、聚酰亚胺

1.1.2.1　电解槽密封

　　碱性电解槽和质子交换膜电解槽主要结构分别如图 1-9 (a) 和图 1-9 (b) 所示[14]。在碱性电解槽中，密封垫片是电解槽密封的主要密封部件，直接影响整个电解槽的质量。常规压力型碱性电解槽工作压力不大于 1.6MPa。电解槽一般采用压滤式结构，密封系统为平垫片密封，通过在极板框边缘开设密封水线和提升密封垫材料性能以保障整个电解槽的密封性。电解槽内部的流动介质包括循环流动的电解液，以及电解产生的氢气和氧气。密封垫片的作用是在碱性环境、90℃、1.6MPa 的操作条件下保证电解质溶液、氢气和氧气在电解槽中的密封。密封垫片除具备密封性能外还需具备绝缘性能，以保证电解室两个极框之间的绝缘，避免小室内部的短路。由于密封垫片需起到绝缘作用，因此主要是通过改性绝缘密封材

(a) 碱性电解槽　　　　　　　　　　(b) 质子交换膜电解槽

图 1-9　电解槽主要结构[14]

料以提升绝缘性能。改性氟塑料是碱性电解槽中研究较多的密封材料。国内碱性电解槽密封材料多为碳纤维、二硫化钼等作为增强填料填充聚四氟乙烯。目前应用的密封材料在碱性电解槽高温高压和间断开机情况下依然容易发生冷流、蠕变，导致槽体渗漏，影响了电解槽的使用寿命。

对于质子交换膜电解槽，尽管 PEM 电解堆与燃料电池电堆在结构、内部环境等存在较大的相似性，如数百单元堆叠、高氧含量、高湿度、酸性环境等，但针对密封性而言，PEM 电解槽面临更严峻的挑战，其高阳极电位（1.5～2.0V 甚至更高）、大量液态水（数十至数百倍反应水量）、更大的组装力，均对 PEM 电解槽的密封方式、材质和结构提出了更高的要求。当前，PEM 电解槽一般分为平衡式运行和非平衡式运行两种。平衡式运行模式要求系统不断对阴阳极压力进行平衡调节，而非平衡式运行模式可减少后处理过程的复杂度，但同时增加了质子膜的封边工艺难度及整堆密封难度。由于阳极水流量较大，通常阳极侧保持常压。对于阴极氢侧，通常将氢侧出口压力设计在 3MPa 以上，以便与后端的储氢、运氢、用氢环节互相配合。

1.1.2.2　多层钢质储氢容器密封

大容积全多层钢质储氢容器的密封比中低压容器困难得多，这归因于其高压力和大直径。高压容器密封的型式很多，按工作原理可分为强制密封和自紧密封两类。强制密封是指依靠连接件（螺栓）的预紧力来保证压力容器的顶盖、密封元件和圆筒体端部之间具有一定的接触应力，以实现密封效果。自紧密封是指随着压力容器内的操作压力增加，密封元件与顶盖、圆筒体端部之间的接触应力也随之增加，从而发挥密封作用。自紧密封的特点是压力越高，密封元件在接触面间的压紧力就越大，密封性能也就越好。

图 1-10 所示为一种典型的多功能全多层高压储氢容器储罐接管密封结构示意图。由于内部氢气具有高压力、易燃易爆、高渗透等特性，高压储氢容器的密封采用多道密封结构型式，包括但不限于轴向密封、径向密封等。

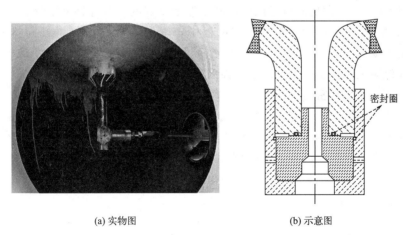

(a) 实物图　　　　　　　(b) 示意图

图 1-10　全多层高压储氢容器接管密封结构示意图

1.1.2.3　储氢气瓶密封

图 1-11 所示为主流Ⅳ型高压储氢瓶充氢口的 Boss 密封结构[15]。它是连接塑料内胆与

金属瓶阀之间的固定导向结构，用于保证塑料内胆与金属瓶阀之间的密封及连接。氢气瓶阀被设计成一个组合阀，涉及多个密封部件。一旦气瓶组合阀密封损坏，将严重影响供氢系统的稳定运行。

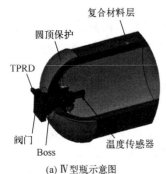
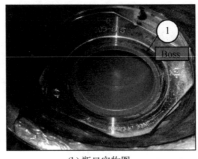

(a) Ⅳ型瓶示意图　　　　　　(b) 瓶口实物图　　　　　　(c) 组合阀实物图

图 1-11　Ⅳ型高压储氢瓶 Boss 密封结构[15]

金属 Boss 结构通常与橡胶密封部件配合，以实现密封效果。然而，此类结构存在密封性能差、结构成型难度高、结构稳定性差等问题。主要体现在金属 Boss 结构与塑料内胆之间的结构稳定性难以保证，且无法避免塑料内胆与金属环形内衬之间发生相对转动，增加了结构的失效风险。与此同时，瓶口处未对塑料内胆进行结构增强，在遭受轴向冲击时容易导致塑料内胆封头与金属 Boss 结构瓶口之间发生剥离。

因此，如何在提升储氢气瓶金属 Boss 结构瓶口与塑料内胆之间的密封效果的同时，有效避免结构失稳、塑料内胆剥离以及实现简易装配拆卸，是Ⅳ型储氢气瓶密封研发亟须解决的问题。

1.1.2.4　氢压缩机密封

液驱活塞氢气压缩机主要密封结构如图 1-12 所示，主要包括活塞密封部件和填料密封部件[16,17]。活塞作为其做功的执行机构，既要保证良好的密封性，又要保证其相对于缸体具有良好的活动性能。氢气压缩机工作过程中，气缸内压力极高，最高排气压力可达90MPa，同时温度可达 250℃，因此对于活塞密封部件的要求极高。活塞的密封结构设计需要综合考虑压缩腔内的温度、压力以及表面的光洁程度，可根据具体工况采用铜合金或填充聚四氟乙烯橡胶圈。填料密封部件是氢气压缩机工作过程中的主要密封元件，在氢气压缩机的压缩工作过程中，可减少气缸中的高压气体通过活塞杆向外泄漏。填料密封部件的性能直接影响氢气压缩机的最终排气量和排气压力。目前常使用的填料密封函结构由若干组填料盒组成，每组填料盒均包括节流环、切向密封环、节流环和拉簧等，填料盒之间用 O 形密封圈进行密封。

1.1.2.5　阀门密封

在加氢站中，氢气经过压差驱动，从气源接口进入加氢机进气管路，之后依次经过气体过滤器、进气阀、质量流量计、流量调节装置、换热器（可选）、拉断阀、加氢软管、加氢枪后，通过加氢口充入储氢气瓶[18]。在这个过程中，涉及大量氢气阀门应用。作为氢系统中的关键部件，阀门主要用于控制气态氢流动，但同时也是氢气泄漏或释放的潜在危险源。

这些阀门可分为需要动态密封的"比例"或"调压"型阀门，以及需要静态密封的"减

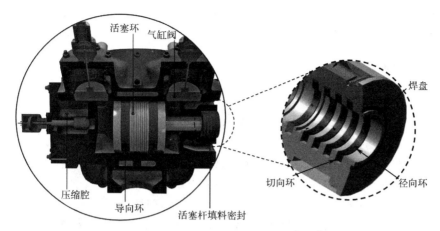

图 1-12　氢气压缩机典型密封组件[16,17]

压"型阀门和"开/关"型阀门。其密封性能不仅需要满足在高低温交变、高低压、氢脆等极端环境下的指标要求，更需要符合在阀门使用寿命全过程中的氢气密封性要求。图 1-13 列举了几种常用的氢气阀门，如截止阀、调压阀、针型阀等[19]。其中截止阀是应用最广泛的阀门之一。其工作原理为，依靠阀杆压力，使阀瓣密封面与阀座密封面紧密贴合，阻止氢气泄漏。它开闭过程中密封面之间摩擦力小，比较耐用，开启高度不大，制造容易，维修方便。因此，截止阀同时适用于中低压和高压氢气环境。

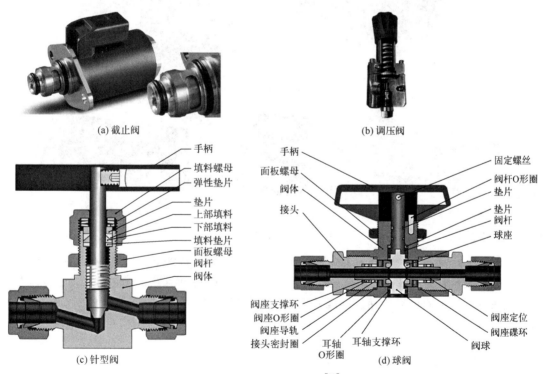

图 1-13　常见氢气阀门[19]

对于高压和超高压氢气条件来说，密封材料和密封结构决定了阀门的性能。氢气阀门常见密封结构可分为平面密封、锥面密封以及线密封。平面密封的轴向载荷过大，密封效果不如锥面密封。锥面密封的密封效果好，便于加工，应用比较普遍，但其关闭过程存在摩擦的现象。线密封更适合超高压条件，但对加工的要求更高，后期维修难度也更高。各种密封结构各有优劣，需结合实际工况需求选定。

1.1.2.6 燃料电池密封

图 1-14 所示为燃料电池堆内部密封示意图[20]。可以看出，电池堆中的关键部件如气体扩散层、双极板等均采用密封垫片等结构来实现电池堆的区域划分。

上述密封结构不仅能防止氢气与氧气直接接触，还可以补偿相邻部件由于热或其他因素而膨胀所导致的尺寸变化。图 1-14（b）所示的弹性体密封在注射成型过程中直接应用于气体扩散层[20]。这些扩散层负责处理气体的精确分布以及聚合物电解质膜两侧的热量和水的运输，使密封部件与气体扩散层形成一个紧凑而安全的密封单元，以保障气体扩散层的稳定运行。图 1-14（c）所示的热塑性框架上的弹性体密封件用于引导气体和热量的流动，并补偿相邻堆叠部件的制造公差[20]。图 1-14（d）所示的双极板上的弹性体密封件用于防止冷却剂和反应物气体的泄漏，并补偿相邻堆叠部件的制造公差[20]。

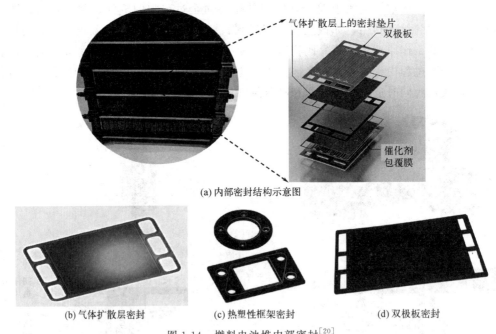

气体扩散层上的密封垫片
双极板
催化剂包覆膜

(a) 内部密封结构示意图

(b) 气体扩散层密封　　　　(c) 热塑性框架密封　　　　(d) 双极板密封

图 1-14　燃料电池堆内部密封[20]

由此可见，从氢能产业链的上游制氢到中游储氢运氢，再到下游加氢用氢，各类氢能装备中均涉及大量密封部件。它们广泛应用于储氢容器、燃料电池堆和其他子系统之间，以保障氢气在氢系统中的可靠传递。因此，稳定可靠的密封部件对于氢能装备的安全运行至关重要。

1.1.3 密封类型

氢系统密封部件根据氢气压力等级，可分为高压密封、低压密封及真空密封；根据密封偶合面间有无相对运动，可分为静密封与动密封；根据密封部件形状与型式，可分为成型填料密封、胶密封、带密封及填料密封；根据密封部件在密封装置中所起的作用，可分为主密封和辅助密封。

常用密封部件分类可参考表 1-5[21]。

表 1-5　常用密封部件分类

分类			主要密封部件
静密封	非金属密封		橡胶 O 形密封圈
			橡胶垫片
			聚四氟乙烯生料带
	橡胶金属组合密封		组合密封垫圈
动密封	非接触式密封、间隙密封		利用间隙、迷宫、阻尼等
	接触式	自封式挤压型密封	橡胶 O 形密封圈
			同轴密封圈
			异形密封圈
			其他
		唇形密封（自封式自紧型密封）	Y 形密封圈
			V 形密封圈
			组合式 U 形密封圈
			蕾形和复合唇形密封圈
			带支撑环组合双向密封圈
	其他		其他

1.1.3.1　静密封与动密封

静密封的密封偶合面间没有相对运动，动密封的密封偶合面间存在相对运动。因此，动密封既要承受氢气压力，又要耐受相对运动引起的摩擦、磨损；既要保证一定的密封，又要满足运动性能的各项要求。

（1）静密封

静密封可分为平面密封（又称"轴向密封"）和圆柱密封（又称"径向密封"）。平面密封根据氢气压力作用于密封圈的内径或外径，又有受内压（又称"外流式"）与受外压（又称"内流式"）之分，即氢气可能从内向外或从外向内泄漏。图 1-15 所示为各种型式的静密封[21]。在氢系统中，各零件的接合面、管接头等处大量使用静密封。静密封部件很多，其中以 O 形密封圈应用最为广泛。

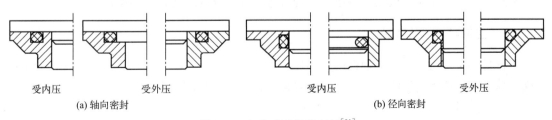

受内压　　　　受外压　　　　　　　受内压　　　　　受外压

(a) 轴向密封　　　　　　　　　　　(b) 径向密封

图 1-15　各种型式的静密封[21]

（2）动密封

动密封根据密封偶合面间的运动是旋转还是滑动，可分为旋转动密封和往复动密封。往复动密封在氢系统密封中应用较为广泛，主要用于气动缸中的活塞与缸筒之间、活塞杆与缸盖以及滑阀的阀芯与阀体之间，是一种简单且通用的密封型式。往复动密封根据密封件与密封面的接触关系，又可分为孔用密封（又称"外径密封"）与轴用密封（又称"内径密封"）。孔用密封的密封件与孔有相对运动，轴用密封的密封件与轴有相对运动。图 1-16 所示为典型的往复动密封结构[21]。

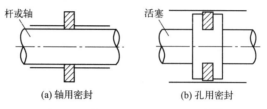

图 1-16　典型的往复动密封结构[21]

动密封根据密封偶合面的接触型式可分为接触型密封与非接触型密封。接触型密封靠密封件在强制压力作用下，贴在密封面上。这种密封方式密封性好，但受摩擦、磨损条件限制，密封面相对运动速度较小。氢系统往复动密封绝大部分属于接触型密封。接触型密封又分为压缩型密封和压力赋能型密封。压缩型密封靠挤压装在填料箱中的密封填料，使其沿径向扩张，紧压在轴或孔上实现密封。压力赋能型密封是一种有自封能力的密封，可分为挤压型和唇型。挤压型的代表为成型填料密封圈中的 O 形密封圈，唇形的代表为 Y 形密封圈。非接触型密封是一种间隙密封，由于密封偶合面间没有接触和摩擦，这种密封摩擦、磨损小，启动功率低，寿命长，但密封性较差。

1.1.3.2　成型填料密封、胶密封、带密封及填料密封

（1）成型填料密封

成型填料密封是指用橡胶、塑料、皮革及金属材料经模压或车削加工成型的环状密封圈。其中应用最广的是橡胶 O 形密封圈。

（2）胶密封

胶密封是在结构复杂且不利施工的间隙涂膏状液态密封胶。

（3）带密封

带密封是在管接头等处缠绕橡塑薄膜，堵塞接触面的不规则缝隙。

（4）填料密封

填料密封是以固态软质材料堵塞泄漏通道的密封方法，用于动密封。填料密封是一种传统的密封方式，其在压缩机、离心泵、制冷机等设备的往复运动轴上仍有使用。

1.1.3.3　主密封与辅助密封

主密封起主要密封作用。辅助密封的作用是保护主密封件不受损坏，延长密封件的使用寿命，提高其各项密封性能。辅助密封主要包括挡圈、防尘圈及缓冲圈。

（1）主密封

橡胶 O 形圈、Y 形圈、V 形圈，以及橡胶/聚四氟乙烯组合式密封圈，是氢系统密封中最为常用的密封圈。

橡胶 O 形圈是静密封、往复动密封以及旋转动密封均可使用的密封件，具有装拆方便、

价格低廉等优点，但其对密封装置的机械加工精度要求高。当设备闲置时间过久时，再次启动的摩擦阻力会因 O 形圈与密封副偶合面的黏着而陡增，并出现爬行现象。橡胶 O 形圈的使用速度范围为 0.005～0.3m/s。

由橡胶、塑料组合而成的同轴密封件（又称"滑环式组合密封件"），改善了单独使用 O 形圈的缺陷，具有与滑移表面的摩擦系数低、耐磨性能好、即使低速运行也不会出现爬行现象的优点。采用同轴密封件的密封装置，使用速度范围大（0～1m/s），使用寿命比单独使用 O 形圈大为延长，但同轴密封在滑移和静止时的密封性较差，且安装时需采用专用工具和规定的工艺方法。

Y 形圈密封性好，低压时摩擦力小，使用寿命高于 O 形圈。使用速度范围因所用材料而不同：采用丁腈橡胶制作的为 0.01～0.6m/s，采用聚氨酯橡胶制作的为 0.01～1m/s，采用氟橡胶制作的为 0.05～0.3m/s。

V 形圈密封性能可靠，使用寿命长，可用于低压、低速的转动，高压下使用不需要防挤出措施，但摩擦阻力较 Y 形圈大，调整困难，安装空间大。当发生泄漏时，可只调整压环而无须更换密封件。使用速度范围：夹布橡胶 V 形圈为 0.005～0.5m/s，丁腈橡胶 V 形圈为 0.02～0.3m/s。

Y 形圈和 V 形圈都是典型的唇形密封圈，使用寿命比 O 形圈长，但对压力方向有严格的要求，因此均为单向作用密封装置。使用时，必须注意密封圈的安装承压方向，把承压面的凹部朝向氢气的承压方向。

（2）辅助密封

挡圈置于密封装置的后面，防止硬度较低的橡胶密封圈被挤入密封间隙而损坏，通常用比 O 形圈、Y 形圈等更硬的材料制成，但挡圈也应有足够的弹性，以便在压力作用下变形，从而封闭间隙。是否设置挡圈主要取决于氢系统的工作压力。现在许多高压用往复动密封将挡圈与弹性密封圈镶嵌为一体，成为组合式密封件。

防尘圈可以防止外界的尘埃、飞溅流体、雨、雪、泥水等异物侵入机器而污染氢气，避免密封件遭受损坏。

缓冲圈，又称"减压圈"，设置于密封圈的高压侧。高压氢气经缓冲圈缓冲泄压后，降至密封装置可承受的压力，避免较高的冲击压力直接作用于密封件上，从而保护密封装置。缓冲圈的材料一般用聚四氟乙烯。

1.2　橡胶密封材料概述

橡胶材料是氢能装备典型密封部件应用最多的密封材料。

1.2.1　基本性能

氢系统橡胶密封材料基本性能主要包括氢传输特性、氢致鼓泡特性、吸氢膨胀特性、力学性能、摩擦磨损特性、耐热性以及耐寒性。

1.2.1.1　氢传输特性

橡胶密封材料直接暴露于氢环境下，氢分子极易溶解进入橡胶内部，并进行不同速率的扩散运动。这一过程定义为氢在橡胶中的传输过程。通常而言，使用氢传输特性来定量描述氢气传输过程。氢传输特性包括氢溶解度、氢扩散系数和氢渗透系数等。

1.2.1.2 氢致鼓泡特性

氢致鼓泡指在氢气快速泄压后橡胶密封材料内部发生的气泡等损伤现象。通常利用宏观与微观结合的表征手段对橡胶密封材料的氢致鼓泡特性进行分析评价。

1.2.1.3 吸氢膨胀特性

吸氢膨胀既包括氢气保压阶段，因溶解氢分子进入橡胶内部而导致的橡胶体积膨胀，又包括氢气泄压阶段，橡胶密封材料内部的氢气解吸而导致氢浓度过饱和，最终引起的橡胶体积膨胀。通常采用橡胶在氢暴露前后的体积变化率对橡胶吸氢膨胀特性进行定量评价。

1.2.1.4 力学性能

临氢环境橡胶密封材料力学性能可分为静态力学性能和动态力学性能。静态力学性能是指橡胶在恒定载荷作用下所表现出的力学响应，包括拉伸性能和压缩性能。动态力学性能是指橡胶在交变载荷作用下所表现出的力学响应，包括疲劳性能和动态热机械性能。橡胶密封材料基础力学性能的定义，如表1-6所示[22]。

表1-6　橡胶密封材料基础力学性能的定义[22]

基础力学性能	性能定义
强度	指橡胶在外力作用下抵抗塑性变形和断裂的能力
刚度	指橡胶在外力作用下抵抗弹性变形的能力
柔度	指橡胶在轴向受力下，沿垂直轴向变形的能力，其数值等于刚度倒数
塑性	指橡胶在外力作用下产生永久变形而不被破坏的能力
弹性	指橡胶在外力作用下发生形变，去除外力后橡胶恢复原状的能力
延性	指在外力作用下且在产生断裂之前，橡胶进行塑性变形的能力
脆性	指材料在外力作用下仅产生很小的变形即断裂破坏的性质
韧性	指材料在塑性变形和断裂过程中吸收能量的能力

（1）拉伸性能

拉伸性能是指基于拉伸试验而获得的氢暴露前后橡胶的拉伸应力-应变曲线、拉伸弹性模量、抗拉强度以及断后伸长率等表征参量。由于氢暴露会对橡胶硬度产生一定影响，因此硬度与拉伸性能经常共同被用于评价临氢环境橡胶力学性能特性。

（2）压缩性能

压缩性能是指基于压缩试验而获得的氢暴露前后橡胶的压缩永久变形等表征参量。压缩永久变形是指橡胶试样在规定的压缩率和温度下压缩前后的试样高度变化量与压缩前的试样高度之比。压缩永久变形越小，橡胶的回弹能力越好，抗变形能力越强。压缩永久变形与压缩应力、压缩率、压缩时间和压缩温度有关。

（3）疲劳性能

疲劳性能是指基于疲劳试验而获得的氢暴露前后橡胶的疲劳裂纹扩展速率等表征参量。疲劳裂纹扩展速率是指橡胶在疲劳载荷作用下，裂纹长度随循环次数的变化率，反映裂纹扩展的快慢。

（4）动态热机械性能

动态热机械性能是指基于动态热机械分析而获得的氢暴露前后橡胶的储能模量、损耗模量、损耗角正切等表征参量。当储能模量高于损耗模量时，橡胶主要发生弹性形变，呈固态；当储能模量低于损耗模量时，橡胶主要发生黏性形变，呈液态；当储能模量与损耗模量相近时，橡胶呈典型半固态。

1.2.1.5　摩擦磨损特性

摩擦磨损特性是指在橡胶密封结构中，橡胶密封材料与其他部件发生相对运动时，橡胶材料的耐磨性以及橡胶与其他部件间的摩擦系数。耐磨性通常用一定时间内橡胶密封材料的磨损量作为衡量标准。它是动密封材料寿命的指标。摩擦系数是指接触面之间的摩擦力和作用在其一表面上的垂直力的比值。摩擦系数与硬度有关。硬度越高，摩擦系数越低。摩擦系数还会影响最低启动压力，因此最低启动压力经常作为摩擦特性的关键指标。

1.2.1.6　耐热性

氢系统用压缩机的工作温度最高可达250℃，这对橡胶密封材料的耐热性提出较高要求。耐热性是指温度升高时橡胶密封材料抵抗各种性能明显降低的能力。橡胶密封材料的耐热性较差。橡胶材料受热会发生氧化劣化，加速材料的老化，表现出弹性、硬度、抗拉强度明显降低，有时会发生严重硬化甚至引起龟裂。

1.2.1.7　耐寒性

向氢燃料电池汽车车载储氢瓶加注氢气时，需对输送至储氢瓶的氢气进行冷却，此过程中加注温度最低可达−40℃。因此，橡胶密封材料的耐寒性至关重要。耐寒性是指温度降低时橡胶密封材料抵抗各种性能衰退的能力。橡胶密封材料在低温下会硬化失去弹性，导致密封性能降低。低温时发生的硬化是暂时的，一旦恢复至常温，弹性能够恢复，这一点与高温硬化有所区别。图1-17所示为氢系统典型密封材料的一般使用温度范围[22]。

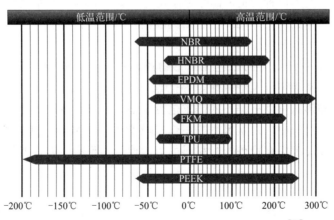

图1-17　氢系统典型密封材料的一般使用温度范围[22]

1.2.2　典型密封材料

氢能装备典型橡胶密封材料（表1-7）主要包括丁腈橡胶、氢化丁腈橡胶、三元乙丙橡胶、氟橡胶以及硅橡胶等。此外，聚氨酯橡胶、聚四氟乙烯以及聚醚醚酮等材料是氢系统密封件及挡圈常用的橡塑材料。

表 1-7　典型密封材料信息汇总

中文名称	密封应用
丁腈橡胶（NBR）	在氢气密封中应用最为广泛
氢化丁腈橡胶（HNBR）	多用于动密封和固定密封
三元乙丙橡胶（EPDM）	常用于氢能汽车和加氢站中的密封件、管道和垫圈材料中，一般不用于往复动密封
氟橡胶（FKM）	综合性能最佳，适用于高温环境用密封件
甲基乙烯基硅橡胶（VMQ）	使用温度范围最广，常用于静密封结构，不适用于往复动密封
聚氨酯橡胶（TPU）	广泛应用于高压往复动密封结构，使用温度范围小
聚四氟乙烯（PTFE）	各种机械设备的密封圈、密封垫、填料函
聚醚醚酮（PEEK）	广泛应用于垫片、挡圈活塞环、压缩机阀片等

1.2.3　常用添加剂

橡胶密封材料实际应用中常见添加剂包括填料与增塑剂。

1.2.3.1　填料

填料是指在橡胶材料基体中添加与基体在组成和结构上不同的固体添加物，以此提高橡胶材料的强度或降低生产成本。橡胶材料中最常见的两种填料包括：炭黑和白炭黑。

（1）炭黑

在橡胶工业领域中，炭黑（carbon black，CB）是用量最大的橡胶材料补强剂，其用量约占生胶用量的一半。CB 作为补强剂，可以显著强化橡胶材料的强度性能，有效改善橡胶材料的加工性能。填充不同种类的 CB 可对橡胶材料实现不同的性能强化效果，从而提高橡胶材料的使用寿命。与此同时，CB 也兼作橡胶材料的黑色着色剂。

（2）白炭黑

白炭黑（SC）是一种无毒的白色无定形物质，其主要成分为二氧化硅，具有多孔性、质量轻、不燃烧、无毒无害以及绝缘性好等优点。此外，白炭黑的表面化学特性、孔隙率、结晶度、颗粒大小和形状可以根据不同需求进行定制，为其在橡胶工业中的多样化应用提供了可能。在工业加工过程中，白炭黑主要用作橡胶基体的补强剂，其补强效果仅次于炭黑，这意味着白炭黑可以显著提高橡胶密封材料的力学性能和耐磨性能，增加其使用寿命。

1.2.3.2　增塑剂

为降低橡胶密封材料的软化温度，提高其加工性、柔软性和延展性，而加入的物质称为"增塑剂"。增塑剂通常是一类对热和化学试剂都能保持稳定的有机物，大多是挥发性低的液体，少数则是熔点较低的固体，而且至少在一定温度范围内能与橡胶密封材料相容（混合后不会离析）。添加增塑剂的橡胶材料，其软化点（或流动温度）、玻璃化转变温度、脆性、硬度、抗拉强度、弹性模量等会略有下降，但耐寒性、柔软性、断后伸长率等则会有所提高。

癸二酸二辛酯（DOS）是一种常见的橡胶增塑剂，其外观为无色（无可见机械杂质）或微黄色透明液体。它是一种优良的耐寒增塑剂，具有增塑效率高、挥发性低、耐寒性与耐热性俱佳等特点，其常与邻苯二甲酸酯类并用，特别适用于制备耐寒橡胶等制品。

1.3　橡胶密封氢相容性概述

1.3.1　橡胶密封主要失效模式

目前氢燃料电池汽车所使用的车载高压储氢气瓶压力已达到70MPa，与之配套的加氢站用储氢容器的工作压力甚至高达100MPa[23]。这些氢能装备的工作温度范围为$-40\sim$85℃，氢气压缩机内的温度甚至高达250℃。随着氢能产业的快速发展，氢能装备的使用要求也在不断提高，橡胶密封部件面临的挑战也在提升。

通常而言，橡胶密封部件的氢泄漏方式可分为三类，如图1-18所示[24]：

① 间隙泄漏：氢气穿过密封件和金属接触件之间的密封接触界面导致的泄漏。

② 渗透泄漏：氢气渗透进密封件内部进而扩散逸出导致的泄漏。

③ 机械损伤泄漏：氢气经由密封件的机械损伤部位逸出导致的泄漏。

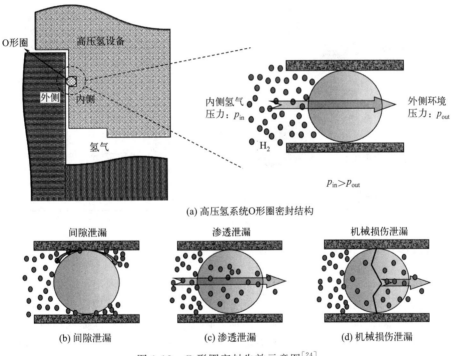

(a) 高压氢系统O形圈密封结构

(b) 间隙泄漏　　　(c) 渗透泄漏　　　(d) 机械损伤泄漏

图1-18　O形圈密封失效示意图[24]

为了减少密封部件的氢泄漏，选择合适的密封材料和密封结构至关重要。然而，由于氢在橡胶密封材料中的高传输特性，密封部件的损伤很难避免。表1-8列举了氢能装备密封部件的常见失效模式，包括鼓泡断裂、磨损失效等[25]。这些失效模式均对应特定的失效特征和诱因。以鼓泡断裂为例，如果外部环境氢气压力快速下降，溶解在橡胶密封部件内的氢会因过饱和而试图向外逸出，可能导致密封件内部出现裂纹等损伤，在氢气循环作用下，最终导致密封部件的失效。

表 1-8　氢能装备密封部件常见失效模式[25]

失效模式	示意图	特征	诱因
鼓泡断裂		密封件表面出现鼓泡、凹坑、斑点或裂纹	高压下溶解并储存在橡胶 O 形圈内部的氢气在外部压力快速下降时,试图从材料内部逃逸,导致橡胶内部出现裂纹。内部裂纹向表面扩大延伸,最终导致密封失效
挤出断裂		密封边缘参差不齐(通常在低压侧),看起来呈胡须状	暴露于高压氢气的 O 形圈发生吸氢膨胀现象,体积增加,并且从沟槽内挤出,挤出的 O 形圈在结构载荷的作用下最终被破坏
磨损失效		密封部件呈现平行于运动方向的平坦表面,在密封表面上可能会出现松散的颗粒和擦伤	动密封结构中,在高压氢气和结构动载荷的作用下,橡胶密封件与密封沟槽和挡圈之间发生往复或旋转的相对运动,导致密封部件的磨损失效
热降解		密封件可能在最高温度表面上出现径向裂纹,此外,某些弹性体可能会出现软化迹象,即由于温度过高而出现光泽表面	在宽温域高压氢气作用下橡胶密封件可能发生热降解

1.3.2　橡胶密封氢相容性

橡胶密封氢相容性是指橡胶密封件在特定氢能装备工况下表现出可靠的抗氢损伤（鼓泡断裂、吸氢膨胀、力学性能损伤、化学结构变化）和低泄漏特性。橡胶密封氢相容性评价不仅包括对构成密封部件的橡胶材料特性的评估,还包括对密封结构性能的评价。然而,实现完全的氢相容性是极其困难的。这是因为氢分子具有小尺寸和低黏度等特性,极易渗透进入橡胶密封材料内部,对其性能产生影响。

广义上,橡胶密封材料与氢气的相互作用可以从化学和物理两个角度进行讨论。化学作用是指氢气对橡胶密封材料造成化学特性的改变,通常被认为是不可逆的,且可能对橡胶密封件的使用性能产生不利影响。物理作用不会改变密封材料的化学特性,但会导致材料发生物理属性的变化。例如,高压氢暴露过程中,氢气溶解扩散到橡胶密封材料中,会导致橡胶体积膨胀增大。当氢气从橡胶中释放出来后,体积膨胀逐渐恢复,此时的物理作用通常不会对密封材料产生永久性影响。而当高压氢气快速泄压后,溶解在橡胶密封材料内部的氢气难以及时逸出，使氢浓度达到饱和，引起橡胶快速膨胀，可能会引起密封材料内部和外部裂纹的萌生。此时的物理作用难以恢复。

对于金属材料，氢暴露环境会导致金属发生"氢脆"，即氢原子渗透到金属材料内部，导致塑性损失、开裂和过早失效。然而，金属与橡胶材料在物质结构和材料属性等方面存在显著差异，氢气与橡胶的作用机制和氢气与金属的作用机制不同，图 1-19 显示了橡胶密封材料氢相容性影响因素。

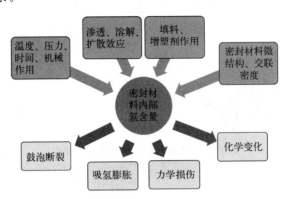

图 1-19　橡胶密封材料氢相容性影响因素

除了氢对橡胶密封材料的作用外，氢系统中的结构载荷和密封型式同样会影响橡胶密封结构的氢相容性。目前加氢站用储氢容器的工作压力已高达 100MPa，同时，氢气循环充放工况会引起剧烈的温度变化，高压力、宽温域的极端条件会给密封结构带来严峻的挑战。例如，液驱式往复氢气压缩机等氢能装备中使用的橡胶动密封部件长期处于动态摩擦磨损、循环压力等极端条件，机械应力的反复作用以及氢渗透到橡胶材料中导致的性能劣化会共同作用于部件上，从而导致橡胶密封部件密封性能的劣化和失效。此外，氢燃料电池堆中常使用点胶工艺制造的有机硅密封胶。这种特殊的密封部件具有与常规密封圈完全不同的复杂形状结构，同时还面临着酸碱等特殊工作环境，对密封部件的氢相容性造成严峻考验。

1.3.3　橡胶密封氢相容性研究方法

为保障用氢全过程的安全性，开发低泄漏或无泄漏的氢能装备成为当下研究的重点。具体而言，需要考虑任何可能造成氢气泄漏或密封结构损坏的因素，尤其要深入探究临氢环境橡胶密封材料和密封结构的存在状态和性能变化，进而评价橡胶密封材料氢相容性，以开发具有优异氢相容性的橡胶密封件。

图 1-20 展示了橡胶密封氢相容性研究策略。其中，橡胶密封材料氢相容性以常用密封材料（如 1.2.2 节所示）为研究对象，构建不同的服役环境（温度、压力、结构载荷等），表征氢暴露后橡胶密封材料的物理化学特性（氢传输特性、体积膨胀等），揭示氢气与橡胶密封材料的作用机制。此外，可通过调节添加剂配方和表面改性等方式实现氢相容性的优化。橡胶密封结构氢相容性以典型密封部件（如 1.1.2 节所示）为研究对象，对其密封性能（静密封性能、动密封特性、摩擦磨损特性）进行测定，同时通过数值模拟等方式对其接触应力、Mises 应力、氢泄漏量、磨损量、摩擦系数等进行预测，结合密封材料选择、密封结构设计、密封失效防治等手段实现密封结构氢相容性的优化。将橡胶密封材料氢相容性和橡胶密封结构氢相容性有机结合，构成橡胶密封氢相容性研究和评价体系。

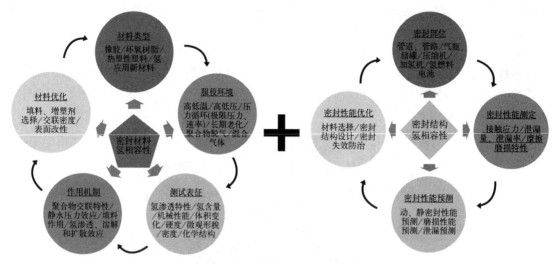

图 1-20　橡胶密封氢相容性研究策略

参考文献

[1]　Toyota to launch its fuel cell vehicle in Japan before April 2015，priced around ＄68，700；reveals exterior［EB/OL］.（2014-06-25）. https：//www. greencarcongress. com/2014/06/20140625-fcv. html.

[2]　邹才能，李建明，张茜，等. 氢能工业现状、技术进展、挑战及前景［J］. 天然气工业，2022，42（04）：1-20.

[3]　Governmental projects for the creation of a hydrogen society［EB/OL］.（2019）https：//www. env. go. jp/seisaku/list/ondanka_saisei/lowcarbon-h2-sc/en/demonstration-business/index. html.

[4]　Sgobbi A，Nijs W，Miglio R D，et al. How far away is hydrogen? Its role in the medium and long-term decarbonisation of the European energy system［J］. International Journal of Hydrogen Energy，2016，41（1）：19-35.

[5]　传统碱性电解槽制作工艺设备简介［EB/OL］.（2023-04-15）. https：//www. htech360. com/a/20206.

[6]　PEM 电解槽内部结构 3D 演示［EB/OL］.（2023-01-17）. https：//www. cmpe360. com/p/201982.

[7]　郑津洋，马凯，叶盛，等. 我国氢能高压储运设备发展现状及挑战［J］. 压力容器，2022，39（03）：1-8.

[8]　Safety hydrogen cylinders certified by international authoritative certification bodies［EB/OL］.（2023）. https：//www. doosanmobility. com/cn/products/hydrogentank.

[9]　加氢站用液驱活塞式氢气压缩机［EB/OL］.（2023）. https：//hydrosyscorp. com/cpyfw.

[10]　ISO/TS 19880：2016-New technical document for hydrogen stations［EB/OL］.（2016-07-05）. https：//www. greencarcongress. com/2016/07/20160705-iso. html.

[11]　FlixBus and freudenberg sealing technologies partner on fuel-cell long-distance buses［EB/OL］.（2019-09-03）. https：//www. greencarcongress. com/2019/09/20190903-flixb. html.

[12]　Honselaar M，Pasaoglu G，Martens A. Hydrogen refuelling stations in the Netherlands：An intercomparison of quantitative risk assessments used for permitting［J］. International Journal of Hydrogen Energy，2018，43（27）：12278-12294.

[13]　Menon N C，Kruizenga A M，Alvine K J，et al. Behaviour of polymers in high pressure environments as applicable to the hydrogen infrastructure［C］. Pressure Vessels and Piping Conference，2016：V06BT06A037.

［14］　Nallinger M. ECONOMIES OF SCALE ACHIEVABLE QUICKLY：Interview with Claus Möhlenkamp from Freudenberg Sealing［J］. H2 International，2020（1）.

［15］　Type 4 gaseous hydrogen（GH）cylinder installation and maintenance manual［EB/OL］.（2021-10）. https：//www. qtww. com/wp-content/uploads/2021/10/Quantum-Hydrogen-Cylinder-Manual-Rev-B.

［16］　Hydrogen compressor compressor unit Sealing packing［EB/OL］.（2020-06-04）. https：//keepwin. com/solution/117. html.

［17］　Reciprocating compressor［EB/OL］.（2017）. http：//www. kobelcocompressors. com/index. php/reciprocating-compressor.

［18］　Kim R W，Hwang K H，Kim S R，et al. Investigation of ultra-high pressure gas control system for hydrogen vehicles［J］. Energies，2020，13（10）：2446.

［19］　Wasserstoff ist einer der Treibstoffe für die Fahrzeuge von morgen［EB/OL］.（2023）. https：//www. magnet-schultz. com/branchen/wasserstoff.

［20］　The Future Is Hydrogen-Sealing Solutions for Hydrogen Applications［EB/OL］.（2020）. https：//www. fst. com/sealing/markets/energy/hydrogen/.

［21］　付平，常德功. 密封设计手册［M］. 北京：化学工业出版社，2009.

［22］　华幼卿，金日光. 高分子物理［M］. 4 版. 北京：化学工业出版社，2013.

［23］　Ono H，Fujiwara H，Nishimura S. Penetrated hydrogen content and volume inflation in unfilled NBR exposed to high-pressure hydrogen-What are the characteristics of unfilled-NBR dominating them？［J］. International Journal of Hydrogen Energy，2018，43（39）：18392-18402.

［24］　Yamabe J，Nishimura S：Hydrogen-induced degradation of rubber seals，Woodhead Publishing Series in Metals and Surface Engineering，Woodhead Publishing：Elsevier，2012：769-816.

［25］　What are the major sealing problems for high pressure hydrogen？［EB/OL］.（2020-06-01）. https：//takaishi-ind. co. jp/english/blog/detail _ 90. html.

第 2 章
氢在橡胶中的传输

一般来说，氢气在橡胶中的渗透可以描述为以下过程：高压侧氢气不断在橡胶表面吸附、溶解，随后氢气在橡胶内部扩散，最后氢气在低压侧解吸，如图 2-1 所示[1]。

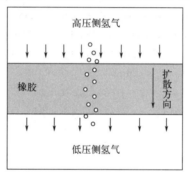

图 2-1　氢传输示意图[1]

2.1　氢溶解

2.1.1　氢的存在状态

通常而言，溶解于橡胶内部的氢是以氢分子的形式存在的。Yamabe 等[2,3] 的研究中证实了这一观点。他们采用 CB（平均粒径：28nm，氮吸附比表面积：76mm^2/g）和 SC（平均粒径：16nm，氮吸附比表面积：211mm^2/g）作为填料，制备了 NBR-NF，NBR-CB50 与 NBR-SC60 三种橡胶，并对其在不同氢气压力下的饱和氢浓度进行了测试。结果如图 2-2 所示，当氢气压力低于 10MPa 时，橡胶内部溶解的氢浓度与氢气压力始终成正比[2]。他们进一步对填充不同填料含量的 EPDM 和 NBR 在不同氢气压力下的饱和氢浓度进行了测试。结果如图 2-3 所示，再次验证上述结论[3]。综上所述，在氢气压力较低时（小于 10MPa），橡胶的氢浓度与氢气压力始终成正比，符合亨利（Henry）定律。这意味着橡胶中的氢是以氢分子的形式存在的。

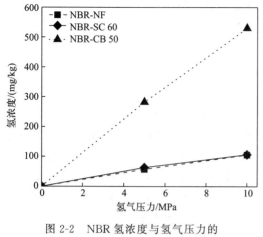

图 2-2　NBR 氢浓度与氢气压力的
关系[2,3]

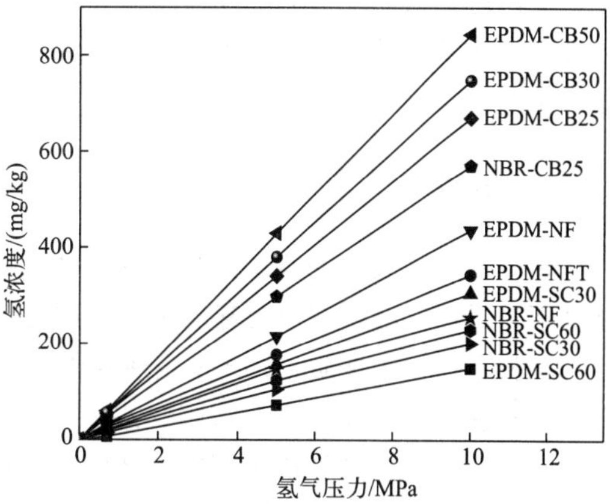

图 2-3　EPDM 和 NBR 饱和氢浓度与
氢气压力之间的关系[2,3]

核磁共振氢谱法（[1]H nuclear magnetic resonance，^{1}H-NMR）的发展与应用有助于进一步分析橡胶材料内部溶解氢分子的存在形式。可通过观察、计算[1]H-NMR 氢谱中特征峰的位置及面积，对橡胶材料内溶解氢的存在状态进行分析。^{1}H-NMR 的试验装置如图 2-4 所示。

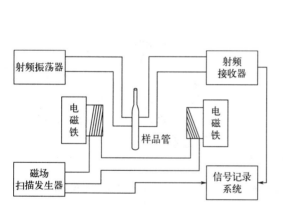

图 2-4　核磁共振装置示意图

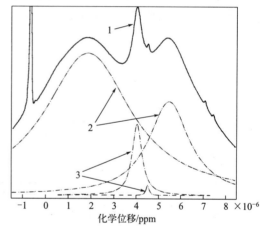

图 2-5　氢暴露后 NBR 的[1]H NMR 光谱的曲线拟合[4]

Nishimura 等[4] 采用[1]H-NMR 对氢暴露后的 NBR 试样进行了测试分析，其特征峰如图 2-5 中的曲线 1 所示。除了 NBR 试样自身的特征峰值外（曲线 2），还出现了两个新峰值（曲线 3）。从化学位移的差异以及氢浓度测试的结果而言，他们认为这两个新峰值的信号来源于 NBR 试样中溶解氢分子。同时，新峰值的数量也反映了橡胶中的溶解氢分子可能以两种不同的形式存在。Fujiwara 等[5] 对氢暴露前后 NBR 试样的光谱进一步研究，在通过[1]H-NMR 发现两个新峰值的基础上，采用反转恢复法进一步计算了二者的自旋晶格弛豫时间与半宽高。基于计算值的差异确定了橡胶中的溶解氢分子具有不同的流动性，即以不同的形式存在。他们提出橡胶中的溶解氢分子可分为两类，一类为橡胶自由体积中的氢分子，而另一类为橡胶分子链上的结合氢分子。

此外，Ono 等[6] 采用红外光谱测定法同样证实了上述观点。他们对 90MPa 氢暴露后的聚碳酸酯试样进行了红外光谱测定以及氢浓度测定。研究结果表明，氢暴露后橡胶试样的红外光谱中也出现了两个新的峰值，分别代表在橡胶分子链分离出来的氢分子与在橡胶基体原有空隙中的氢分子。

2.1.2　氢吸附模式

氢分子在橡胶中的溶解行为被称为"氢吸附"，其在橡胶中的吸附模式可能不同。在特定条件下，平衡时溶解在橡胶基质中的氢浓度及氢吸附模式由氢气-橡胶渗透系统的热力学决定，特别是相互作用的性质。Henry 定律吸附模式和 Langmuir 吸附模式是两种最经典的吸附模式。双模吸附模式是 Henry 定律吸附模式和 Langmuir 吸附模式的组合。对于氢气-橡胶体系，Henry 定律吸附模式主要取决于"橡胶-橡胶"的相互作用关系，而 Langmuir 吸附模式主要取决于"氢气-橡胶"的相互作用关系。双模吸附模式则是两种相互作用关系的并存[1]。

2.1.2.1　Henry 定律吸附模式

当氢气被认为是理想气体时，橡胶中氢浓度与其分压之间存在线性关系：

$$C = k_D p \tag{2-1}$$

式中，k_D 是 Henry 定律的比例常数，实际上它是氢溶解度 S，与给定温度下的浓度无关。

在低压条件下，"氢气-橡胶"之间的相互作用弱于"橡胶-橡胶"之间的相互作用，此时 Henry 定律吸附模式占主导地位。Henry 定律下氢浓度与压力的关系如图 2-6 所示。

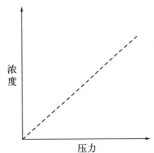

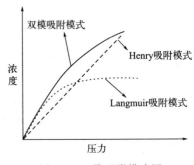

图 2-6　Henry 定律吸附模式图　　图 2-7　Langmuir 吸附模式图　　图 2-8　双模吸附模式图

2.1.2.2　Langmuir 吸附模式

在高压条件下，"氢气-橡胶"之间的相互作用强于"橡胶-橡胶"之间的相互作用，此时 Langmuir 吸附模式占主导地位，氢分子优先吸附在橡胶中的特定位置，例如预先存在的微孔或高比表面积的填料。通过微孔吸附的氢浓度由下式给出：

$$C = \frac{abp}{1+bp} \tag{2-2}$$

式中，p 为压力；a 为最大吸附量；b 为吸附平衡常数。该模式下氢浓度与压力的关系如图 2-7 所示。

2.1.2.3　双模吸附模式

双模吸附模式是前两种模式的组合，如图 2-8 所示。它假设存在两个扩散分子群（它们之间存在局部平衡)：通过常规溶解机制溶解在橡胶中的氢分子和通过特定位点（如微孔）吸附捕获的氢分子。该模型适用于中等压力，但它不能用于描述氢分子使橡胶膨胀或塑化时的吸附现象。氢分子在每种模式下的相对比例取决于总浓度。在平衡压力 p 下，通过常规溶解机制溶解的氢浓度服从 Henry 定律，浓度为 C_D；通过微孔吸附的氢浓度服从 Langmuir 方程，浓度为 C_H。

总浓度由下式给出：

$$C = C_D + C_H = k_D p + \frac{abp}{1+bp} \tag{2-3}$$

2.1.3　氢浓度

氢浓度是指橡胶材料在特定压力及温度的氢环境中暴露一定时间后，橡胶材料内部溶解的氢气含量。随着橡胶材料在氢气环境中暴露时间的延长，溶解于橡胶材料内部的氢浓度将达到饱和状态，这意味着氢分子向橡胶材料内部的吸附溶解过程与氢分子在橡胶材料表面的解吸过程将达到动态平衡，表现为橡胶中的氢浓度不再随着氢暴露时间的延长而增加。此时，橡胶材料内部的氢浓度定义为"饱和氢浓度"。

2.1.3.1　氢浓度影响因素

橡胶材料氢浓度受诸多因素影响，包括试样尺寸、氢气压力、填料特性、橡胶种类等。

（1）试样尺寸

氢浓度测试方法会涉及不同的试样形状及尺寸要求，较为常见的试样形状有圆饼状和球状，对应的尺寸特征量分别为圆饼状试样的厚度与截面直径、球状试样的半径。已有研究表明，同种形状试样的氢浓度不受试样尺寸影响，氢浓度对试样尺寸的依赖性并不明显。Jung 等[7] 对不同直径与厚度（直径 7.3mm、厚度 2.3mm；直径 9.6mm、厚度 2.4mm；直径 13.8mm、厚度 2.4mm；直径 19.7mm、厚度 2.5mm；直径 12.4mm、厚度 5.3mm；直径 11.5mm、厚度 10.3mm；直径 19.5mm、厚度 5.3mm）的 NBR 圆饼状试样在 5.75MPa、296K 氢气环境中的氢解吸浓度与氢吸附浓度进行了测试，如图 2-9 所示。结果表明，圆饼状试样的饱和氢浓度对试样的直径及厚度尺寸并没有明显的依赖性，试样尺寸的

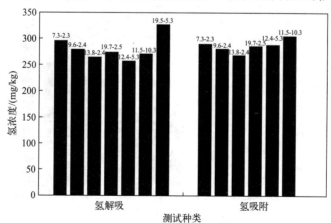

图 2-9　NBR 氢吸附量及解吸量与试样尺寸（直径-厚度）的关系[7]

变化几乎不影响试样的饱和氢浓度。在 Jung 等[8] 进一步的研究中，对不同氢气压力下不同半径（10mm、15mm、20mm、30mm）的 NBR、EPDM 与 FKM 球状试样的饱和氢浓度进行了测试，结果如图 2-10 所示，球状试样的饱和氢浓度同样与试样尺寸没有明显的相关性。在同一氢气压力下，不同半径试样的饱和氢浓度近似相等。

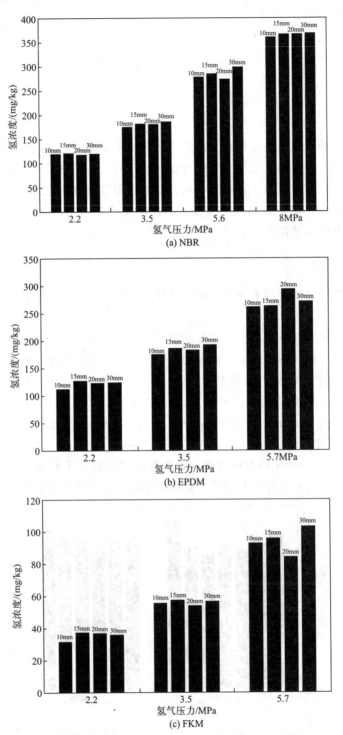

图 2-10 NBR、EPDM 和 FKM 球状试样半径尺寸与氢浓度的关系[8]

（2）氢气压力

氢气压力是影响氢暴露后橡胶材料内部氢浓度的重要因素。随着氢气压力的升高，外界与橡胶材料内部形成了更大的压力梯度，促使氢分子向橡胶内部溶解，导致橡胶内部氢浓度的升高。

已有研究表明，氢气压力与橡胶饱和氢浓度之间存在着某种相关性。Yamabe 等[9] 以 CB（平均粒径 $0.3\mu m$，比表面积 $65mm^2/g$）和 SC（平均粒径 $12\mu m$，比表面积 $154mm^2/g$）作为填料，制备了 12 种不同填料比例的 EPDM 和 NBR，并利用热解吸分析技术对这 12 种橡胶在不同氢气压力下的饱和氢浓度进行了测试，结果如图 2-11 所示，所有橡胶的饱和氢浓度与氢气压力成线性关系，即二者遵循 Henry 定律。

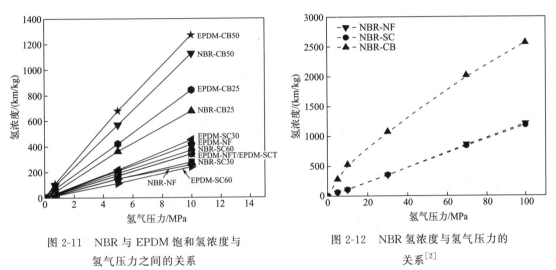

图 2-11　NBR 与 EPDM 饱和氢浓度与
氢气压力之间的关系

图 2-12　NBR 氢浓度与氢气压力的
关系[2]

然而，在 Yamabe 等[2] 的研究中，却发现了当氢气压力高于 10MPa 时，部分橡胶的饱和氢浓度与氢气压力之间不再保持线性关系，且二者间的关系存在填料种类的依赖性。他们采用以 CB（粒径：28nm；氮吸附比表面积：$76m^2/g$）和 SC（粒径：16nm；氮吸附比表面积：$211m^2/g$）作为填料，制备了 NBR-NF、NBRCB50、NBR-SC60 三种橡胶材料，并将其暴露于 0～100MPa、30℃的氢气环境中持续 65h，随后采用热解吸分析技术对三种橡胶材料的氢浓度进行测试分析，结果如图 2-12 所示[2]。这表明当氢气压力超过 10MPa 时，三种橡胶材料的氢浓度与氢气压力之间呈现出不同的变化规律：当氢气压力大于 10MPa 时，NBR-NF 与 NBR-SC60 的氢浓度与氢气压力仍成线性关系，而 NBR-CB50 的氢浓度与氢气压力则成非线性关系。

在 Jung 等[10] 的研究中，他们同样发现当氢气压力高于 10MPa 时，饱和氢浓度与氢气压力出现了非线性关系，并对此非线性关系提出了新的理论模型。他们在研究中采用体积测量法对不同氢气压力下 NBR-CB50、EPDM-CB34、FKM-CB14 三种橡胶的饱和氢浓度进行了测试，结果如图 2-13 所示[10]。研究结果表明，采用 Langmuir 模型［式(2-2)］可以更好反映氢气压力高于 10MPa 的工况下饱和氢浓度与氢气压力之间的非线性关系，通过引入 Langmuir 模型可以对高压氢气下（高于 10MPa）橡胶的饱和氢浓度进行理论推导。

Jung 等[11] 的进一步研究，也再次说明了橡胶饱和氢浓度与氢气压力二者的关系存在填料种类依赖性。他们以 NBR 为基础橡胶，采用 HAF CB（粒径：28～36nm，比表面积：

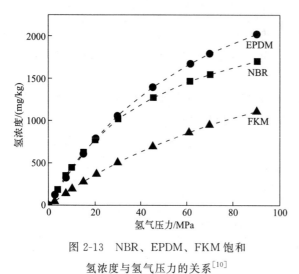

图 2-13　NBR、EPDM、FKM 饱和
氢浓度与氢气压力的关系[10]

76m²/g)、MT CB（粒径：250～350nm，比表面积：8m²/g)、SC（比表面积：175m²/g）为填料，分别制备了填充 20phr、40phr、60phr（phr：每 100 份橡胶中的填料份数）的 NBR-HAF CB、NBR-MT CB、NBR-SC。采用体积测量法对上述橡胶在不同氢气压力下的饱和氢浓度进行测试，结果如图 2-14 所示[11]。结果表明，当氢气压力从 0 增加至 90MPa 时，NBR-SC 的饱和氢浓度与氢气压力之间始终遵循 Henry 定律，即饱和氢浓度与氢气压力成正比例线性关系。而对于 NBR-CB 而言，不同种类的 CB 会影响饱和氢浓度与氢气压力之间的关系。具体而言，当氢气压力高于 10MPa 时，NBR-HAF CB 的饱和氢浓度与氢气压力成非线性关系，而 NBR-MT CB 的饱和氢浓度与氢气压力仍成线性关系，遵循 Henry 定律。这种差异可能是由于两种 CB 粒径与比表面积不同而导致的。

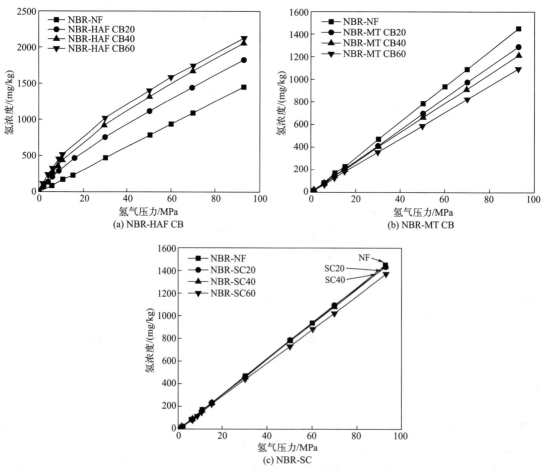

图 2-14　氢浓度与氢气压力的关系[11]

（3）填料特性

填料特性同样会对临氢环境橡胶氢浓度产生影响。本节将重点讨论 CB 和 SC。

已有研究表明，CB 的加入会促进橡胶对氢的溶解，从而导致橡胶内部的氢浓度的上升，Yamabe 等[2] 以 CB（粒径：28nm；比表面积：76m^2/g）和 SC（粒径：16nm；比表面积：211m^2/g）作为填料，制备了 NBR-NF、NBR-CB50、NBR-SC60 三种橡胶材料，并将其暴露于 0～100MPa、30℃的氢气环境中持续 65h，随后采用热解吸分析技术对三种橡胶材料的氢浓度进行测试。结果表明，在 0～100MPa 压力范围内，当氢气压力相同时，NBR-CB50 的氢浓度始终高于 NBR-SC60 及 NBR-NF，如图 2-12 所示。基于此现象，Yamabe 等[2] 认为这是由于 CB 与橡胶基体界面处溶解了更多的氢分子。相较于填充 SC 橡胶以及无填料橡胶而言，填充 CB 橡胶中形成了更多的高浓度氢溶解区域。基于此，他们提出了溶质氢分子在不同填料填充的橡胶中的分布示意图，如图 2-15 所示[2]。

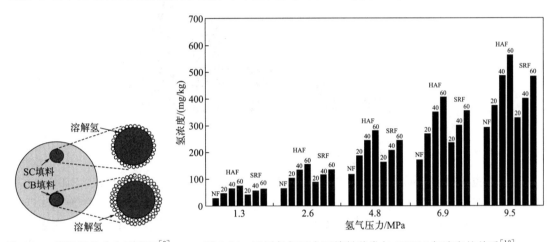

图 2-15　溶解氢的分布示意图[2]　　　　图 2-16　不同氢气压力下填料种类与 EPDM 氢浓度的关系[12]

然而，在 Jung 等[11] 的研究中却发现，加入 CB 并不一定会引起橡胶内部氢浓度的升高，测试结果如图 2-14（a）与（b）所示，加入 HAF CB 后，NBR 的饱和氢浓度升高，且饱和氢浓度随着 HAF CB 含量的增加而增加。然而，MT CB 对 NBR 的填充效应恰恰相反。加入 MT CB 后，NBR 的饱和氢浓度降低，且饱和氢浓度随着 MT CB 含量的增加而减少。这一结果表明，CB 对橡胶内部氢浓度的作用效果也取决于 CB 的特性。CB 粒径与比表面积的差异会对 CB 的填充作用造成显著的影响，小粒径、大比表面积 CB 的加入会提高橡胶内部的饱和氢浓度。

在 Jung 等[12] 的进一步研究中也观察到了上述 CB 特性对橡胶饱和氢浓度的影响。他们以 HAF CB（粒径：28～36nm；比表面积：76m^2/g）与 SRF-CB（粒径：65nm，比表面积：30m^2/g）为填料，分别制备了填充 20phr、40phr、60phr 的 EPDM-HAF CB 以及 EPDM-SRF-CB。采用体积测量法对上述橡胶的氢浓度进行测试分析，结果如图 2-16 所示[12]。加入 HAF CB 后，EPDM 的饱和氢浓度升高，且饱和氢浓度随着 HAF CB 含量的增加而增加。加入 SRF-CB 后，EPDM 的饱和氢浓度同样增加，但增加幅度小于 EPDM-HAF CB。这一现象再次表明了 CB 的粒径越小、比表面积越大，越会促进氢的吸附。

除了 CB 外，SC 也是橡胶密封材料中常见的填料。然而，目前关于 SC 对橡胶氢吸附的影响规律仍存在争议。在 Yamabe 等[2] 的研究中，以 SC 作为填料制备的 NBR-NF、NBR-

SC60 测试分析结果表明，NBR-SC60 的氢浓度与 NBR-NF 的氢浓度近似一致，这意味着 SC 的加入不会影响 NBR 的饱和氢浓度，如图 2-12 所示。

然而在 Jung 等[11,12] 的研究中，却发现 SC 对橡胶饱和氢浓度有一定的影响作用。他们以 SC 作为填料，制备填充了 20phr、40phr、60phr 的 NBR-SC 与 EPDM-SC，并采用体积测量法对上述橡胶在不同氢气压力下的氢浓度进行测试分析，如图 2-14（c）与图 2-17 所示[11,12]。结果表明，加入 SC 后，NBR 与 EPDM 的饱和氢浓度均出现微小降低，且随着 SC 含量的增加，饱和氢浓度降低幅值随之增大。

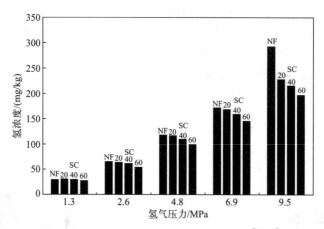

图 2-17　SC 含量与 EPDM 氢浓度的关系[11,12]

这一观点也被 Fujiwara 等[13] 的研究证实。他们利用热解析分析技术对 NBR-SC30 和 NBR-SC50 在不同氢气压力下的饱和氢浓度进行了测试。如图 2-18 所示，SC 的加入降低了橡胶内部的饱和氢浓度，且饱和氢浓度降低幅度随着 SC 含量的增大而增大[13]。为进一步阐明 SC 对橡胶内部氢浓度的影响规律，Fujiwara 等[13] 进一步研究了不同压力及 SC 含量下单位重量橡胶基体的氢浓度变化情况，如表 2-1 所示[13]。这表明，SC 含量几乎不会影响单位重量橡胶基体的氢浓度，说明 SC 的加入并不会影响橡胶基体的氢吸附能力。但由于 SC 本身不吸氢且 SC 的加入会导致橡胶总重量的增加，从而导致 SC 填充橡胶的整体氢吸附能力低于无填料橡胶。

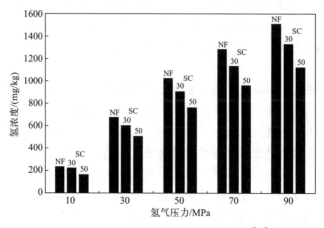

图 2-18　SC 含量与 NBR 氢浓度的关系[13]

表 2-1　不同压力及 SC 含量下单位重量橡胶基体的氢浓度[13]　　　　μg/g

SC 含量/phr	氢气压力/MPa				
	10	30	50	70	90
0	1658.88	1396.23	1073.79	650.48	240.61
10	1660.2	1396.25	1069.88	662.63	240.06
20	1659.3	1397.02	1072.34	654.26	231.32
30	1659.92	1396.14	1074.83	655.25	239.41
40	1657.94	1397.15	1074.72	656.26	236.31
50	1665.69	1395.56	1071.25	656.53	239.11

（4）橡胶种类

除了填料特性外，橡胶基体种类同样会对橡胶内部氢浓度造成影响。目前研究较为广泛的橡胶材料主要为 NBR 与 EPDM。

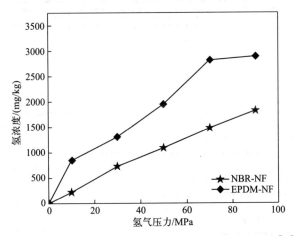

图 2-19　EPDM 与 NBR 饱和氢浓度的氢气压力依赖性[14]

对于橡胶基体而言，EPDM 基体的饱和氢浓度高于 NBR 基体，即说明 EPDM 基体展现出了更高的氢吸附能力。Yamabe 等[3] 通过热解吸分析技术对 EPDM-NF 与 NBR-NF 的饱和氢浓度进行了测试。结果表明在 0～100MPa 氢气压力范围内，EPDM-NF 的饱和氢浓度始终高于 NBR-NF（图 2-3）。Simmons 等[14] 的研究也再次证实了这一观点。他们对不同氢气压力下 NBR-NF 与 EPDM-NF 的饱和氢浓度进行了测试，结果如图 2-19 所示，在 0～100MPa 氢气压力范围内，EPDM-NF 的饱和氢浓度始终高于 NBR-NF。

上述结论同样适用于有填料的橡胶。Yamabe 等[3] 采用热解吸分析技术对相同填料填充 NBR 和 EPDM 的饱和氢浓度进行了测试（图 2-3）。加入同种填料且填料含量一致时，EPDM 的饱和氢浓度始终高于 NBR，进一步说明填料的加入并不会影响橡胶基体饱和氢浓度的大小关系。

2.1.3.2　典型密封材料氢浓度

在对材料氢浓度的研究中，饱和氢浓度通常被认为是在特定氢环境下橡胶的材料属性，可以作为橡胶材料氢溶解性能的评价指标之一。根据现有的研究[15,16]，典型橡胶材料的饱和氢浓度数据汇总详见图 2-20～图 2-22。

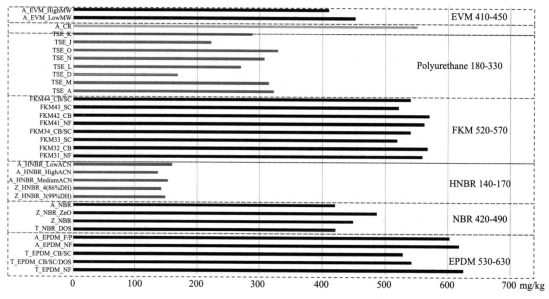

图 2-20　90MPa 下常用橡胶材料的饱和氢浓度

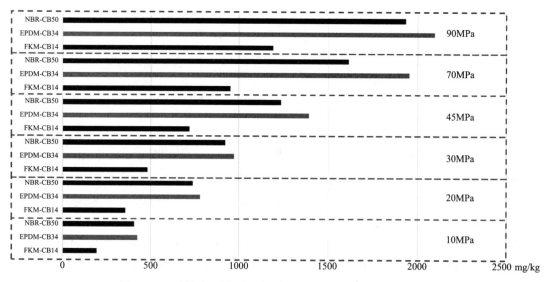

图 2-21　不同氢气压力下 NBR、EPDM、FKM 的饱和氢浓度

2.1.4　氢溶解度

2.1.4.1　氢溶解度定义

在一定温度下，溶解在橡胶中的氢气的局部浓度 C 与压力的关系为[1]：

$$C = Sp \tag{2-4}$$

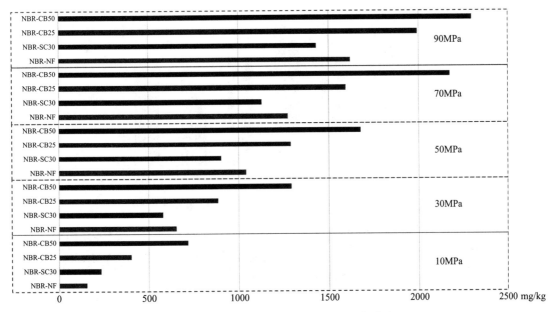

图 2-22　不同氢气压力下 NBR 的饱和氢浓度

式中，S 是氢溶解度，其单位通常为 $mol/(m^3 \cdot MPa)$；p 是氢气压力，对于低压和理想气体，可以得到如式(2-1)的 Henry 定律。2.1.4.3 节中的表 2-2 和表 2-3 总结了几种典型密封材料的氢溶解度数据。

2.1.4.2　氢溶解度影响因素

（1）试验温度

在一定压力下，温度对橡胶中氢溶解度的影响符合阿伦尼乌斯（Arrhenius）定律[17]：

$$S(T)=S_0\exp\left(-\frac{\Delta H_S}{RT}\right) \tag{2-5}$$

式中，S_0 表示温度趋于无穷大时氢溶解度的极限值；ΔH_S 为氢气溶解在橡胶基质中所需的溶解热。对式(2-5)两边取对数得：

$$\ln(S)=-\frac{\Delta H_S}{R}\frac{1}{T} \tag{2-6}$$

对于氢气而言，ΔH_S 为正值。对于式(2-5)，S_0 为定值，随着温度 T 的不断增大，氢在橡胶中的溶解度 S 也逐渐增大。

Marchi 等[18] 总结了四种橡胶材料：丁二烯橡胶（butadiene rubber，BR）、氯丁橡胶（chloroprene rubber，CR）、异丁烯-异戊二烯橡胶（isobutene-isoprene rubber，IIR）、丙烯腈-异戊二烯橡胶（acrylonitrile-isoprene rubber，NIR）的氢溶解度的温度依赖性。结果表明，四种橡胶材料的氢溶解度均随着温度的升高而增大，如图 2-23 所示。

Zheng 等[19] 采用分子动力学模拟了不同温度下（270K、280K、290K、300K 和 310K）聚乙烯（polyethylene，PE）的氢溶解度数据，结果表明氢在 PE 中的溶解度随着温度的升高而增大。此外，他们对氢溶解度进行对数处理发现，$\ln(S)$ 与温度倒数（$1/T$）曲线与式(2-6)的数学表达式吻合，这说明 PE 中的氢溶解度与温度之间的关系符合 Arrhe-

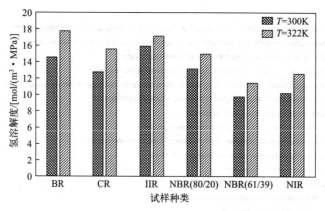

图 2-23　几种橡胶材料氢溶解度的温度依赖性[18]

nius 定律。Yamabe 等[20] 基于高压耐久性试验机，研究了低压下（0.6MPa）EPDM 氢溶解度与温度的关系，同样发现 EPDM 的氢溶解度随温度的升高而增大，这与 Marchi 等[18] 和 Zheng 等[19] 得出的结论一致，结果如图 2-24 所示[20]。

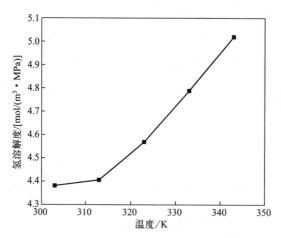

图 2-24　EPDM 氢溶解度的温度依赖性[20]

（2）氢气压力

Yamabe 等[2,9] 研究了不同氢气压力对橡胶复合材料氢浓度的影响，结果表明，在 0～10MPa 压力范围内，橡胶氢浓度与氢气压力成线性关系，满足 Henry 定律，如图 2-11 所示，这归因于橡胶基质对氢气的吸附作用。但随着氢气压力进一步上升（10～90MPa），氢浓度与氢气压力的关系逐渐偏离 Henry 定律，如图 2-13 所示，这归因于橡胶内部填料对氢气的吸附作用。根据式(2-4)，当氢气压力较低时（低于 10MPa），氢浓度与氢气压力曲线的斜率不变，即氢溶解度保持不变；当氢气压力较高时（高于 10MPa），氢浓度随氢气压力增加的速率逐渐变缓，曲线的斜率逐渐减小，即氢溶解度随氢气压力增大而不断降低。结合 2.1.2 节氢吸附模式的介绍，随着氢气压力由低压逐步转向高压时，氢吸附模式也逐步由 Henry 定律吸附模式向 Langmuir 吸附模式转变，氢吸附模式最终表现为双模吸附模式，这在 Jung 等[11] 的研究中得到了证实。除了橡胶材料，学者同样研究了其他密封材料氢溶解度与氢气压力之间的关系。Fujiwara 等[21] 研究了 0～90MPa 氢气压力对高密度聚乙烯（high density polyethylene，HDPE）氢溶解度的影响，如图 2-25 所示。结果表明，随着氢气压力的增加，氢溶解度不断降低，这与 Yamabe 等[2,9] 关于较高压力氢气（高于 10MPa）对橡胶氢溶解度的影响结论一致。

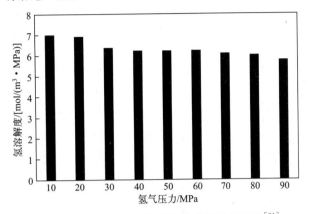

图 2-25　高密度聚乙烯氢溶解度的压力依赖性[21]

（3）填料特性

Jung 等[12] 研究了不同含量的 CB（HAF：粒径 28nm，SRF：粒径 66nm）和 SC（粒径：比表面积 175 m²/g）填料对 1.2～9.0MPa 氢气下 EPDM 氢溶解度的影响。如图 2-26 所示，EPDM-HAF CB 和 EPDM-SRF CB 的氢溶解度随 CB 含量的增加呈线性增加，但 EP-DM-SC 的氢溶解度几乎不受 SC 含量的影响。因此，EPDM 的氢溶解度不仅与填料含量有关，还受填料种类影响。橡胶氢溶解度体现在两个方面：氢气在 EPDM 橡胶基体上的吸附和氢气在填料表面的吸附，这一观点在 Yamabe 等[2] 的研究中得到了验证。

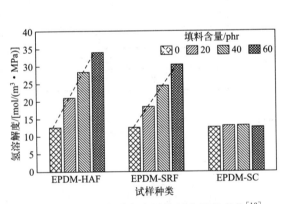

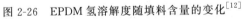

图 2-26　EPDM 氢溶解度随填料含量的变化[12]

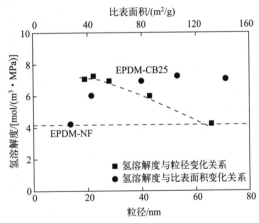

图 2-27　粒径和比表面积对 EPDM-CB 溶解度的影响[9]

此外，Yamabe 等[9] 进一步研究了 CB 粒径和比表面积对 EPDM 氢溶解度的影响。结果发现，CB 粒径越小、比表面积越大时，EPDM-CB 的氢溶解度越大，如图 2-27 所示[9]。这是因为粒径更小、比表面积更大的 CB，更能有效地吸附氢分子，进而提高橡胶的氢溶解度。而对于 SC，其表面几乎不吸附氢分子，氢气仅吸附在橡胶基质上，因此 EPDM-SC 的氢溶解度几乎不受 SC 含量影响。

2.1.4.3　典型密封材料氢溶解度

典型密封材料的氢溶解度见表 2-2 与表 2-3。

表 2-2　典型橡胶材料的氢溶解度

材料	填料含量	温度 T/K	压力 p/MPa	氢溶解度 S /[mol/($m^3 \cdot$ MPa)]	参考文献
EPDM	无	室温	1.2～9.0	12.4±1.0	[12]
	HAF20			20.9±1.7	
	HAF40			28.3±2.3	
	HAF60			34.0±2.7	
	SRF20			18.5±1.5	
	SRF40			24.6±2.0	
	SRF60			30.5±2.5	
	S20			13.2±1.1	
	S40			13.2±1.1	
	S60			12.6±1.0	
EPDM	无	室温	0.1	16.2±0.8	[22]
	SC20			13.9±2.0	
	SC40			14.4±2.5	
	SC60			16.7±2.1	
	SC80			16.0±2.4	
	SC100			11.2±1.8	
NBR	CB30	室温	0.1	42.8	[23]
EPDM				33.4	
FKM				26.4	
NBR	40%CB	室温	2～11	31±5	[15]
EPDM	34%CB			29±4	
FKM	14%CB			15±2	
NBR	50%CB	室温	2～11	31.4±1.3	[24]
EPDM	34%CB			28.8±1.7	
FKM	14%CB			14.9±1.9	
NBR	50%CB	室温	—	31±3	[10]
EPDM	34%CB			26±3	
FKM	14%CB			18±3	
NBR	50%CB	室温	10.0	32±3	[8]
EPDM	34%CB			28±3	
FKM	14%CB			16±2	
FKM	—	298	103.425	19	[25]
NBR				11.4	
NBR	—	293	103.0	12	[26]
FKM				19	
EPDM				33	

续表

材料	填料含量	温度 T/K	压力 p/MPa	氢溶解度 S /[mol/(m³·MPa)]	参考文献
EPDM	—	243	0.1	37.2	[27]
		253		29.5	
		263		36.0	
		273		34.1	
		283		30.2	
		296		33.4	
NBR	—	263	0.1	10.8	[27]
		273		38.4	
		283		46.3	
		296		42.8	
		303		38.6	
FKM	—	273	0.1	14.4	[27]
		283		25.2	
		296		16.5	
		303		26.8	
		313		27.3	

表 2-3 典型塑料材料的氢溶解度

材料	结晶度	温度 T /K	压力 p /MPa	氢溶解度 S / [mol/(m³·MPa)]	参考文献
HDPE	77%～78%	303.0	10	6.87	[21]
			20	6.65	
			30	6.28	
			40	6.17	
			50	6.25	
			60	6.25	
			70	5.96	
			80	6.00	
			90	5.57	
HDPE	—	298.0	103.425	4.3	[25]
PTFE			103.425	—	
PA6	—	328	18	6.64	[28]
PA12				13.6	
PEEK	31%	298	0.1～0.3	20.5	[29]

2.2 氢扩散

2.2.1 氢扩散系数定义

对于一个厚度为 L 的平面均质橡胶，氢气向橡胶一侧面积为 A 的表面流动，Q 为在时间 t 内通过橡胶的氢气渗透总量，J 为在单位时间内穿过单位面积橡胶的氢气渗透量（即氢气扩散通量），扩散通量的表达式为[1]：

$$J = \frac{Q}{At} \tag{2-7}$$

菲克（Fick）第一定律建立了通过橡胶的氢气扩散通量 J 与橡胶两侧浓度梯度 ∇C 之间的线性关系：

$$J = -D\,\nabla C \tag{2-8}$$

式中，D 为氢扩散系数，单位一般为 m^2/s。典型密封材料的氢扩散系数数据见表 2-4 和表 2-5。

Fick 第一定律适用于稳态，即当浓度和扩散通量均不随时间变化的情况下。当扩散只发生在 x 方向时，式(2-8)可简化为：

$$J_x = -D\,\frac{\partial C}{\partial x} \tag{2-9}$$

式(2-9)成立的前提条件是：橡胶厚度 L 远小于其他尺寸（如圆形橡胶的直径）。如果不考虑这个前提条件，则其他方向的扩散行为就不能忽视。

对于非稳态扩散情况，橡胶中的氢浓度随时间发生变化，氢气扩散通量是位置和时间的函数。Fick 第二定律描述了非稳态条件下的扩散行为：

$$\frac{\partial C(x,t)}{\partial t} = -\frac{\partial J_x}{\partial x} = \frac{\partial (D\,\nabla C)}{\partial x} = \frac{\partial D}{\partial x}\frac{\partial C}{\partial x} + D(C)\frac{\partial^2 C}{\partial x^2} \tag{2-10}$$

$C(x,t)$ 为某位置坐标 x 以及 t 时刻的局部渗透浓度，考虑初始条件（$t=0$）和边界条件（$x=0,L$），可对该微分方程进行积分，该方程的解给出了不同时间间隔下扩散区的浓度分布。

在规定条件下，厚度一定的橡胶的氢扩散系数为常数，则由式(2-10)可得：

$$\frac{dC}{dt} = D\,\frac{d^2 C}{dx^2} \tag{2-11}$$

D 的表观值可以通过时滞测量方法得到（具体见 2.3.2 节）。在稳态条件下，氢渗透量 Q 与时间 t 成正比。时间轴与曲线外推的线性稳态部分的截距称为时间滞后 θ，θ 表示到达稳态的时间，扩散系数与时滞的关系如下：

$$D = \frac{L^2}{6\theta} \tag{2-12}$$

这一关系表明，当 D 越小时，橡胶内达到稳态氢渗透所对应的瞬态时间越长。

2.2.2 氢扩散机理

在宏观层面上，Fick 扩散定律在数学表达式上介绍了氢气在橡胶中的扩散过程，建立了氢浓度与氢扩散系数之间的联系。然而，在微观层面上，氢气分子在橡胶分子链间的迁移以及扩散过程中氢气与橡胶链间的相互作用机制尚不明晰。因此，为了解释氢分子在橡胶中的扩散机理，学者们提出了分子模型和自由体积理论[1]。

2.2.2.1　分子模型

分子模型认为，氢气分子在橡胶基质中的扩散是通过其在橡胶分子链间的"跳跃"实现的，系统中的活化能被用来分离橡胶分子链，以便于氢气分子进行跳跃。Barrer[30] 的活化区理论认为，活化能分布在系统的不同自由度之间，橡胶的协同节段运动参与了扩散过程。Brandt[31] 在此基础上提出从橡胶分子结构上来定义活化能，如图 2-28 所示。他将分子模型公式化，其中活化能 E_D 被分解为两项：

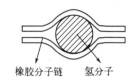

图 2-28　Brandt 扩散模型[31]

$$E_D = E_i + E_b \tag{2-13}$$

式中，E_i 是克服橡胶分子链之间的吸引力并在橡胶结构中为氢气分子产生"空隙"所需的分子间能量；E_b 是用于使氢气分子的相邻分子链弯曲的分子内能量。这两项主要取决于氢气分子直径、扩散所涉及的链长度、基本跳跃的长度等。

Dibenedetto 等[32] 认为扩散的活化能等于"正常"溶解状态和"激活"状态之间的势能差。氢气分子被橡胶分子链吸附并占据在一个平衡位置，由于橡胶分子链的节段运动，被吸附氢气分子的附近会产生一个圆柱形空隙。在橡胶分子链的正常热振动和旋转过程中，该空隙能将振动自由度转换为平移自由度，促使氢气分子扩散到空隙中，如图 2-29 所示。活化过程涉及四个平行橡胶链束之间范德华键的部分破坏。

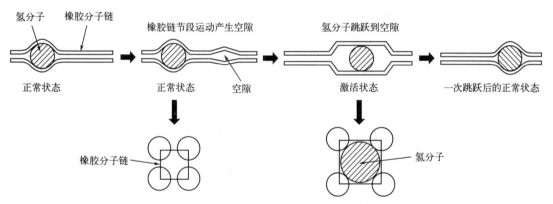

图 2-29　Dibenedetto 等的扩散模型[32]

Pace 和 Datyner[33] 在上述两种模型的基础上，提出了一种新的扩散理论。他们认为，氢气分子扩散过程可能是由两种不同的机制造成的：沿橡胶分子链方向的轴向移动和沿垂直于橡胶分子链方向的"跳跃"移动，且后者主导了整个扩散过程的时间尺度，如图 2-30 所示。

2.2.2.2　自由体积理论

自由体积理论在聚合物的研究中发挥着关键作用，

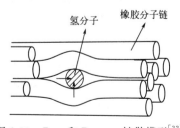

图 2-30　Pace 和 Datyner 扩散模型[33]

可用于解释许多现象和原理。该理论将橡胶体积分为由橡胶分子链本身占据的占有体积和未被橡胶分子链占据的以空隙形式存在的自由体积。氢分子在橡胶中的扩散过程取决于自由体积的重新分布[34]，这意味着只有当氢分子附近的自由体积达到或超过某个临界值时，氢分子才能从一个位置移动到另一个位置[1]。由于橡胶属于完全无定形聚合物，因此氢扩散系数 D 与自由体积分数 f 相关：

$$f = \frac{V_f}{V_{Tot}} = \frac{V_{Tot} - V_{occ}}{V_{Tot}} \tag{2-14}$$

式中，V_{Tot} 是橡胶的总体积；V_{occ} 是橡胶内占有体积的总和；V_f 是橡胶内自由体积的总和。

系统中的自由体积百分数由以下方程给出：

$$f = k_1 f_1 + k_2 f_2 \tag{2-15}$$

式中，k_1、f_1 分别是系统中氢分子的体积分数和自由体积分数；k_2、f_2 分别是系统中橡胶的体积分数和自由体积分数。基于自由体积理论，氢扩散系数的表达式为[35]：

$$D = RTA_d \exp\left(\frac{-B_d}{f}\right) = RTm_d \tag{2-16}$$

式中，A_d 表示与氢分子尺寸和形状相关的参数；B_d 表示与自由体积分数相关的特征参数；m_d 是氢分子相对于橡胶的迁移率。此外，上式也可以表示为：

$$D = A \exp\left(\frac{-bv^*}{f}\right) \tag{2-17}$$

式中，A 和 b 是与系统相关的常数；v^* 是氢分子的临界体积。

2.2.3 氢扩散系数影响因素

（1）试验温度

在一定压力下，温度对橡胶氢扩散系数的影响规律符合 Arrhenius 定律[17]：

$$D(T) = D_0 \exp\left(-\frac{E_D}{RT}\right) \tag{2-18}$$

式中，D_0 表示温度趋于无穷大时氢扩散系数的极限值；E_D 为扩散过程的表观活化能。

活化能在物理上表示分子从一个位置跃迁到另一个位置时应达到的能级，因此 E_D 恒为正值。由式（2-18）可知，氢扩散系数 D 随温度升高而增大。由于温度的升高，氢分子的热运动以及橡胶分子链的节段运动都得到了增强，促进了氢气的扩散过程。橡胶分子链间的内聚力越强，活化能越高。

Marchi 等[18] 总结了几种橡胶材料（BR、CR、IIR、NIR）氢扩散系数的温度依赖性发现各种橡胶的氢扩散系数均随温度的升高而增大，如图 2-31 所示。Yamabe 等[19] 研究了压力 0.6MPa，温度 0～100℃下 EPDM 氢扩散系数与温度之间的关系，如图 2-32 所示。结果表明，一定压力下的氢扩散系数与温度倒数（$1/T$）成线性关系，换句话说，氢扩散系数与温度成正相关。此外，Zheng 等[20] 采用分子动力学方法，研究了不同压力（0.1MPa、0.3MPa、0.5MPa 和 0.7MPa）和不同温度（270～310K）条件下 PE 材料氢扩散系数与温度的关系，同样得出氢扩散系数随温度升高而增大这一结论。以上研究结论表明，材料氢扩散系数与温度之间的关系符合 Arrhenius 定律。

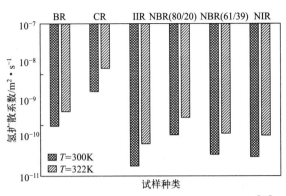

图 2-31　几种橡胶材料氢扩散系数与温度的关系[18]

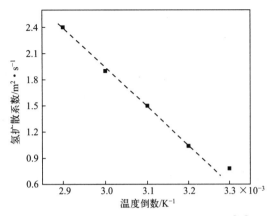

图 2-32　EPDM 氢扩散系数的温度依赖性[19]

（2）氢气压力

Jung 等[12] 测试了较低氢气压力（1.2～9.0MPa）下不同种类填料（HAF CB，粒径 28nm；SRF CB，粒径 66nm；SC，比表面积 175m²/g）和含量（20phr、40phr 和 60phr）的 EPDM 的氢扩散系数，如图 2-33 所示。不含填料的 EPDM（EPDM-NF）表现出与压力相关的扩散行为，其氢扩散系数随压力的增大而降低。另一方面，图 2-33 中含有填料的 EPDM 的氢扩散系数未表现出压力依赖性。文献［19］的研究同样得出了相近的结论，即低压条件下（低于 10MPa），压力对橡胶的氢扩散系数影响不大。

Fujiwara 等[21] 研究了最大压力 90MPa 下 HDPE 氢扩散系数的变化，结果发现随着氢气压力的增大，氢扩散系数逐渐减小，如图 2-34 所示。在 Fujiwara 等[36] 进一步的研究中发现，施加氢气压力引起的静水压力效应会导致自由体积收缩，进而导致氢扩散系数减小。

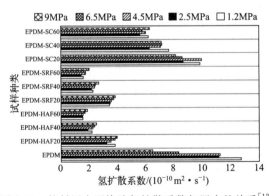

图 2-33　较低压力下橡胶氢扩散系数与压力的关系[12]

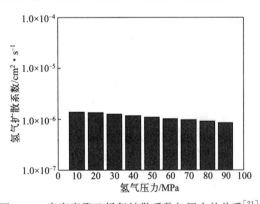

图 2-34　高密度聚乙烯氢扩散系数与压力的关系[21]

Jung 等[37] 在研究氢气压力对氢扩散系数的影响中指出，橡胶的扩散系数可分为低压下（低于 10MPa）的 Knudsen 扩散系数和高压下（高于 10MPa）的体积扩散系数，如图 2-35 所示，图中虚线框中即为 Knudsen 扩散区，其他区域为体积扩散区。氢扩散系数的压力依赖性可能与氢的平均自由程、橡胶网络中不可渗透填料引起的曲折度、填料与橡胶之间的相互作用以及氢分子在 CB 填料表面上的吸附有关。平均自由程是指氢气分子在连续两次碰撞可能通过的各段自由程的平均值，即氢分子之间碰撞所通过的平均距离。

当氢气压力较低时，EPDM-HAF CB20 和 EPDM-SRF CB20 的 Knudsen 扩散系数与压力成正比，这是由于孔隙率随氢气压力的增加而增加引起的。低压下的 Knudsen 扩散通常发生在氢分子平均自由程 λ 大于橡胶内部孔径或低气体密度的情况下。多孔介质中的 Knudsen 扩散系数（D_K）可以写成[38]：

$$D_K = \frac{\psi}{\tau} \frac{d_c}{3} \upsilon \qquad (2\text{-}19)$$

式中，ψ 是与压力相关的孔隙率；τ 是添加填料引起的曲折度；d_c 是孔径；υ 是氢气分子的平均速度。由式(2-19)可知，Knudsen 扩散系数受填料作用影响。

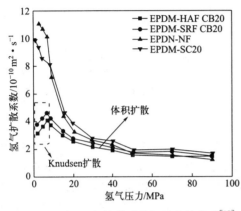

图 2-35 EPDM 氢扩散系数与压力的关系[37]　　图 2-36 EPDM 的平均扩散系数随填料含量的变化[12]

当氢气压力较高时，EPDM、EPDM-SC20 和 EPDM-CB 的体积扩散系数与压力成反比，体积扩散系数的降低归因于平均自由程随压力的增加而减小。当氢分子的平均自由程小于橡胶内部孔径或高压氢气条件时，体积扩散行为占主导地位，体积扩散系数（D_B）可以写成：

$$D_B = \frac{1}{3} \lambda \upsilon = \frac{1}{3} \frac{5}{8} \frac{\mu}{p} \sqrt{\frac{RT\pi}{2M}} \upsilon \qquad (2\text{-}20)$$

式中，μ 是扩散分子的黏度，kg·m/s；p 是氢气压力；R 是气体常数；T 是温度；M 是氢气摩尔质量。由式(2-20)可知，体积扩散系数与填料无关。

综上，对于橡胶复合材料，当氢气压力低于 10MPa 时，Knudsen 扩散系数随压力的增加而增大；当氢气压力高于 10MPa 时，体积扩散系数随压力的增加而降低。

(3) 填料特性

Jung 等[12] 研究了 1.2～9.0MPa 压力下不同种类填料（HAF CB，粒径 28nm；SRF CB，粒径 66nm；SC，比表面积 175 m²/g）和含量（20phr、40phr 和 60phr）对 EPDM 氢扩散性能的影响，如图 2-36 所示。结果表明，EPDM 的平均扩散系数随填料含量的增加而降低，即使 CB 填料含量为 20phr，EPDM-CB 的氢扩散系数也会突然降低。此外，填料对平均扩散系数的抑制效应与填料种类相关。与 EPDM-SC 相比，EPDM-CB 的氢扩散系数下降幅度更大，这可能与 CB 对氢气的吸附捕获有关，而 SC 对氢气没有吸附作用。

Jung 等[37] 进一步研究了三种压力下（1.2MPa、8.6MPa 和 90MPa）EPDM 氢扩散系数与填料含量的关系，如图 2-37 所示。在 1.2MPa 和 8.6MPa 的压力下，由于不可渗透填料的引入，橡胶内部扩散通道曲折度增加，填料延长了扩散路径，导致氢扩散系数降低。相同填料含量下，EPDM-CB 氢扩散系数低于 EPDM-SC。然而，随着氢气压力增加至 90MPa，所有试样的氢扩散系数几乎恒定且相差不大，约为 1.5×10^{-10} m²/s，填料含量变化对氢扩散系数几乎不产生影响。Yamabe 等[39] 同样发现 EPDM 的氢扩散系数随 CB 含量增加而降低，且随着填料粒径的减小而增大。

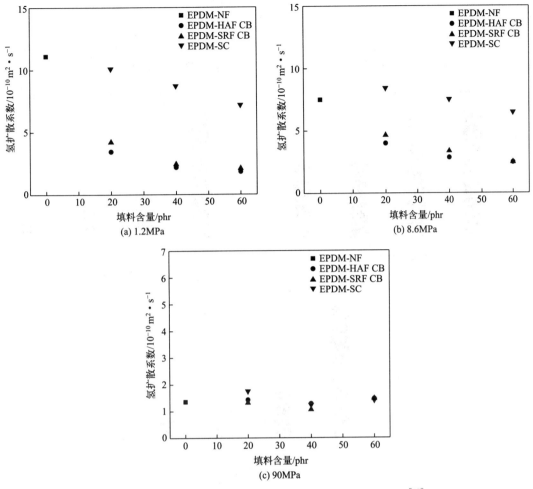

图 2-37　不同压力下 EPDM 氢扩散系数与填料含量的关系[37]

（4）交联密度

硫化是橡胶制备加工中的重要工艺环节，而硫化导致的交联反应使橡胶的线性分子链结构交互连接为空间网络结构。橡胶分子链的网络结构交联程度可以用交联密度 ρ 来表征，指的是被交联的结构单元占总结构单元的比例，橡胶材料的氢扩散行为与其交联密度密切相关。

Jung 等[12] 采用平衡溶胀法测量了 EPDM 的交联密度：将 EPDM 试样浸入四氢呋喃中，在室温下浸泡 72h，测量浸泡前后橡胶试样的重量。EPDM 交联密度由 Flory-Rehner 方程计算：

$$\rho = \frac{1}{2M_c} = -\frac{\ln(1-V_1) + V_1 + \chi_e V_1^2}{2\rho_r V_0 \left(V_1^{\frac{1}{3}} - \frac{V_1}{2}\right)} \quad (\text{mol/g}) \qquad (2\text{-}21)$$

$$V_1 = \frac{\dfrac{W_d - W_f}{\rho_r}}{\dfrac{W_d - W_f}{\rho_r} + \dfrac{W_s - W_d}{\rho_s}} \qquad (2\text{-}22)$$

式中，M_c 是交联间的平均分子量；V_0 是溶剂的摩尔体积，cm^3/mol；V_1 是平衡时膨胀网络中橡胶的体积分数；W_d 为膨胀前试样的质量；W_f 为橡胶中填料的质量；W_s 为膨胀后试样的质量；ρ_r 为 EPDM 复合材料的密度；ρ_s 为四氢呋喃的密度；χ_e 为橡胶-溶剂相互作用参数（$\chi_e = 0.501$）。图 2-38 显示了不同填料（HAF CB，粒径 28nm；SRF CB，粒径 66nm；SC，粒径 12mm）填充的 EPDM 试样的平均扩散系数随交联密度的变化情况[12]。随着交联密度的增加，所有橡胶的氢扩散系数呈现降低趋势，与填料种类无关。

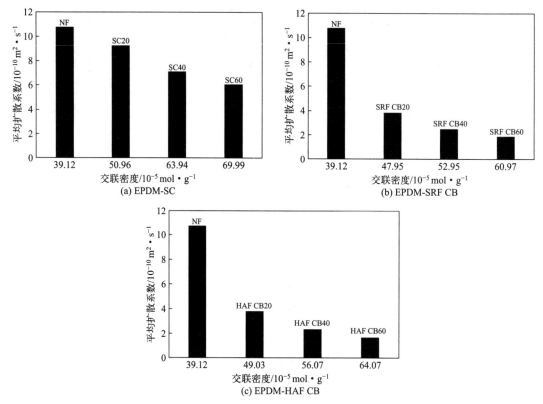

图 2-38 EPDM 平均扩散系数与交联密度的关系[12]

Jung 等[11] 进一步研究了不同填料（SC，比表面积 175 m²/g；MT CB，粒径 250~350nm；HAF CB，粒径 28nm）填充 NBR 的氢扩散系数与交联密度的关系。结果表明，NBR 的氢扩散系数均随交联密度的增大而降低，与填料种类无关。随着交联密度的增加，NBR-SC 和 NBR-MT CB 的氢扩散系数下降较缓，而 NBR-HAF CB 的氢扩散系数下降程度较大，如图 2-39 所示。

（5）材料性质

研究发现，橡胶材料的性质（极性、密度）同样会对氢扩散行为产生影响。Jeon 等[23] 通过实验发现，NBR 和 FKM 的氢扩散系数均低于 EPDM，这意味着氢分子难以在 NBR 和 FKM 橡胶中扩散。这是由于当试验材料和试验气体具有不同的极性时，会抑制气体在材料中的扩散行为。NBR 和 FKM 为极性橡胶，而氢气为非极性气体，因此 NBR 与 FKM 的氢扩散系数较低。而 EPDM 为非极性橡胶，其氢扩散系数较高。氢气在与其极性相同的 EPDM 中迅速扩散，而 NBR 和 FKM 由于极性不同且结构致密，抑制了氢气的扩散。基于此，Fitch 等[40] 和 Nakagawa 等[41] 通过化学改性处理，在橡胶分子链上引入极性原子（溴原子、氯原子），发现改性后橡胶的氢扩散系数低于未改性橡胶。因此可通过增强橡胶极性，降低氢气在材料中的扩散能力。Jung 等[8] 研究了三种橡胶（EPDM、NBR、FKM）的氢扩散系数与密度之间的相关性，结果发现三种橡胶的氢扩散系数和与密度成负相关，即橡胶

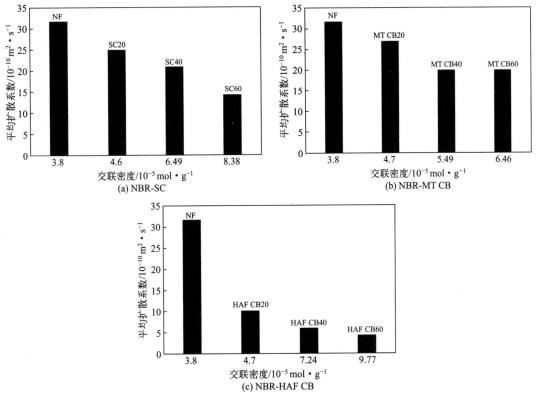

图 2-39　NBR 氢扩散系数与交联密度的关系[11]

密度越低，氢扩散系数越大。

2.2.4　典型密封材料氢扩散系数

典型密封材料氢扩散系数见表 2-4、表 2-5。

表 2-4　典型橡胶材料的氢扩散系数

材料	填料含量	温度 T /K	压力 p /MPa	氢扩散系数 D /10^{-10} m^2·s^{-1}	参考文献
EPDM	无	室温	1.2～9.0	10.6±2.1	[12]
	HAF20			3.80±0.3	
	HAF40			2.35±0.19	
	HAF60			1.69±0.14	
	SRF20			3.80±0.30	
	SRF40			2.47±0.20	
	SRF60			1.90±0.15	
	S20			9.23±0.74	
	S40			7.14±0.57	
	S60			6.06±0.49	

续表

材料	填料含量	温度 T /K	压力 p /MPa	氢扩散系数 D /10^{-10} m^2·s^{-1}	参考文献
EPDM	无	室温	0.1	15.8±0.8	[22]
	SC20			12.6±1.5	
	SC40			11.7±0.7	
	SC60			11.3±0.5	
	SC80			10.5±1.8	
	SC100			10.1±0.6	
NBR	CB30	室温	0.1	0.9	[23]
EPDM				5.2	
FKM				0.8	
NBR	40%CB	室温	2～11	0.9±0.1	[15]
EPDM	34%CB			2.7±0.4	
FKM	14%CB			0.88±0.1	
NBR	50%CB	室温	2～11	0.91±0.04	[24]
EPDM	34%CB			2.7±0.4	
FKM	14%CB			0.9±0.04	
NBR	50%CB	室温	5.9	0.64±0.1	[10]
			10.1	0.46±0.1	
EPDM	34%CB		5.9	3.1±0.4	
			10.1	2.1±0.3	
FKM	14%CB		5.9	0.77±0.1	
			10.1	0.38±0.1	
NBR	50%CB	室温	10.0	0.9±0.1	[8]
EPDM	34%CB			2.9±0.4	
FKM	14%CB			0.84±0.1	
FKM	—	298	103.425	1.9	[25]
NBR				4.3	
NBR	—	293	103.0	4.2	[26]
FKM				1.9	
EPDM				5.0	

续表

材料	填料含量	温度 T /K	压力 p /MPa	氢扩散系数 D /$10^{-10} m^2 \cdot s^{-1}$	参考文献
EPDM	—	243	0.1	0.2	[27]
		253		0.4	
		263		0.7	
		273		1.5	
		283		2.6	
		296		5.2	
NBR	—	263	0.1	0.2	
		273		0.2	
		283		0.4	
		296		0.9	
		303		1.3	
FKM	—	273	0.1	0.2	
		283		0.4	
		296		1.1	
		303		1.1	
		313		2.8	

表 2-5　典型塑料材料的氢扩散系数

材料	结晶度	温度 T/K	压力 p/MPa	氢扩散系数 D /$10^{-10} m^2 \cdot s^{-1}$	参考文献
HDPE	77%～78%	303.0	10	1.35	[21]
			20	1.32	
			30	1.28	
			40	1.20	
			50	1.08	
			60	1.01	
			70	0.99	
			80	0.90	
			90	0.91	
LDPE	23%	303.0	10	3.18	[36]
			20	3.15	
			30	2.65	
			40	2.46	

续表

材料	结晶度	温度 T/K	压力 p/MPa	氢扩散系数 D $/10^{-10}m^2 \cdot s^{-1}$	参考文献
LDPE	23%	303.0	50	2.29	[36]
			60	2.26	
			70	1.99	
			80	1.97	
			90	1.82	
LLDPE	19%	303.0	30	2.13	
			50	1.98	
			90	1.53	
MDPE	41%	303.0	30	1.31	
			50	1.29	
			90	0.95	
HDPE	53%	303.0	10	1.35	
			20	1.32	
			30	1.28	
			40	1.20	
			50	1.08	
			60	1.01	
			70	0.99	
			80	0.90	
			90	0.84	
HDPE	49%	303.0	30	1.34	
			50	1.05	
			90	0.99	
UHMWPE	34%	303.0	30	1.38	
			50	1.20	
			90	1.15	
HDPE	—	298.0	103.425	1.9	[25]
PTFE			103.425	—	
PA6	—	328	18	0.896	[28]
PA12				2.52	
PEEK	31%	298	0.1～0.3	0.30	[29]
	15%			0.53	
	38%			0.24	
	27%			0.52	

2.3　氢渗透

2.3.1　氢渗透系数定义

一般来说，氢渗透系数常用来表征氢在橡胶材料中的渗透行为。图 2-40 中为假设厚度为 L 的平面均质橡胶材料，其中 P_M 和 P_V 为橡胶两侧的分压（$P_M > P_V$）[1]。当满足 Henry 定律时，稳态扩散通量为[1]：

$$J = DS\left(\frac{P_M - P_V}{L}\right) \tag{2-23}$$

氢溶解度 S 与氢扩散系数 D 的乘积定义为氢渗透系数 ϕ：

$$\phi = DS \tag{2-24}$$

氢渗透系数表现为反映渗透体系的动力学因子（D）和相互作用的热力学项（S）的乘积，单位一般为 $mol/(m \cdot s \cdot MPa)$。因此，氢渗透系数反映了氢气在压力梯度作用下透过橡胶的难易程度[1]。2.3.4 节的表 2-6 和表 2-7 总结了几种典型密封材料的氢渗透系数数据。

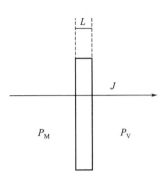

图 2-40　氢气在压力梯度下渗透通过橡胶[1]

2.3.2　氢渗透理论模型

氢气在压力梯度作用下在橡胶中渗透，可通过监测橡胶低压侧逐渐增加的压力或氢气渗透量来获得氢渗透系数、氢扩散系数和氢溶解度。多个测试标准已对压差法测定气体在橡胶中的渗透特性进行了规定。由于在整个试验过程中可以保持橡胶两侧的压力恒定，并且这种试验场景与高压储氢容器的情况非常相似，因此压差法适合于对氢能装备用橡胶材料的氢渗透行为进行测定[42]。

根据 Fick 第二定律：

$$\frac{\partial C}{\partial t} = D\frac{\partial^2 C}{\partial x^2} \tag{2-25}$$

问题的初始条件和边界条件为：

$$C(x,0) = 0, 0 < x < L$$
$$C(0,t) = C_1, 0 < t < \infty \tag{2-26}$$
$$C(L,t) = C_2$$

式中，C_1 表示橡胶表面的氢浓度；C_2 表示橡胶厚度 L 处的氢浓度。

由于边界条件是非齐次性的，橡胶内的浓度 $C(x,t)$ 被分为稳态解 $\omega(x)$ 和瞬态解 $\upsilon(x,t)$：

$$C(x,t) = \omega(x) + \upsilon(x,t) \tag{2-27}$$

利用 $\partial^2\omega/\partial x^2 = 0$ 和式（2-26）中的边界条件，计算稳态解：

$$\omega(x) = (C_2 - C_1)\frac{x}{L} + C_1 \tag{2-28}$$

对于瞬态解 $\upsilon(x,t)$，利用分离变量求解式（2-25）：

$$\upsilon(x,t)=\widetilde{T}(t)\widetilde{X}(x) \tag{2-29}$$

式(2-29)除以 $D\widetilde{T}(t)\widetilde{X}(x)$，得到：

$$\frac{1}{D}\frac{1}{\widetilde{T}(t)}\frac{\partial\widetilde{T}}{\partial t}=\frac{1}{\widetilde{X}(x)}\frac{\partial\widetilde{X}^2}{\partial x^2}=-\chi^2 \tag{2-30}$$

其中 $\chi>0$，由于偏微分方程被分解为两个常微分方程，所以得到 $\widetilde{T}(t)$ 和 $\widetilde{X}(x)$ 的通解为：

$$\widetilde{T}(t)=O\exp(-\chi^2 Dt)$$

$$\widetilde{X}(x)=M\sin(\chi x)+K\cos(\chi x) \tag{2-31}$$

式中，O、K 和 M 是常数，与 x 和 t 无关。

瞬态解的边界条件是齐次性的 $[\upsilon(0,t)=\upsilon(L,t)=0]$，因为稳态解是式(2-26)中非齐次边界条件的结果。因此，在 $\widetilde{X}(x)$ 上应用齐次边界条件得到：

$$K=0$$

$$\chi=\frac{n\pi}{L},n\in N \tag{2-32}$$

一般来说，O 和 M 对于每个特征值 χ_n 都有不同的值，从而得到特征函数：

$$\widetilde{T}_n(t)=O_n\exp\left(-n^2\pi^2\frac{Dt}{L^2}\right)$$

$$\widetilde{X}_n(x)=M_n\sin\left(n\pi\frac{x}{L}\right) \tag{2-33}$$

本征函数 $\widetilde{T}_n(t)$ 和 $\widetilde{X}_n(x)$ 构成了瞬态系统 $\upsilon(x,t)$ 的通解，如式(2-34)所示：

$$\upsilon(x,t)=\sum_{n=1}^{\infty}b_n\exp\left(-n^2\pi^2\frac{Dt}{L^2}\right)\sin\left(n\pi\frac{x}{L}\right) \tag{2-34}$$

其中 $b_n=O_nM_n$。由于 O_n 和 M_n 是任意的，因此 b_n 也与 x 和 t 无关。将式(2-33)的特征函数简化后得：

$$\widetilde{T}_n(t)=\exp(-n^2\pi^2\frac{Dt}{L^2})$$

$$\widetilde{X}_n(x)=\sin(n\pi\frac{x}{L}) \tag{2-35}$$

将式(2-34)和式(2-35)合并到式(2-27)中得到：

$$C(x,t)=\omega(x)+\sum_{n=1}^{\infty}b_n\widetilde{T}_n(t)\widetilde{X}_n(x) \tag{2-36}$$

$\upsilon(x,t)$ 的显式计算由式(2-36)以及在 $t=0$ 处的 $C(x,0)$ 得到：

$$\upsilon(x,0)=C(x,0)-\omega(x)=\sum_{n=1}^{\infty}b_nX_n(x) \tag{2-37}$$

式(2-37)描述了系统如何从初始状态 $C(x,0)$ 到稳定状态 $\omega(x)$。必须强调的是，式(2-37)中系数 b_n 的计算只有在本征函数 $X_n(x)$ 相互正交的情况下才能进行。式(2-38)证明了 $X_n(x)$ 本征函数彼此正交：

$$\int_0^L\sin\left(n\pi\frac{x}{L}\right)\sin\left(m\pi\frac{x}{L}\right)\mathrm{d}x=0,n\neq m$$

$$\int_0^L \sin^2\left(n\pi\,\frac{x}{L}\right)\mathrm{d}x = \frac{L}{2} \neq 0 \tag{2-38}$$

将式（2-37）的两边与 $X_n(x)$ 相乘，然后对橡胶的厚度积分。再通过式（2-26）、式（2-28）和式（2-37）计算系数 b_n：

$$b_n = \frac{\displaystyle\int_0^L \upsilon(x,0)\sin\left(n\pi\,\frac{x}{L}\right)\mathrm{d}x}{\displaystyle\int_0^L \sin^2\left(n\pi\,\frac{x}{L}\right)\mathrm{d}x} \tag{2-39}$$

由式（2-34）和式（2-39）计算得到瞬态解 $\upsilon(x,t)$，再将该结果与式（2-28）和式（2-36）一起使用，最终得出：

$$C(x,t) = (C_2 - C_1)\frac{x}{L} + C_1 + \frac{2}{\pi}\sum_{n=1}^{\infty}\frac{(-1)^n C_2 - C_1}{n}\sin\left(n\pi\,\frac{x}{L}\right)\exp\left(-n^2\pi^2\frac{Dt}{L^2}\right) \tag{2-40}$$

对于压差法，通常采用的不是橡胶内的浓度分布 $C(x,t)$，而是渗透过橡胶的氢气扩散通量 $J(t)$。由 Fick 第一定律可得：

$$J(x,t) = -D\frac{\partial C(x,t)}{\partial x} \tag{2-41}$$

对 x 代入橡胶厚度 L 得到：

$$J(t) = D\frac{C_1 - C_2}{L} + \frac{2D}{L}\sum_{n=1}^{\infty}\left[(-1)^n C_1 - C_2\right]\exp\left(-n^2\pi^2\frac{Dt}{L^2}\right) \tag{2-42}$$

如果将 $J(t)$ 对 t 积分，积分上下限为 0 和 t，同时代入恒等式 $\sum_{n=1}^{\infty}1/n^2 = \pi^2/6$ 和 $\sum_{n=1}^{\infty}(-1)^n/n^2 = -\pi^2/12$，最终解出橡胶的氢气渗透量 $Q(t)$ 随时间的变化为：

$$Q(t) = D\frac{C_1 - C_2}{L}t - \frac{(C_1 + 2C_2)L}{6} - \frac{2L}{\pi^2}\sum_{n=1}^{\infty}\frac{\left[(-1)^n C_1 - C_2\right]}{n^2}\exp\left(-n^2\pi^2\frac{Dt}{L^2}\right) \tag{2-43}$$

通过式（2-42）和式（2-43）推导出的 $J(t)$ 和 $Q(t)$，再结合时滞测量和流量测量方法，即可得到橡胶材料的氢扩散系数、氢溶解度以及氢渗透系数。

（1）时滞测量

时滞测量方法最早由 Daynes 等[43] 提出，随后 Barrer 等[44] 发展了这一理论。根据时滞测量方法，氢气渗透量 $Q_A(t)$ 被测量直到接近稳态。将直线 $Q_A(t)_{steady}$ 拟合，得到曲线的线性区域，并与 x 轴和 y 轴相交（见图 2-41）。$Q_A(t)_{steady}$ 用 $C_2 = 0$ 和式（2-43）的稳态计算 $[t\to\infty,\ \sum(\sim)\to 0]$，随后乘以渗透面积 A，得到与面积相关的氢气渗透量：

$$Q_A(t)_{steady} = AQ(t)_{steady} = \frac{ADC_1}{L}t - \frac{AC_1 L}{6} \tag{2-44}$$

利用图 2-41 和式（2-44）中的交点 I_0 和 I_1 给出[42]：

$$D = \frac{L^2}{6t_{I_0}}$$

$$C_1 = -\frac{6Q_A(0)_{steady}}{AL} \tag{2-45}$$

如果 Henry 定律是成立的，则可利用 Henry 定律的关系式，由橡胶表面的浓度 C_1 和压力 p_1 推导出氢溶解度 S：

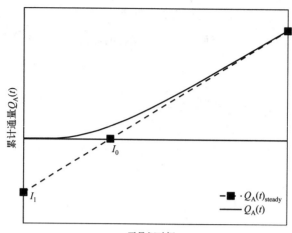

图 2-41　$Q_A(t)$ 与时间 t 的关系[42]

I_0—计算 D 的时滞；I_1—计算 C_1 的时滞

$$S = \frac{C_1}{p_1} \tag{2-46}$$

（2）流量测量

将稳态形式下的式（2-42）与渗透面积 A 相乘，并结合式（2-46）给出：

$$J_A = ADS \frac{p_1 - p_2}{L} \tag{2-47}$$

式中，J_A 为稳定状态下与面积相关的流量；p_1 和 p_2 分别是厚度为 L 的橡胶两侧的压力，由式（2-47）可推导出：

$$\phi = DS \tag{2-48}$$

2.3.3　氢渗透系数影响因素

氢渗透系数反映了氢气在压力梯度作用下透过橡胶的难易程度，是氢气在橡胶中溶解和扩散能力的综合体现。

2.3.3.1　试验温度

根据 Arrhenius 定律，在一定压力下，氢气在橡胶中的氢渗透系数、氢扩散系数和氢溶解度与温度的关系满足如下方程[17]：

$$\phi(T) = \phi_0 \exp(-\frac{E_\phi}{RT}) \tag{2-49}$$

$$S(T) = S_0 \exp(-\frac{\Delta H_S}{RT}) \tag{2-50}$$

$$D(T) = D_0 \exp(-\frac{E_D}{RT}) \tag{2-51}$$

指数前项表示温度趋于无穷大时各氢传输特性参数的极限值。E_ϕ 为渗透过程的表观活化能，E_D 为扩散过程的表观活化能（见 2.2.1 节），ΔH_S 为氢气溶解在橡胶基质中所需的溶解热（见 2.1.4.1 节），三者的关系为：

$$E_\phi = E_D + \Delta H_S \tag{2-52}$$

根据 2.1.4.2 节和 2.2.3 节，ΔH_S 和 E_D 均为正值，因此 E_ϕ 也恒为正。氢溶解度和氢扩散系数均随着温度的升高而增大，因此氢渗透系数也随着温度的升高而增大，但氢扩散系数随温度的变化程度相较于氢溶解度更加显著。

Marchi 等[18] 总结了几种橡胶材料氢渗透系数的温度依赖性。在分析温度的影响时，绘制了不同温度下氢气在橡胶材料中的渗透情况，如图 2-42 所示。所有材料的氢渗透系数都随着温度的升高而增大，这与温度对氢溶解度和氢扩散系数的影响一致，符合 Arrhenius 定律。Yamabe 等[19] 研究了 0.6MPa 氢气压力下，303～344K 温度范围内橡胶的氢渗透性能，结果显示氢渗透系数与温度变化成正相关，这与 Marchi 等[18] 得出的结论一致。

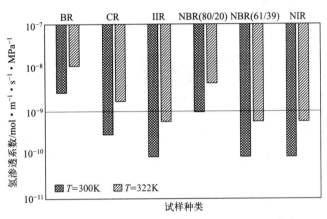

图 2-42　几种橡胶材料氢渗透系数的温度依赖性[18]

2.3.3.2　压力

Klopffer 等[45] 在实验压力为 0～2MPa 条件下，探索了 PE 中纯气体和混合气体（氢气、甲烷、二氧化碳）的渗透性。实验结果显示，气体压力变化对气体渗透性没有任何影响。此外，Zheng 等[20] 模拟了 0～0.7MPa 氢气压力对 PE 氢渗透的影响，结果表明，0～0.7MPa 压力范围下 PE 的氢渗透系数变化不大。Fujiwara 等[21] 研究了最大压力 90MPa 下 HDPE 的氢渗透特性，结果如图 2-43 所示。实验表明，氢渗透量随着氢气压力的增加而增加，但增加的比率随着氢气压力的增加而略有放缓，且氢渗透量与氢气压力的实验曲线逐渐偏离 Henry 定律。随着氢气压力的增加，氢渗透系数也逐渐减小。对于橡胶材料，压力对其氢渗透系数的影响规律，可结合压力对氢溶解度的影响和压力对氢扩散系数的影响进行综合判定。当氢气压力较低时（低于 10MPa），氢溶解度满足 Henry 定律保持不变，氢扩散系数随压力变化不大，因此橡胶氢渗透系数随压力变化不大。当氢气压力较高时（高于 10MPa），氢溶解度和氢扩散系数均随压力的增加而降低，因此橡胶氢渗透系数随压力增加而减小。

2.3.3.3　填料

Jung 等[12] 研究了一定压力下不同含量（20phr、40phr 和 60phr）CB 和 SC HAF CB，

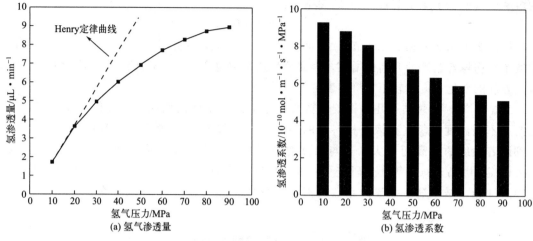

图 2-43　氢渗透特性的压力依赖性[21]

粒径 28nm；SRF CB，粒径 66nm；SC，比表面积 175 m²/g 对 EPDM 的氢渗透特性的影响，如图 2-44 所示。结果表明 EPDM 的氢渗透系数随填料含量的增加而降低，而与填料种类无关。填料对氢渗透系数的影响类似于对氢扩散系数的影响。在 EPDM-HAF CB 和 EP-DM-SRF CB 中，CB 对渗透性的影响比 SC 更大，这可能与 CB 对渗透氢的吸附捕获有关，而 SC 对氢气没有吸附作用。Kang 等[22] 和 Yamabe 等[39] 通过实验研究，同样发现橡胶的氢渗透系数随 CB 含量的增加而降低，但与 CB 粒径的关系不大。由此可见，填料的引入降低了橡胶的氢渗透特性。这不仅是由于填料对氢气的吸附作用，同时还归因于填料颗粒延长氢气的渗透路径。文献 [46] 指出，填料的加入会在橡胶基质中形成物理阻隔层，会使气体的渗透路径更加复杂。Sun 等[47] 用层状硅酸盐纳米填料填充聚酰胺，研究了不同压力（25MPa、35MPa、50MPa）和温度条件（－10℃、25℃、85℃）下的氢渗透特性。他们观察到，与未填充的聚酰胺相比，填充后的氢阻隔性能提高了 3～5 倍。

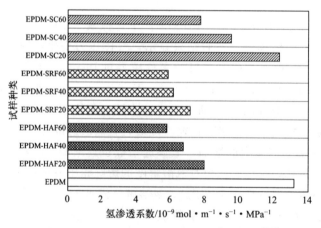

图 2-44　EPDM 的氢渗透系数与填料的关系[12]

2.3.4　典型密封材料氢渗透系数

典型密封材料氢渗透系数见表 2-6、表 2-7。

表 2-6　典型橡胶材料的氢渗透系数

材料	填料	温度 T/K	压力 p/MPa	氢渗透系数 ϕ /$10^{-9}\,mol \cdot m^{-1} \cdot s^{-1} \cdot MPa^{-1}$	参考文献
EPDM	未填充	室温	1.2~9.0	13.2±2.6	[12]
	HAF20			7.96±0.64	
	HAF40			6.65±0.53	
	HAF60			5.74±0.46	
	SRF20			7.01±0.56	
	SRF40			6.07±0.49	
	SRF60			5.79±0.46	
	S20			12.2±1.0	
	S40			9.43±0.75	
	S60			7.62±0.61	
EPDM	未填充	室温	0.1	24.1±0.9	[22]
	SC20			21.1±3.6	
	SC40			19.9±2.6	
	SC60			18.9±1.5	
	SC80			16.4±3.5	
	SC100			11.4±1.0	
NBR	CB30	室温	0.1	3.8	[23]
EPDM				17.0	
FKM				2.1	
NBR	40%CB	室温	2~11	2.8±0.6	[15]
EPDM	34%CB			7.9±1.0	
FKM	14%CB			1.3±0.3	
NBR	50%CB	室温	2~11	2.8±0.43	[24]
EPDM	34%CB			7.9±1.2	
FKM	14%CB			1.3±0.2	
NBR	50%CB	室温	10.0	2.9±0.5	[8]
EPDM	34%CB			8.1±1.4	
FKM	14%CB			1.3±0.2	
FKM	—	298	103.425	35	[25]
NBR				50	
NBR	—	293	103.0	51	[26]
FKM				35	
EPDM				170	

材料	填料	温度 T/K	压力 p/MPa	氢渗透系数 ϕ /10^{-9} mol·m^{-1}·s^{-1}·MPa^{-1}	参考文献
EPDM	—	243	0.1	0.6	[27]
		253		1.2	
		263		2.8	
		273		5.3	
		283		7.9	
		296		17.2	
NBR	—	263	0.1	0.2	[27]
		273		0.8	
		283		1.6	
		296		3.8	
		303		5.0	
FKM	—	273	0.1	0.4	[27]
		283		0.9	
		296		1.9	
		303		3.0	
		313		6.4	
NBR	—	311	—	45.9	[48]
SBR	—	298	—	132	

表 2-7　典型塑料材料的氢渗透系数

材料	结晶度	温度 T/K	压力 p/MPa	氢渗透系数 ϕ /10^{-10} mol·m^{-1}·s^{-1}·MPa^{-1}	参考文献
HDPE	77%~78%	303.0	10	9.25	[21]
			20	8.78	
			30	8.05	
			40	7.40	
			50	6.76	
			60	6.32	
			70	5.88	
			80	5.40	
			90	5.08	
LDPE	23%	303.0	10	28.35	[36]
			20	26.87	
			30	23.24	

续表

材料	结晶度	温度 T/K	压力 p/MPa	氢渗透系数 ϕ /10^{-10}mol·m^{-1}·s^{-1}·MPa^{-1}	参考文献
LDPE	23%	303.0	40	20.92	
			50	18.99	
			60	16.74	
			70	15.64	
			80	14.85	
			90	13.28	
LLDPE	19%	303.0	30	22.04	
			50	17.41	
			90	11.83	
MDPE	41%	303.0	30	10.58	
			50	8.89	
			90	5.97	
HDPE	53%	303.0	10	9.25	[36]
			20	8.78	
			30	8.05	
			40	7.40	
			50	6.76	
			60	6.32	
			70	5.89	
			80	5.40	
			90	4.93	
HDPE	49%	303.0	30	8.11	
			50	7.23	
			90	5.17	
UHMWPE	34%	303.0	30	14.57	
			50	11.85	
			90	8.85	
LDPE	43%	298.0	1.07	23.4	[49]
			1.83	23.0	
			3.77	22.6	
			5.40	22.2	
			6.93	22.6	
			10.7	21.8	

续表

材料	结晶度	温度 T/K	压力 p/MPa	氢渗透系数 ϕ /10^{-10}mol·m^{-1}·s^{-1}·MPa^{-1}	参考文献
HDPE	—	298.0	103.425	8.2	[25]
PTFE			103.425	32	
PA6	26.1%	263	25	1.8	[47]
		263	35	9.1	
		263	50	4.7	
		298	25	5.6	
		298	35	2.8	
		298	50	1.4	
		358	25	2.4	
		358	35	1.4	
		358	50	7.7	
层状无机组分 /PA6	18.6%	263	25	0.43	
		263	35	0.21	
		263	50	0.11	
		298	25	0.18	
		298	35	0.10	
		298	50	0.32	
		358	25	0.61	
		358	35	0.37	
		358	50	0.21	
PA6	—	328	18	5.94	[28]
PA12				34.2	
PEEK	31%	298	0.1～0.3	0.06	[29]
	15%			0.12	
	38%			0.04	
	27%			0.07	

参考文献

[1] Klopffer M H, Flaconneche B. Transport properdines of gases in polymers: bibliographic review [J]. Oil & Gas Science and Technology, 2006, 56 (3): 223-244.

[2] Yamabe J, Nishimura S. Tensile properties and swelling behavior of sealing rubber materials exposed to high-pressure hydrogen gas [J]. Journal of Solid Mechanics and Materials Engineering, 2012, 6 (6): 466-477.

[3]　Yamabe J，Nishimura S. Influence of fillers on hydrogen penetration properties and blister fracture of rubber composites for O-ring exposed to high-pressure hydrogen gas [J] . International Journal of Hydrogen Energy，2009，34 (4)：1977-1989.

[4]　Nishimura S，Fujiwara H. Detection of hydrogen dissolved in acrylonitrile butadiene rubber by 1H nuclear magnetic resonance [J] . Chemical Physics Letters，2012，522：43-45.

[5]　Fujiwara H，Nishimura S. Evaluation of hydrogen dissolved in rubber materials under high-pressure exposure using nuclear magnetic resonance [J] . Polymer Journal，2012，44：832-837.

[6]　Ono H，Fujiwara H，Onoue K，et al. FT-IR study of state of molecular hydrogen in bisphenol A polycarbonate dissolved by high-pressure hydrogen gas exposure [J] . Chemical Physics Letters，2020，740：137053.

[7]　Jung J K，Kim K T，Baek U B，et al. Volume dependence of hydrogen diffusion for sorption and desorption processes in cylindrical-shaped polymers [J] . Polymers，2022，14 (4)：756.

[8]　Jung J K，Kim I G，Kim K T，et al. Novel volumetric analysis technique for characterizing the solubility and diffusivity of hydrogen in rubbers [J] . Current Applied Physics，2021，26：9-15.

[9]　Yamabe J，Nishimura S. Hydrogen-induced degradation of rubber seals [J] . Gaseous Hydrogen Embrittlement of Materials in Energy Technologies，2012：769-816.

[10]　Jung J K，Kim I G，Jeon S K，et al. Volumetric analysis technique for analyzing the transport properties of hydrogen gas in cylindrical-shaped rubbery polymers [J] . Polymer Testing，2021，99：107147.

[11]　Jung J K，Lee C H，Son M S，et al. Filler effects on H_2 diffusion behavior in nitrile butadiene rubber blended with carbon black and silica fillers of different concentrations [J] . Polymers，2022，14 (4)：700.

[12]　Jung J K，Lee C H，Baek U B，et al. Filler influence on H_2 permeation properties in sulfur-crosslinked ethylene propylene diene monomer polymers blended with different concentrations of carbon black and silica fillers [J] . Polymers，2022，14 (3)：592.

[13]　Fujiwara H，Ono H，Nishimura S. Effects of fillers on the hydrogen uptake and volume expansion of acrylonitrile butadiene rubber composites exposed to high pressure hydrogen：-Property of polymeric materials for high pressure hydrogen devices (3) [J] . International Journal of Hydrogen Energy，2022，47 (7)：4725-4740.

[14]　Simmons K，Bhamidipaty K，Menon N，et al. Compatibility of polymeric materials used in the hydrogen infrastructure [J] . Pacific Northwest National Laboratory，DOE Annual Merit Review，2018.

[15]　Jung J K，Kim I G，Kim K T，et al. Evaluation techniques of hydrogen permeation in sealing rubber materials [J] . Polymer Testing，2021，93：107016.

[16]　Kevin L S，Chris S M，et al. H-Mat Overview：Polymer [R] . 2021.

[17]　Rogers C E. Permeation of gases and vapours in polymers [J] . Polymer permeability，1985：11-73.

[18]　Marchi C S，Somerday B P. Technical reference for hydrogen compatibility of materials [R] . Sandia National Laboratories (SNL)，Albuquerque，NM，and Livermore，CA (United States)，2012.

[19]　Zheng D，Li J，Liu B，et al. Molecular dynamics investigations into the hydrogen permeation mechanism of polyethylene pipeline material [J] . Journal of Molecular Liquids，2022，368：120773.

[20]　Yamabe J，Nishimura S，Koga A. A study on sealing behavior of rubber O-ring in high pressure hydrogen gas [J] . SAE International Journal of Materials and Manufacturing，2009，2 (1)：452-460.

[21]　Fujiwara H，Ono H，Onoue K，et al. High-pressure gaseous hydrogen permeation test method-property of polymeric materials for high-pressure hydrogen devices (1) [J] . International Journal of Hydrogen Energy，2020，45 (53)：29082-29094.

[22]　Kang H M，Choi M C，Lee J H，et al. Effect of the high-pressure hydrogen gas exposure in the silica-filled EPDM sealing composites with different silica content [J] . Polymers，2022，14 (6)：1151.

［23］ Jeon S K, Jung J K, Chung N K, et al. Investigation of physical and mechanical characteristics of rubber materials exposed to high-pressure hydrogen ［J］. Polymers, 2022, 14 (11): 2233.

［24］ Jung J K, Kim I G, Kim K T. Evaluation of hydrogen permeation characteristics in rubbery polymers ［J］. Current Applied Physics, 2021, 21: 43-49.

［25］ Menon N C, Kruizenga A M, Nissen A, et al. Behaviour of polymers in high pressure environments as applicable to the hydrogen infrastructure ［C］. Pressure Vessels & Piping Conference, 2016: V06BT06A037.

［26］ Menon N C, Kruizenga A M, San Marchi C W, et al. Polymer behavior in high pressure hydrogen helium and argon environments as applicable to the Hydrogen infrastructure ［R］. Sandia National Lab. (SNL-NM), Albuquerque, NM (United States), 2017.

［27］ Jang J S, Kim C, Chung N K. Temperature-dependence study on the hydrogen transport properties of polymers used for hydrogen infrastructure ［J］. Applied Science and Convergence Technology, 2021, 30 (6): 163-166.

［28］ Pepin J, Lainé E, Grandidier J C, et al. Determination of key parameters responsible for polymeric liner collapse in hyperbaric type Ⅳ hydrogen storage vessels ［J］. International Journal of Hydrogen Energy, 2018, 43 (33): 16386-16399.

［29］ Monson L, Moon S I, Extrand C W. Permeation resistance of poly (ether ether ketone) to hydrogen, nitrogen, and oxygen gases ［J］. Journal of Applied Polymer Science, 2013, 127 (3): 1637-1642.

［30］ Barrer R M. Some properties of diffusion coefficients in polymers ［J］. The Journal of Physical Chemistry, 1957, 61 (2): 178-189.

［31］ Brandt W W. Model calculation of the temperature dependence of small molecule diffusion in high polymers ［J］. The Journal of Physical Chemistry, 1959, 63 (7): 1080-1085.

［32］ Dibenedetto A T, et al. An interpretation of gaseous diffusion through polymers using fluctuation theory ［J］. Journal of Polymer Science Part A, 1964, 2 (2): 1001-1015.

［33］ Pace R J, Datyner A. Statistical mechanical model of sorption and diffusion of simple penetrants in polymers ［J］. Polymer Engineering & Science, 1980, 20 (1): 51-58.

［34］ Fujita H K A, Matsumoto K. Concentration and temperature dependence of diffusion coefficients for systems polymethyl acrylate and n-alkyl acetates ［J］. Transactions of the Faraday Society, 1960, 56: 424-437.

［35］ Doolittle A K. Studies in Newtonian flow. Ⅲ. The dependence of the viscosity of liquids on molecular weight and free space (in homologous series) ［J］. Journal of Applied Physics, 1952, 23 (2): 236-239.

［36］ Fujiwara H, Ono H, Ohyama K, et al. Hydrogen permeation under high pressure conditions and the destruction of exposed polyethylene-property of polymeric materials for high-pressure hydrogen devices (2)- ［J］. International Journal of Hydrogen Energy, 2021, 46 (21): 11832-11848.

［37］ Jung J K, Lee J H, Jeon S K, et al. Correlations between H$_2$ permeation and physical/mechanical properties in ethylene propylene diene monomer polymers blended with carbon black and silica fillers ［J］. International Journal of Molecular Sciences, 2023, 24 (3): 2865.

［38］ Knudsen M. Die gesetze der molekularströmung und der inneren reibungsströmung der gase durch röhren ［J］. Annalen der Physik, 1909, 333 (1): 75-130.

［39］ Yamabe J, Nishimura S. Influence of carbon black on decompression failure and hydrogen permeation properties of filled ethylene-propylene-diene-methylene rubbers exposed to high-pressure hydrogen gas ［J］. Journal of Applied Polymer Science, 2011, 122 (5): 3172-3187.

［40］ Fitch M W, Koros W J, Nolen R L, et al. Permeation of several gases through elastomers, with emphasis on the deuterium/hydrogen pair ［J］. Journal of Applied Polymer Science, 1993, 47 (6):

1033-1046.

[41] Nakagawa T, Yoshida M, Kidokoro, K Development of rubbery materials with excellent barrier properties to H_2, D_2, and T_2 [J]. Journal of Membrane Science, 1990, 52 (3): 263-274.

[42] Macher J, Hausberger A, Macher A E, et al. Critical review of models for H_2-permeation through polymers with focus on the differential pressure method [J]. International Journal of Hydrogen Energy, 2021, 46 (43): 22574-22590.

[43] Daynes H A. The process of diffusion through a rubber membrane [J]. Proceedings of the Royal Society of London. Series A, Containing Papers of a Mathematical and Physical Character, 1920, 97 (685): 286-307.

[44] Barrer R M, Rideal E K. Permeation, diffusion and solution of gases in organic polymers [J]. Transactions of the Faraday Society, 1939, 35: 628-643.

[45] Klopffer M H, Flaconneche B, Odru P. Transport properties of gas mixtures through polyethylene [J]. Plastics, Rubber and Composites, 2013, 36 (5): 184-189.

[46] Cui Y, Kundalwal S I, Kumar S. Gas barrier performance of graphene/polymer nanocomposites [J]. Carbon, 2016, 98: 313-333.

[47] Sun Y, Lv H, Zhou W, et al. Research on hydrogen permeability of polyamide 6 as the liner material for type IV hydrogen storage tank [J]. International Journal of Hydrogen Energy, 2020, 45 (46): 24980-24990.

[48] Hannifin P. Parker O-Ring handbook [EB/OL]. Parker Hannifin Corporation, Cleveland, OH, 2007.

[49] Naito Y, Mizoguchi K, Terada K, et al. The effect of pressure on gas permeation through semicrystalline polymers above the glass transition temperature [J]. Journal of Polymer Science Part B: Polymer Physics, 1991, 29 (4): 457-462.

第3章
密封材料的氢损伤

氢能装备橡胶密封材料的氢损伤可分为鼓泡断裂、吸氢膨胀、力学性能氢致劣化以及化学结构损伤。

3.1 鼓泡断裂

3.1.1 鼓泡断裂定义

鼓泡断裂是一种在氢气快速释放时橡胶内部发生的裂纹扩展等损伤现象。鼓泡断裂的发生主要包括两个阶段：①加压阶段：由于橡胶暴露于氢环境下，氢气被吸收进橡胶内部，氢气随着时间的推移在橡胶的自由空间和固有缺陷处达到饱和，甚至使橡胶发生塑化；②泄压阶段：由于氢气的突然泄压，橡胶内外部存在氢气压力梯度，引起橡胶体积增加且内部处于过饱和状态，最终导致氢气从橡胶中解吸。在这种扩散控制的氢解吸过程中，气泡在橡胶内部生长，当气泡壁上的应力和应变超过橡胶的撕裂临界值时，气泡会导致应力集中现象，引发不可逆转的裂纹扩展，甚至发展成表面鼓泡，造成密封失效[1]。

在氢气泄压过程中，橡胶内部可能发生的损伤过程如图 3-1 所示[2]。泄压后，橡胶如果没有发生鼓泡断裂，则其内部形成的气泡将会与解吸的溶质氢分子一起消失。橡胶的鼓泡断裂损伤程度取决于试验条件、橡胶材料属性、氢传输特性以及空穴特征参量等。当橡胶的氢扩散系数较低时，氢气在橡胶内部停留时间较长，并在泄压后的压力积累中产生恒定载荷，对橡胶产生不可逆转的损伤。由于氢气的扩散系数比其他气体的扩散系数高，因此氢气泄压导致的橡胶内部损伤相对较小。然而，在极端条件下，氢气仍可能对橡胶造成严重的损伤破坏[1]。因此，相关研究人员陆续开展了临氢环境橡胶鼓泡试验，以探究鼓泡断裂机理及其影响规律。

3.1.2 鼓泡断裂机理

3.1.2.1 单次氢气暴露鼓泡萌生模型

Yamabe 等[3] 利用光学显微镜（optical microscope，OM）观察透明的 EPDM 在

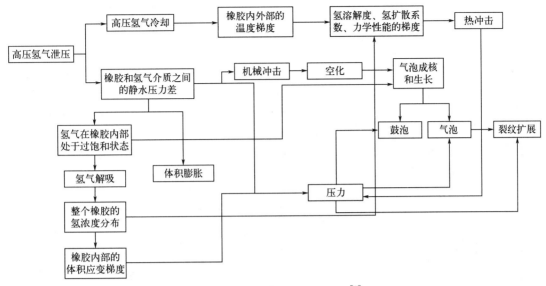

图 3-1　泄压阶段橡胶损伤图解[2]

10MPa 氢气环境下的鼓泡萌生行为，提出了单次氢气暴露鼓泡萌生模型，如图 3-2 所示。当橡胶暴露在氢气中时，过饱和的氢分子在泄压后聚集在初始缺陷处，进而发展形成微米级别气泡。气泡是一种力学可逆的损伤，对橡胶材料的拉伸弹性模量和抗拉强度等宏观力学性能几乎没有影响。如果气泡随着溶质氢分子的解吸而消失，则氢气泄压后橡胶内部不会产生裂纹；如果气泡持续增大并发生应力集中，则会导致橡胶内部分子链断裂而产生裂纹。此时的裂纹定义为"鼓泡断裂"，属于裂纹中的一类。与气泡相反，鼓泡断裂是一种力学不可逆的损伤。

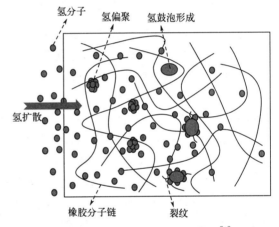

图 3-2　单次氢气暴露鼓泡萌生模型[3]

　　Yamabe 等[4] 联合利用声发射（acoustic emission，AE）、OM 及扫描电子显微镜（scanning electron microscope，SEM）技术，进一步研究了临氢环境橡胶内部气泡从形成到鼓泡断裂发生的全过程，并证实了亚微米级别气泡的存在，进一步完善了单次氢气暴露鼓泡萌生模型。图 3-3 所示为从气泡形成到鼓泡萌生的过程示意图[4]。该过程可分为以下三类：

　　（1）以微米级别缺陷为起点

　　泄压后，由于非均匀成核，在微米级别缺陷周围形成亚微米级别气泡。随着时间的推移，缺陷被气泡包围，产生界面剥离。最终该部位成为微米级别气泡，并以该部位为起点产生裂纹。

　　（2）以微米级别细孔为起点

　　在加压阶段，微米级别细孔内部已充满氢气。泄压后，以细孔为起点产生裂纹。

　　（3）以微米级别缺口区域或切面为起点（含起点模糊不清）

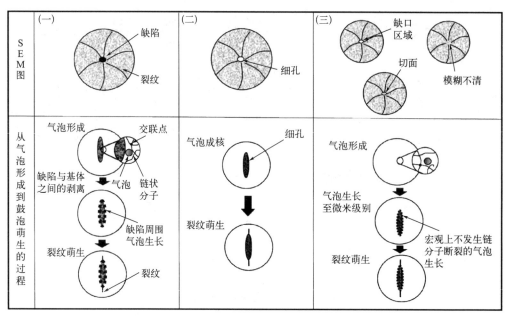

图 3-3　从气泡形成到鼓泡萌生的过程示意图[4]

泄压后，亚微米级别气泡在橡胶内部形成，通过局部的分子链断裂和合并成长为微米级别气泡。最终以微米级别气泡为起点产生裂纹。

值得一提的是，在低压（0.6MPa）氢气泄压后，利用 OM 无法观测到橡胶内部裂纹，但利用 AE 可以检测到橡胶内部信号，说明橡胶内部发生了纳米级别断裂，这种断裂是亚微米级别气泡形成所致。然而，仍缺乏直接证明纳米级别断裂发生的测试方法。

为了进一步阐明橡胶纳米级别断裂过程与微观结构之间的关系，Yamabe 等[5] 利用原子力显微镜（atomic force microscope，AFM）直接观察到泄压后在 EPDM 内部形成的亚微米级别气泡，并证明亚微米级别气泡导致纳米级别断裂，弥补了已有单次氢气暴露鼓泡萌生模型的理论不足。基于断裂力学，当亚微米级别气泡的撕裂能超过断裂能时，就会发生纳米级别断裂。Yamabe 等[5] 假设断裂能等于宏观静态裂纹扩展的阈值撕裂能，则不可能发生纳米级别断裂，因为亚微米级别气泡需要很高的内压才能形成。然而，橡胶结构是不均匀的。因此，可以认为橡胶基体中存在阈值撕裂能低于宏观静态裂纹扩展的阈值撕裂能的非均匀的低强度结构，并在结构中发生纳米级别断裂。低强度结构的形成与交联密度的不均匀性有关。该结论在 Ohyama 等[6] 的研究中得到了进一步的验证。他们利用小角 X 射线散射（small-angle X-ray scattering，SAX）观察 NBR 在 90MPa 氢气暴露后的散射谱随时间的变化规律。结果表明：NBR 试样为界面清晰的两相体系，其低密度相被认为是亚微米级别空穴（空穴，即橡胶内部的气泡）。NBR 中的空穴密度几乎是恒定的。由此可见，泄压后橡胶中的空穴是由原存在于橡胶基体中的前驱体生成的。这些前驱体属于低密度相，由交联密度的不均匀所致。

3.1.2.2　鼓泡断裂临界氢压计算方法

Yamabe 等[7] 基于单次氢气暴露鼓泡萌生模型，提出较为完备的鼓泡断裂临界氢压（P_F）计算方法。主要是基于两类主要的鼓泡判据：基于弹性失稳（即与应力状态和有限应变有关）的判据和基于能量平衡的判据。这些判据适用于遵循 Neo-Hookean 模型的超弹性材料[8]。对于超弹性材料，假定存在应变能函数（W_0），橡胶在不可压缩条件下的 W_0 值表示如下[9]：

$$W_0(I_1,I_2)=C_{10}(I_1-3)+C_{01}(I_2-3)+C_{20}(I_1-3)^2 \tag{3-1}$$

式中，I_1 和 I_2 是变形的第一不变量和第二不变量；C_{ij} 是材料常数。对于 Neo-Hookean 模型，$C_{10}\neq0$，$C_{01}=C_{20}=0$。表 3-1 显示了常见橡胶的材料常数[7]。采用哑铃形试样（长 40mm，厚 2mm）和圆柱形试样（长 12.5mm，直径 ϕ29.0mm）在室温空气中进行单轴拉伸和压缩试验。由此得到的名义应力-应变曲线由式(3-2)确定，以评估 C_{ij} 的值。

$$\sigma_n=2\left(\lambda-\frac{1}{\lambda^2}\right)\left[C_{10}+\frac{C_{01}}{\lambda}+2C_{20}\left(\lambda^2+\frac{2}{\lambda}-3\right)\right] \tag{3-2}$$

表 3-1 常见橡胶的材料参数[7]

材料	C_{10}	C_{01}	C_{20}
EPDM-CB50①	1.210	0.110	0.072
EPDM-CB25	0.465	0.108	0.036
EPDM-SC60②	1.178	0.218	0.014
EPDM-SC30	0.437	0.016	0.006
EPDM-NF③	0.292	0.060	—
EPDM-NFT④	0.322	—	—
EPDM-SCT⑤	1.129	0.011	0.093
EPDM-CBT⑥	0.954	0.015	0.202
NBR-CB50	1.147	0.038	0.063
NBR-CB25	0.400	0.019	0.025
NBR-SC60	0.923	0.239	0.010
NBR-SC30	0.147	0.002	0.006
NBR-NF	0.220	0.059	—

① EPDM-CB50：指该橡胶中，CB 与 EPDM 基体含量的比值为 50：100。
② EPDM-SC60：指该橡胶中，SC 与 EPDM 基体含量的比值为 60：100。
③ EPDM-NF：指用硫黄对 EPDM 进行交联，无填料。
④ EPDM-NFT：指用过氧化氢对 EPDM 进行交联，无填料。
⑤ EPDM-SCT：指用过氧化氢对 EPDM 进行交联，且 SC 与 EPDM 基体含量的比值为 40：100。
⑥ EPDM-CBT：指用过氧化氢对 EPDM 进行交联，且 CB 与 EPDM 基体含量的比值为 56：100。

式中，σ_n 是名义应力；λ 是拉应变或压应变。拉伸和压缩试验以 Δl 的横梁速度进行，使得 $\Delta l/l\approx0.8$/min，其中 l 是夹具之间的距离。对于 EPDM-NFT，由于 $C_{10}\neq0$，$C_{01}=C_{20}=0$，W_0 值可用 Neo-Hookean 模型表示。对于 EPDM-NF 和 NBR-NF，由于 $C_{10}\neq0$，$C_{01}\neq0$，$C_{20}=0$，W_0 值需要用 Mooney-Rivlin 模型来表示[8]。对于 $C_{10}\neq0$、$C_{01}\neq0$ 和 $C_{20}\neq0$ 的其他橡胶，W_0 值需要用多项式的 Mooney-Rivlin 模型来表示[9]。实用橡胶材料一般遵循多项式 Mooney-Rivlin 模型。如表 3-1 所示，许多橡胶并不遵循 Neo-Hookean 模型。因此，利用 Neo-Hookean 模型的 Diani 解，计算了遵循多项式 Mooney-Rivlin 模型的橡胶球腔的能量释放率，即撕裂能 T，如下[10]：

$$T=2\left[\left(-\frac{2}{\lambda_1}+\lambda^2+1\right)C_{10}+\left(2\lambda_1+\frac{\lambda_1^4}{2}-\frac{5}{2}\right)C_{01}+\left(-\frac{4}{5\lambda_1^5}-\frac{2}{\lambda_1^2}+\frac{12}{\lambda_1}+8\lambda_1-6\lambda_1^2+2\lambda_1^4-\frac{66}{5}\right)C_{20}\right]r_1$$

$$(3-3)$$

式中，r_1 为未变形球腔的半径；λ_1 为空穴内表面的切向拉伸量。由于鼓泡有时源于微米级别缺陷，为了估计式(3-4)中所示的气泡临界内压（Π_F）的下限，通常使用最大缺陷尺寸作为 r_1 值。然后可以通过 λ_1 计算出气泡内压（Π_1），如下所示[10]：

$$\Pi_1=\left(5-\frac{1}{\lambda_1^4}-\frac{4}{\lambda_1}\right)C_{10}-2\left(1+\frac{1}{\lambda_1^2}-2\lambda_1\right)C_{01}-\left(\frac{177}{5}+\frac{1}{\lambda_1^8}+\frac{8}{5\lambda_1^5}-\frac{6}{\lambda_1^4}+\frac{8}{\lambda_1^2}-\frac{24}{\lambda_1}-16\lambda_1\right)C_{20}$$

$$(3-4)$$

此外，通过静态裂纹扩展试验测量静态裂纹的阈值撕裂能（$T_{s,th}$），并与式(3-3)的计算值进行比较，鼓泡的条件如下：

$$T\geqslant T_{s,th}\qquad\qquad(3-5)$$

通过在室温空气和 0.7MPa 氢气中进行的静态裂纹扩展试验，估算 EPDM-NFT、EPDM-NF、EPDM-SCT 和 EPDM-CBT 的 $T_{s,th}$ 分别为 50N/m、100N/m、220N/m 和 950N/m[5]。将已知量 $T_{s,th}$ 和 r_1 代入到式(3-3)，可得到鼓泡时的临界切向拉伸量 λ_{1F}（λ_{1F} 为 $T\geqslant T_{s,th}$ 时的 λ_1 值），随后将式(3-4)中的 λ_1 替换为 λ_{1F}，即可得到鼓泡时的气泡临界内压 Π_F（Π_F 为 $T\geqslant T_{s,th}$ 时的 Π_1 值）。

表 3-2 所示为计算结果，其中 Π_1 和外部氢气压力（P）是根据大气压力计算的[7]。即使在泄压结束 60min 后，大多数氢分子也没有从试样中心扩散。因此，可认为 Π_1 与发生鼓泡时的 P 相近，即 $\Pi_1\approx P$。如果假设 Π_1 等于 P，则 P_F 可以用 Π_F 来估算，因为对于 EPDM-NFT 和 EPDM-NF，Π_F 与 P_F 有很好的一致性。虽然 EPDM-SCT 的 Π_F 对 P_F 的估计略低，但它被认为是适合实际使用的。正如 Stevenson 等[11] 所提到的，气泡的形状实际上不是球形的，而是圆盘状的。此外，他们还用有限元方法计算了盘状气泡的撕裂能，如表3-2 所示[7]，成功地给出了 EPDM-NFT、EPDM-NF 和 EPDM-SCT 的 Π_F 估计值。

表 3-2 EPDM-NFT、EPDM-NF 和 EPDM-SCT 的 Π_F 估计值[7]

材料	P_F^*/MPa	$2r_1$/μm	$T_{s,th}$/N·m^{-1}	Π_F^*/MPa		
				断裂力学		最大主应力
				球状	盘状	球状
EPDM-NFT	1.0~1.5	20	50	1.162	1.137	1.084
EPDM-NF	1.5~2.0	20	100	1.627	1.551	1.188
EPDM-SCT	4.0~4.5	45	220	3.708	4.287	4.810
EPDM-CBT	4.0~5.0	20	950	8.338	8.993	6.821

注：* 表示估计值。

相反，这种方法高估了 EPDM-CBT 的 P_F 值，因为 EPDM-CBT 的 Π_F 比 P_F 大两倍。由于 EPDM-CBT 中含有 CB，因此与其他橡胶相比，EPDM-CBT 中的氢浓度较高。由于低估了 EPDM-CBT 中 CB 吸氢所引起的 Π_1 增加，因此推测 P_F 比 Π_F 表现出较小的增量。因此，对于 CB 填充的橡胶，假设 $\Pi_1>P$，即由于额外的氢，橡胶经历了更大的加压[12]。

此外，最大主应力准则常用于评估鼓泡的第一近似值：

$$\sigma_{\theta,\max} \geqslant \sigma_T \tag{3-6}$$

式中，$\sigma_{\theta,\max}$ 是承受 $\varPi_1$ 的球形空穴周围的最大主应力；σ_T 是橡胶的真实断裂应力：

$$\sigma_T = \sigma_n \lambda_F \tag{3-7}$$

表 3-2 显示了按最大主应力准则和按断裂力学准则估算的数据。尽管在最大主应力准则中通常忽略了气泡尺寸对 $\varPi_F$ 的影响，但对 EPDM-NFT、EPDM-NF 和 EPDM-SCT 的 $\varPi_F$ 进行了近似估计。由于还没有得到其他橡胶静态裂纹的阈值撕裂能，所以用最大主应力准则计算其他橡胶的 $\varPi_F$。

3.1.2.3　氢气循环暴露裂纹演化模型

上述橡胶材料氢致鼓泡机理仅适用于单次氢气加压-饱和-泄压的单一工况。而在氢能装备的实际应用中，橡胶材料周期性地暴露在氢气中，加压-饱和-泄压-保持低压-继续加压循环进行。已有研究表明，橡胶内部裂纹数量随着氢循环暴露次数的增加而增加[13]。然而，该研究仅关注了氢循环暴露后的宏观裂纹变化规律，对氢循环作用下橡胶内部微观裂纹扩展机理的研究不够深入。

因此，Ono 等[14] 对氢气加压和泄压循环中的橡胶内部损伤形态进行原位光学跟踪。他们分别开展了不同氢气压力（9MPa 和 15MPa）下 EPDM 内部的空穴扩展试验和从空穴到裂纹的演化试验，并应用多种图像处理程序对空穴和大裂纹进行了分析，揭示氢循环暴露下橡胶鼓泡断裂的演化机理，提出氢气循环暴露裂纹演化模型，如图 3-4 所示[14]。

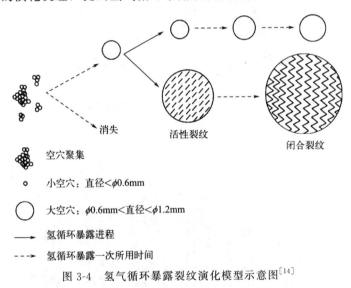

图 3-4　氢气循环暴露裂纹演化模型示意图[14]

（1）损伤以簇状和分离小空穴（Cav^S）出现：第 1 次循环中的 Cav^S

15MPa 试验的第 1 次和第 2 次循环只显示了聚集簇状空穴和 Cav^S。Gent 等[15] 在几种橡胶的 CO_2、Ar 和 N_2 暴露试验中发现，这种聚集效应可能更接近于在主要空穴周围生长的随从空穴开始。Jaravel 等[16] 也在 VMQ 的氢气泄压试验中发现了这种损伤过程，并提出在 9MPa 下无法观察到空穴聚集效应。

与 15MPa（空穴直径低于 0.6mm）相比，9MPa（空穴直径低于 0.4mm）时，Cav^S 表现出较小的平均尺寸。Kane-Diallo 等[17] 发现，在 9MPa 的氢气泄压试验中，空穴的数量和平均直径随着泄压速率的增加而增加。而该研究中的 15MPa 试验和 9MPa 试验的泄压速率都是 2.5MPa/min[14]。这表明 15MPa 试验和 9MPa 试验之间的空穴尺寸差异取决于溶解氢浓度和空穴内部与试验压力（氢气压力）之间的压力差。该压力差主要受氢气压力的影响。

（2）部分 Cav^S 随着循环的进行而消失

图 3-5（a）显示了 6 次循环中每个循环在泄压时间（T^{dec}）为 1000s 时分离空穴直径分布。不难看出，分离大空穴（Cav^L）丰度增加，而 Cav^S 丰度减小。根据图 3-6 可知，第 n 次循环在第 $n+1$ 次循环中存留的损伤比例 F^{surv} 增加。当考虑到第 1 次和第 2 次循环时，对于分离空穴是"小"的 Cav^S，这意味着第 1 次循环的大约 50% 的 Cav^S 在第 2 次循环中消失了。同样，在 9MPa 下的测试显示了一个整体趋势，即随着循环的进行，成核数量减少，但分离空穴更大。在这个压力下，存留的空穴比例也增加了，这表明有不可忽视的一部分小空穴在增长，但另一部分却在消失。

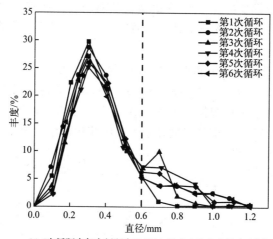

(a) 6次循环中每个循环在T=1000s时分离空穴直径分布[14]

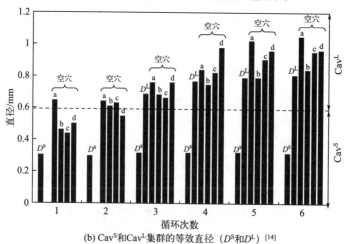

(b) Cav^S和Cav^L集群的等效直径（D^S和D^L）[14]

图 3-5 Cav^S 试验

（3）部分 Cav^S 存留下来，并随着循环成长为 Cav^L

如上所述，部分 Cav^S 随着循环而消失，这意味着残余的 Cav^S 在 15MPa 的测试中通过循环而存留。这种趋势，即通过循环，较小的空穴消失，较大的空穴成长，在 9MPa 的试验

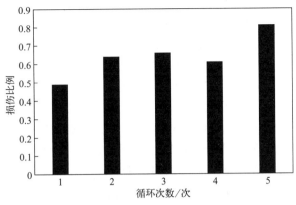

图 3-6　第 n 次循环在第 $n+1$ 次循环中存留的损伤比率（F^{Surv}）[14]

中也是如此。如图 3-5（b）所示，分离空穴 a 至 d 在第 1 次和第 2 次循环中存留，且其直径低于 0.6mm（即在 $\mathrm{Cav}^{\mathrm{S}}$ 范围内），在第 3 次循环后，其直径超过 0.6mm（即在 $\mathrm{Cav}^{\mathrm{L}}$ 范围内）。这表明，一些小空穴的膨胀是随着循环而存活和成长的结果。

此外，这种增长过程有时会干扰到聚集的簇状空穴演变。例如从图 3-7 中的空穴 c 和 d 观察到，在第 1 次循环中，围绕这些空穴的小空穴的集合随着循环一步步消失了，周围的小空穴会被直径最大的空穴限制活动。

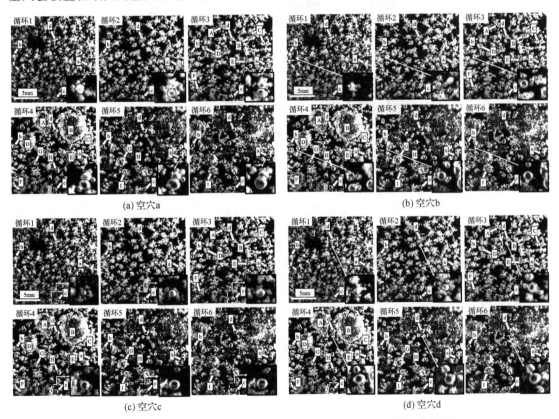

图 3-7　6 次循环中每次循环在 $T=1000\mathrm{s}$ 时空穴（a～d）的损伤视图与
空穴中心放大图像，以及工作中定量分析的裂纹（A～I）[14]

（4）部分 Cav^L 演化为活性裂纹

根据图 3-5（a），Cav^L 的尺寸分布和平均等效直径随着循环而增加。裂纹前体空穴直径为 0.7mm 是一个关键的尺寸。在裂纹 A 至 F 出现之前的空穴直径约为 0.7mm，这在 Cav^L 直径范围内。根据图 3-5（a），直到 15MPa 试验的第 6 次循环，一些直径大于 0.7mm 的空穴仍然存在。因此，0.7mm 的尺寸无法作为裂纹前兆空穴的尺寸判据。由此得出，裂纹萌生同时取决于裂纹前兆空穴和裂纹周围的应力场。

裂纹的直径总是大于试样的厚度，也就是说，裂纹总是沿着平面方向扩展。Lindsey[18] 根据三轴拉伸试验的结果判断，撕裂方向与主拉伸应力方向垂直。因此，假设由于周围应力场的变化，裂纹的扩展也激活了垂直于平面内的主应力方向，这可能源于除裂纹前体之外的空穴尺寸变化。这与从试样的核心到最近的自由面的最短扩散路径相对应。由于已知损伤机制来自扩散-机械耦合，它也可能影响裂纹的扩展方向。

（5）活性裂纹最终破裂并转为闭合裂纹

由图 3-7 和图 3-8 不难看出，活性裂纹最终破裂并转为闭合裂纹。这可以解释为，闭合裂纹的形成，是活性裂纹到达橡胶表面，使氢气从活性裂纹内部通过孔道快速脱附到橡胶基质外部而引起的。

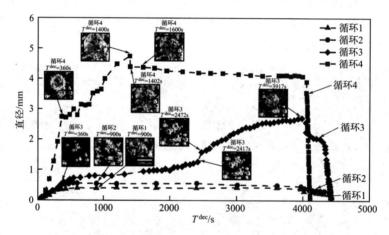

图 3-8 以裂纹 A～I 为例跟踪裂纹 A 在第 1～4 次循环的
时间演变及其在特定时间的放大图像[14]

上述研究的一项重要结论为：损伤演化不能被视为空穴的累积过程，这些空穴在任何一次循环都会系统地重新出现并最终结合。更复杂的扩散-力学耦合过程似乎控制着局部尺度上的损伤演化。

3.1.2.4 空穴的损伤萌生和演化机理

Kulkarni 等[19] 以 EPDM 为研究对象，采用了基于连续介质力学的有限元模型，研究了单穴代表性体积元素（representative volume element，RVE）、双穴 RVE 和多穴 RVE 三种模型的应力和损伤规律，预测损伤在中尺度上的演化，揭示了基于空穴有限元模型的损伤演化机理。

（1）单穴模型

单穴 RVE 几何形状如图 3-9（a）所示[19]。首先，Kulkarni 等[19] 通过改变空穴与自

由面的位置，研究了空穴位置对 EPDM 氢致损伤的影响。图 3-10 显示了 EPDM-NF 的 RVE
内部归一化最大主应变随空穴到自由面的距离的变化情况[19]。通过单轴拉伸试验获得的
EPDM-NF 的最大主应变除以断裂应变，获得归一化最大主应变，见表 3-3[19]。这意味着当
归一化最大主应变在 RVE 的任何特定点大于 1 时，损伤将在该点开始。空穴中心到自由面
的距离通过除以空穴的半径而被归一化。当空穴远离自由面时，损伤没有开始，空穴形状仍
为圆形。当空穴接近自由面时，空穴的形状不再是圆形，而是变成了椭圆形。这也在自由面
附近产生了应力集中，并可以观察到明显的鼓泡。当氢气突然泄压时，也在实验中观察到这
种鼓泡现象[20]。当空穴中心与自由面的距离小于空穴直径时，损伤从空穴外围靠近自由面
的一点开始，并向自由面扩展。这在自由面上引起了明显的裂纹。

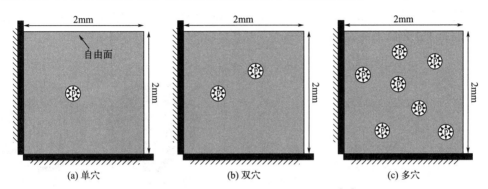

图 3-9　不同空穴对应的 RVE 几何形状[19]

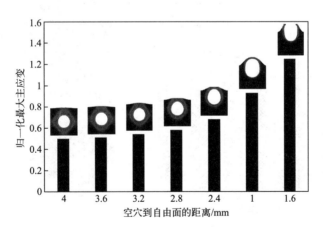

图 3-10　临氢环境空穴到自由面的距离对 EPDM-NF 鼓泡损伤的影响[19]

表 3-3　EPDM-NF 的 Ogden 模型参数[19]

编号	剪切模量	无量纲常数	断裂应变
1	−1.12414496	1.79096314	
2	0.476377652	3.26267795	1.39
3	1.90327281	0.04246690177	

　　紧接着，空穴到自由面的距离对三种 EPDM（EPDM-NF、EPDM-DOS、EPDM-CB）
氢致损伤影响的模拟结果如图 3-11 所示[19]。虚线表示归一化最大主应变的临界值，超过该
临界值将开始损伤。可以看出，EPDM-DOS 的 RVE 内部归一化最大主应变急剧增加，降

低了自身的抗损伤性能。与 EPDM-NF 相比，EPDM-DOS 离自由面远得多的空穴开始出现损伤。相反，EPDM-CB 的抗损伤性能较高，没有观察到 EPDM-CB 的损伤。同时，利用 Micro-CT 成像技术对氢暴露后的三种 EPDM 进行观测，如图 3-12 所示。在 EPDM-NF 中只观察到少量的短裂纹，在 EPDM-DOS 中观察到又长又深的裂纹，在 EPDM-CB 中没有观察到裂纹[19]。可见实验观察结果与图 3-11 所示的模拟结果具有较高的吻合度。

然后，Kulkarni 等[19] 又研究了空穴尺寸对 EPDM 氢致损伤的影响。图 3-13 显示了三种 EPDM 的 RVE 内部归一化最大主应变随空穴半径的变化情况[19]。随着空穴半径的增加，RVE 内部归一化最大主应变也增加。可以看出，对于较小半径的空穴，DOS 的加入使 EPDM 的抗损伤性能急剧下降。然而，对于较大半径的空穴，DOS 对 EPDM 的抗损伤性能影响甚微，比如空穴半径为 0.4mm 时，EPDM-NF 和 EPDM-DOS 的 RVE 内部归一化最大主应变相等，且 EPDM-CB 未见损伤。

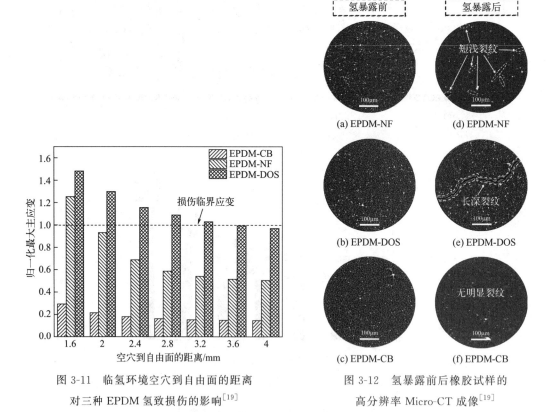

图 3-11　临氢环境空穴到自由面的距离
对三种 EPDM 氢致损伤的影响[19]

图 3-12　氢暴露前后橡胶试样的
高分辨率 Micro-CT 成像[19]

随后，Kulkarni 等[19] 还研究了空穴内压对 EPDM 氢致损伤的影响。图 3-14 显示了三种 EPDM 的 RVE 内部归一化最大主应变随空穴内压的变化情况[19]。氢气泄压速率与空穴内压之间具有一定关联性。空穴内压的增加，意味着泄压速率的增加，RVE 内部归一化最大主应变也随之增加。同时，根据图 3-14 可再次验证，DOS 的加入使 EPDM 的抗损伤性能下降，而 CB 的加入则使 EPDM 的抗损伤性能提升[19]。

（2）双穴模型

双穴 RVE 几何形状如图 3-9（b）所示[19]。首先，Kulkarni 等[19] 通过改变两个空穴之间的距离，探究空穴位置对损伤的影响。将两个空穴之间的距离设定为可变参数，从 0.05mm

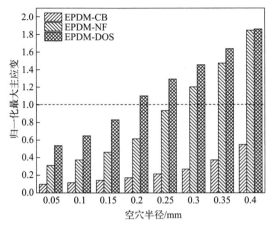

图 3-13　临氢环境空穴半径对三种 EPDM
氢致损伤的影响[19]

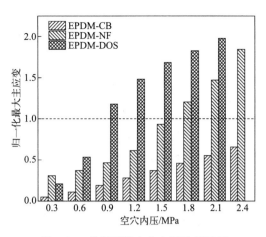

图 3-14　临氢环境空穴内压对 EPDM
氢致损伤的影响[19]

（实线边框空穴）到 0.75mm（虚线边框空穴）不等，如图 3-15（a）所示[19]。将空穴直径和空穴到自由面的距离设定为固定参数，分别为 0.2mm 和 0.5mm。图 3-15（b）显示了临氢环境三种 EPDM 的 RVE 内部归一化最大主应变随两个空穴之间的距离而变化[19]。据观察，当两个空穴相互靠近时，RVE 内部归一化最大主应变增加。对于 EPDM-CB，RVE 内部归一化最大主应变增加相对较少，但对于 EPDM-DOS，RVE 内部归一化最大主应变增加却很明显，从而导致了损伤的发生。当两个空穴相隔一定的距离（即"临界距离"）时，它们对彼此没有任何影响，而且归一化最大主应变与两个空穴之间的距离无关。临界距离取决于填料种类。例如，对于 EPDM-CB，RVE 内部归一化最大主应变与间隔大于 0.45mm 的两个空穴之间的距离无关，但对于 EPDM-DOS，两个空穴在间隔高达 0.75mm 时仍会发生作用。EPDM-NF 的 RVE 内部归一化最大主应变几乎是 EPDM-CB 的三倍，但仍未引起损伤。另一方面，EPDM-DOS 的 RVE 内部归一化最大主应变是 EPDM-CB 的四倍，且当两个空穴之间的距离小于 0.15mm 时开始引起损伤。

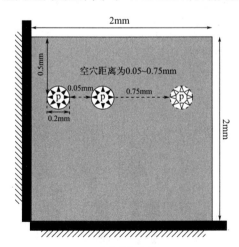

(a) 空穴几何参数

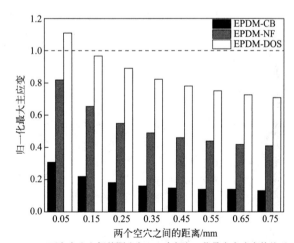

(b) 两个空穴之间的距离与RVE内部归一化最大主应变的关系

图 3-15　临氢环境两个空穴之间的距离对三种 EPDM 氢致损伤的影响[19]

　　紧接着，Kulkarni 等[19] 为了研究两个空穴接近自由面对损伤的影响，将空穴到自由面的距离设定为可变参数，从 0.2mm（实线边框空穴）到 1.0mm（虚线边框空穴）不等，如图 3-16（a）所示[19]。将两个空穴之间的距离和空穴直径设定为固定参数，分别为 0.05mm 和 0.2mm[19]。随着空穴接近自由面，RVE 内部归一化最大主应变增加，使 EPDM 更容易发生损伤，如图 3-16（b）所示[19]。对于 EPDM-NF，当空穴距离自由面小于 0.3mm 时，开始引发损伤。在 EPDM-DOS 中，无论空穴相对于自由面的位置如何，总是会引发损伤。这是因为 EPDM-DOS 的损伤是在两个空穴之间开始的，可以看作是内部损伤，没有扩展到表面［图 3-18（a）］[19]。同样，在 EPDM-CB 中没有引发损伤。

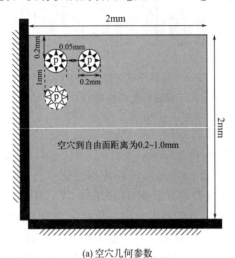
(a) 空穴几何参数

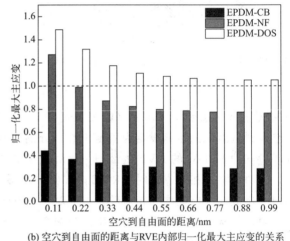
(b) 空穴到自由面的距离与RVE内部归一化最大主应变的关系

图 3-16　临氢环境两个空穴到自由面的距离对三种 EPDM 氢致损伤的影响[19]

　　随后，Kulkarni 等[19] 又研究了空穴尺寸对双穴模型鼓泡断裂的影响，将两个空穴的直径设定为可变参数，从 0.1mm（实线边框空穴）到 0.5mm（虚线边框空穴）不等，如图 3-17（a）所示[19]。将空穴的深度和空穴之间的距离设定为固定参数，分别为 0.5mm 和 0.05mm。如图 3-17（b）所示，空穴直径与 RVE 内部归一化最大主应变之间存在线性关系[19]。EPDM-CB 基本不受空穴直径的影响，因为它的直线斜率几乎是其他两种橡胶的一半。

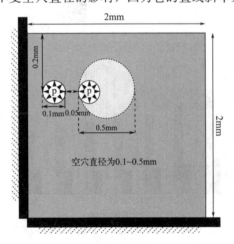
(a) 空穴几何参数

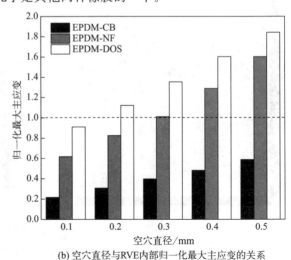
(b) 空穴直径与RVE内部归一化最大主应变的关系

图 3-17　临氢环境两个空穴直径对三种 EPDM 氢致损伤的影响[19]

随后，Kulkarni 等[19] 还观察了临氢环境两个空穴的 RVE 的不同损伤模式，如图 3-18 所示[19]。总共观察到四种不同的损伤模式。等值线代表归一化最大主应变，每个 RVE 旁边都有相应的图例。每种损伤模式的左图都显示了带有两个空穴的 RVE 的初始形状。图 3-18（a）显示了第一种损伤模式，其中空穴相互靠近但远离自由面[19]。两个空穴之间的 EP-DM 承受了巨大的拉伸载荷和高应力集中。这将会引发损伤，两个空穴合并在一起形成了一个更大的空穴。由于空穴离自由面很远，所以没有形成鼓泡，从外部很难观察到损伤。图 3-18（b）显示了第二种损伤模式，其中空穴相互靠近，并适度靠近自由面[19]。在这种模式下发生的损伤类型与前一种模式相同，但空穴接近自由面形成了鼓泡，从外部很容易检测到。损伤仍然是内部的，没有扩展到表面。在第三种损伤模式中，如图 3-18（c）所示，空穴相互靠近，也靠近自由面[19]。在这种情况下，损伤开始于两个空穴之间，这导致两个空穴合并成一个空穴。由于这个新的空穴更接近自由面，损伤在不同的位置再次被引发并扩展到表面。在特定情况下可能观察到鼓泡。最后，当空穴相互远离但接近表面时，观察到第四种损伤模式，如图 3-18（d）所示[19]。损伤在两个空穴的外围独立开始，并向表面扩展。

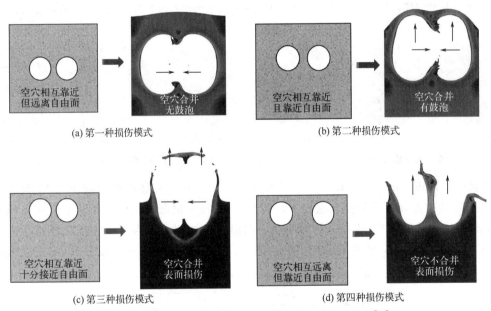

(a) 第一种损伤模式　　　　　　　　　　(b) 第二种损伤模式

(c) 第三种损伤模式　　　　　　　　　　(d) 第四种损伤模式

图 3-18　临氢环境双穴情况下的不同 RVE 损伤模式[19]

（3）多穴模型

多穴 RVE 几何形状如图 3-9（c）所示[19]。首先，为了消除空穴位置随机性的影响，Kulkarni 等[19] 对每种情况的模拟都进行了 20 次迭代。在所有 20 次迭代中，除了空穴的位置外，所有参数都保持不变。RVE 内部归一化最大主应变的最终值是所有 20 次迭代的集合平均值。图 3-19 显示了增量为 0.05、空穴体积分数为 0.05～0.25 时，具有随机分布的空穴的 RVE[19]。其中空穴直径为 0.1mm。同样，图 3-20 和图 3-21 显示了空穴直径分别为 0.2mm 和 0.3mm 的 RVE 的例子[19]。随着空穴直径的增加，达到相同空穴体积分数的空穴数量减少。随机顺序吸收（random sequential absorption，RSA，可用于创建具有随机分布空穴的 RVE）方案遇到了较小空穴的体积分数较高的干扰问题。因此，对于空穴半径为 0.1mm 的 RVE，最大的空穴体积分数是 0.25，但对于空穴半径为 0.2mm 和 0.3mm 的 RVE，最大的空穴体积分数是 0.3。单个 RVE 中的所有空穴具有相同的半径和相同的内压。

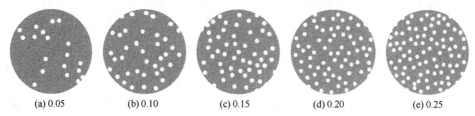

图 3-19　在不同空穴体积分数下（0.05～0.25）具有随机分布的空穴的 RVE 实例，空穴直径为 0.1mm[19]

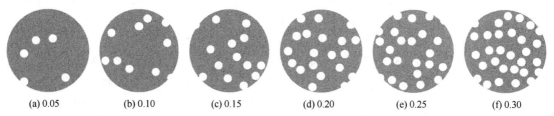

图 3-20　在不同空穴体积分数下（0.05～0.30）具有随机分布的空穴的 RVE 实例，空穴直径为 0.2mm[19]

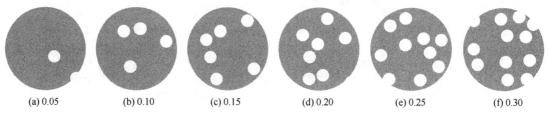

图 3-21　在不同空穴体积分数下（0.05～0.30）具有随机分布的空穴的 RVE 实例，空穴直径为 0.3mm[19]

　　紧接着，Kulkarni 等[19] 研究了临氢环境空穴直径和空穴体积分数对 EPDM 氢致损伤的影响。图 3-22 显示了不同空穴直径下，RVE 内部归一化最大主应变相对于空穴体积分数的变化情况[19]。随着空穴体积分数的增加，内部损伤加剧，因为更多的位置经历了应力集中。在 EPDM-DOS 中，所有的 RVE 都有损伤。而在 EPDM-CB 中，没有 RVE 发生损伤。

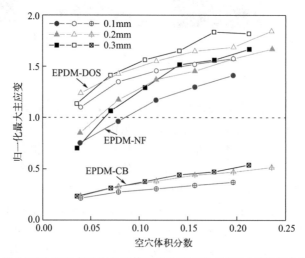

图 3-22　临氢环境空穴直径和空穴体积分数对三种 EPDM 氢致损伤的影响[19]

随后，Kulkarni 等[19] 还提出了具有空穴直径为 0.1mm、空穴体积分数为 0.2 的 EP-DM-NF 的 RVE 损伤扩展实例，如图 3-23 所示[19]。等值线显示了 RVE 内部归一化最大主应变。虚线圈表示该实例的损伤位置。损伤是在两个非常接近的空穴之间的部位开始的。这种损伤首先扩展到表面，随后扩展到远离自由面的空穴。此外，损伤是独立地产生于多个位置。

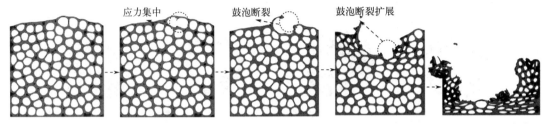

图 3-23　具有随机分布的直径为 0.1mm、体积分数为 0.2 的空穴的 EPDM RVE 的损伤扩展实例[19]

这些不同的损伤模式表明，在氢气泄压过程中，EPDM 内部预先存在的空穴最初会弹性增长。但在某些条件下，如接近其他空穴、接近自由面、增加泄压速率和改变材料特性，空穴外围会开始出现永久性损伤。一旦所有捕获的氢分子从 EPDM 中扩散出去，就会观察到这种永久变形裂纹，但这些裂纹是否能扩展至试样表面是未知的。

3.1.3　鼓泡断裂影响因素

关于临氢环境橡胶鼓泡断裂的影响因素，大体可分为试验条件、橡胶材料属性、氢传输特性以及空穴特征参量。

3.1.3.1　试验条件

试验条件对氢暴露后橡胶鼓泡断裂的影响十分重要，主要包括氢气压力、泄压速率、机械载荷、试验温度、试验周期及试样厚度等。

（1）氢气压力

关于氢气压力对鼓泡断裂的影响，Yamabe 等[3,21,22] 做了较多研究。图 3-24 所示为压力 1～10MPa、温度 30℃ 的单次氢暴露 65h 后 EPDM 鼓泡 OM 观测结果[3,21,22]。不难看出，当氢气压力为 1MPa 时，EPDM 未发生明显的鼓泡损伤。而当氢气压力逐渐增加至 10MPa 时，EPDM 鼓泡损伤愈发严重。

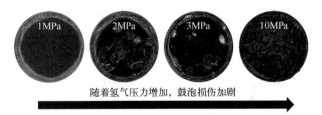

图 3-24　30℃、1～10MPa 氢暴露 65h 的 EPDM 鼓泡损伤 OM 观测图[3,21,22]

图 3-25 为压力 10～70MPa、温度 100℃ 的氢循环暴露后 EPDM 表面及断面的 OM 观测结果[13,23]。由图可知，当压力 10MPa、温度 100℃ 时，试样断面存在多个 $100\mu m$ 级别的微小气泡。这是由于泄压后，在橡胶内溶解的氢分子处于过饱和状态，形成气泡。这些气泡是

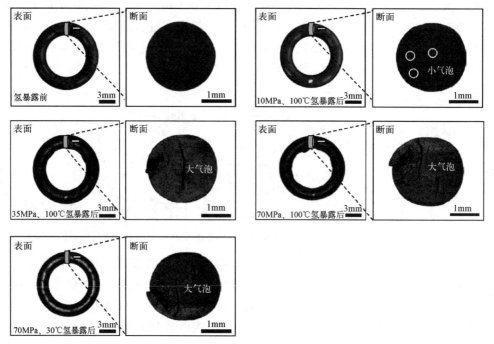

图 3-25　氢暴露后 O 形圈试样的裂纹损伤[13,23]

橡胶内部裂纹（鼓泡）的起点[3]。当压力 35MPa、温度 100℃时，除微小的气泡外，还存在与挤压方向平行的 2mm 左右的气泡。挤压产生的拉伸应力与挤压方向垂直产生，推测微小的气泡相对于压缩方向平行发生。当压力 70MPa、温度 100℃时，出现了多个毫米级别的气泡。由此判断，氢气压力越高，鼓泡损伤越严重。

　　另外，如图 3-25 所示，当氢气压力由 35MPa 增加至 70MPa 时，橡胶 O 形圈产生表面裂纹[23]。这是由于当压力变高时，橡胶内部的溶解氢浓度增多，体积膨胀率变大，O 形圈与沟槽之间的挤压作用增强，导致 O 形圈发生挤出失效，从而引发 O 形圈产生表面裂纹。因此，抑制橡胶 O 形圈的挤出损伤对于提高其耐久性具有重要意义。值得一提的是，O 形圈的断裂可分为鼓泡断裂和挤出断裂[13]。鼓泡断裂是由泄压后过饱和氢分子形成的气泡引起的，在氢气压力超过 10MPa 时观察到。而挤出断裂是由 O 形圈的体积膨胀率显著增加引起的，在氢气压力大于等于 35MPa 时观察到。综合来看，抑制挤出断裂和鼓泡断裂是提高临氢环境 O 形圈耐久性的有效途径。

　　上述氢气压力对橡胶鼓泡断裂的影响规律研究主要关注了橡胶试样表面和断面的 OM 观测结果，而氢气压力对橡胶材料内部断裂的影响规律尚未探明。因此，Yamabe 等[24] 利用 AE 手段评价氢暴露后 EPDM 的内部断裂程度。图 3-26 显示了 0.7MPa 氢

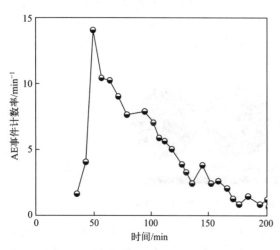

图 3-26　0.7MPa 氢气泄压阶段的圆柱形 EPDM 试样的 AE 事件计数率与时间之间的关系[24]

气泄压阶段的圆柱形 EPDM 试样的 AE 事件计数率与时间之间的关系。每隔 5min 测量 1 次 AE 事件计数（N），然后将 $N/5$ 视为 AE 事件计数率。他们发现，在加压阶段中，只有少量 AE 信号被检测到，说明加压阶段中没有产生气泡或裂纹。然而，在泄压阶段中，许多 AE 信号被检测到，如图 3-26 所示。这一结果表明，泄压阶段中有大量气泡和裂纹的萌生现象。

图 3-27 对比了暴露在 0.7MPa 和 5MPa 氢气中的 EPDM 试样的 AE 信号[24]。泄压后 7min 开始测量。相比于氢气压力为 0.7MPa 的试样，氢气压力为 5MPa 的试样的 N 较大。此外，从氢暴露试验的试样中以及静态裂纹扩展试验的试样中检测到了峰值频率约为 100kHz 和 400kHz 的 AE 信号。

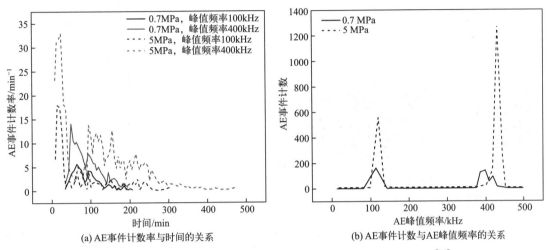

(a) AE 事件计数率与时间的关系   (b) AE 事件计数与 AE 峰值频率的关系

图 3-27 暴露在 0.7 和 5MPa 氢气中的试样所获得的 AE 信号对比[24]

图 3-28 显示了在 0.7MPa、5MPa 和 10MPa 的氢气泄压后，从圆柱形试样获得的 AE 事件计数和 AE 振幅之间的关系[24]。由图可知，随着氢气压力的增加，AE 事件计数变大，即氢气泄压产生的内部裂纹的数量和尺寸增加。此外，暴露在 0.7MPa 氢气中的试样产生的 AE 信号，是橡胶材料内部产生气泡所致。

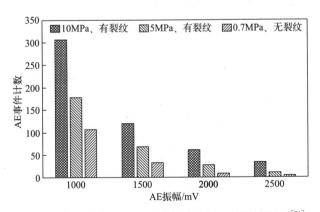

图 3-28 氢暴露后试样的 AE 事件计数和 AE 振幅的关系[24]

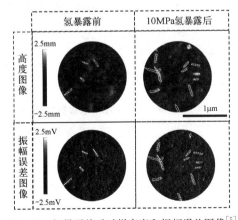

图 3-29 氢暴露前后试样高度和振幅误差图像[5]

为了进一步完善氢气压力对鼓泡断裂的影响规律，Yamabe 等[5] 利用 AFM 研究 10MPa 氢暴露后 EPDM 内部断裂与微观结构的关系。图 3-29 显示了 10MPa 氢暴露前后

EPDM 试样的高度和振幅误差图像。在氢暴露前的试样中存在长约 100nm 的线状结构[5]。以往研究中使用 OM 是无法观测到氢暴露前的试样的任何裂纹和结构的。相比于氢暴露前试样，氢暴露后试样的线状结构的数量和长度显著增加。

图 3-30 显示了 10MPa 氢暴露后试样的三维高度图像[5]。图 3-31 显示了图 3-30 中所示的横截面 a—a' 的线形轮廓[5]。线状结构凹陷，a—a' 截面线状结构宽度为 15nm，深度为 2.8nm。由于线状结构的数量和大小取决于观察区域，因此用 AFM 观察了 10 个区域。

图 3-30　10MPa 氢暴露后试样的
三维高度图像及其放大图像[5]

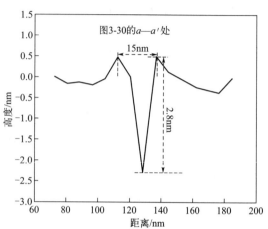

图 3-31　线状结构的线形轮廓[5]

表 3-4 反映了 10MPa 氢暴露前后试样的线状结构数量范围及试样个数分布[5]。氢暴露前试样每个观察区域（$2\times2\mu m^2$）的线状结构个数为 5～25 个（平均 10 个），而氢暴露后试样的线状结构数目为 15～45 个（平均 32 个）。表 3-5 显示了 10MPa 氢暴露前后试样的线状结构的平均数量、长度、宽度和深度。相比于氢暴露前试样，氢暴露后试样线状结构的平均数量和平均长度显著增加，这是由于泄压后溶解氢分子形成的气泡导致纳米级别断裂。此外，氢暴露后试样线状结构的平均宽度和平均深度几乎不变。

表 3-4　10MPa 氢暴露前后试样的线状结构数量范围及试样个数分布[5]

每个观测区域的数量范围	0	5～10	10～15	15～20	20～25	25～30	30～35	35～40	40～45	45～50
氢暴露前试样个数分布	0	2	4	3	1	0	0	0	0	0
10MPa 氢暴露后试样个数分布	0	0	0	0	1	2	2	3	1	0

表 3-5　10MPa 氢暴露前后的试样的线状结构的平均数量、长度、宽度和深度[5]

材料	每个观察区域的平均数量	平均长度/nm	平均宽度/nm	平均深度/nm
氢暴露前试样	10	102	15	4.3
10MPa 氢暴露试样	32	268	16	3.6

为了实现对橡胶内部损伤的形态、空间和时间发展的实时监测，完善氢气压力对鼓泡断裂的影响规律理论体系，Jaravel 等[16] 将透明 VMQ 暴露在氢气压力为 0.1～27MPa、泄压速率为 0.2～90MPa/min 的环境下，研究氢气压力对鼓泡断裂的影响。结果表明，在泄压速率为 9MPa/min 时，当氢气压力为 3～3.5MPa，则试样中没有空穴；当氢气压力为 3.5～

7.5MPa，试样的某些部位出现空穴；当氢气压力为 7.5～27MPa，试样的所有部位都会出现空穴。因此，氢气压力越高，鼓泡损伤越严重。

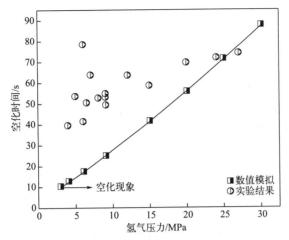

图 3-32　模拟和实验中不同氢气压力下空化现象出现的时间预测结果对比

此外，Jaravel 等[25] 还研究了不同氢气压力（3～30MPa）、相同泄压速率（9MPa/min）下橡胶的鼓泡情况。图 3-32 表明，随着氢气压力的增加，从开始泄压至首个空穴出现所经过的时间（简称"空化时间"）也会增加。空化时间越小，鼓泡断裂损伤越严重。该模型可以预测一个氢气压力阈值，低于该阈值，空穴壁不会破裂。然而，当前模型的一个局限性是，无法预测泄压结束后橡胶内部的空化现象。今后可开展关于断裂判据和橡胶黏度的研究，以进一步预测泄压结束后橡胶发生的损伤情况。

（2）泄压速率

关于泄压速率对鼓泡断裂的影响，Jaravel 等[16] 做了较多研究。图 3-33 所示为氢气压力 9MPa、泄压速率 0.1～90MPa/min 条件下透明 VMQ 的鼓泡观测结果。当泄压速率为 0.1～0.2MPa/min 时，试样中没有可见空穴；当泄压速率为 0.2～3MPa/min 时［图 3-33（a）］，初级空穴周围几乎没有次级空穴出现，整个试样中没有普遍的鼓泡损伤；当泄压速率为 3～90MPa/min 时［图 3-33（b）和（c）］，在整个试样体积中都会发生鼓泡，但鼓泡仍然是从初级空穴开始的。由此可见，空穴密度随着泄压速率的增加而增加。

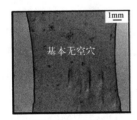 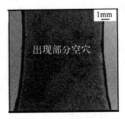 

(a) 泄压速率0.9MPa/min　　(b) 泄压速率9MPa/min　　(c) 泄压速率90MPa/min

图 3-33　不同的泄压速率下 9MPa 的鼓泡试验结束后一个月观察到的空穴密度[16]

图 3-34 所示为空化时间和泄压速率（0.2～90MPa/min，该范围内空穴损伤可见）的关系曲线[16]。泄压速率对鼓泡断裂的影响服从幂函数规律：泄压速率越大，空化时间越小，鼓泡损伤越严重。当泄压速率超过 20MPa/min 时，在泄压结束前，鼓泡就已经出现。

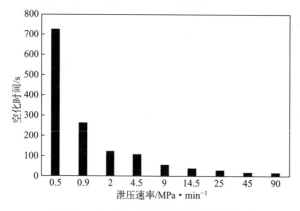

图 3-34　在 9MPa 氢气下进行的鼓泡试验，
空化时间与泄压速率的关系[16]

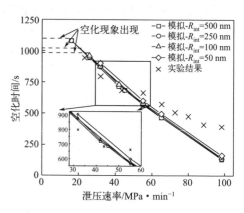

图 3-35　模拟和实验中不同泄压速率下
空化现象出现的时间预测结果对比

此外，Jaravel 等[25]还利用 MATLAB 数值方法进一步验证上述结论。如图 3-35 所示，数值模拟结果与实验结果吻合较好，即空化时间随泄压速率的减小而增加。此外，该模型能够预测泄压速率阈值，低于该阈值不会发生空化。但对于最大的泄压速率，模型预测的空化时间会早于实际情况。这种差异可能是由橡胶行为的局部黏性贡献引起的，在目前的超弹性模型中没有考虑到这一点。更准确地说，可以引起两个效应：第一，外部压降向空心球前缘的转移将被延迟，第二，气泡萌生速度将被减慢。由于橡胶材料的黏度仍然很弱，这种影响只有在较高的泄压速率下才会明显。

Koga 等[26]也研究了泄压速率对鼓泡断裂的影响规律。他们利用高压氢耐久性试验机，将 EPDM、VMQ、HNBR 暴露于 1～90MPa、−60～100℃的氢气下。结果发现：当泄压速率变大时，橡胶 O 形圈的溶解氢分子在泄压过程中的饱和程度更高。据此推断，泄压速率越大，O 形圈的裂纹损伤越严重。

（3）试验温度

Yamabe 等[23]在氢气压力 70MPa、温度 0～100℃下，探究试验温度对 EPDM 的鼓泡损伤的影响。研究发现：30℃的 EPDM 内部没有发生鼓泡损伤，而 100℃的 EPDM 内部出现鼓泡现象。这是由于 30℃下 EPDM 的抗拉强度是 100℃的 2 倍。因此，试验温度越低，橡胶的抗拉强度越高，鼓泡损伤越轻微。

类似地，图 3-36 显示了在压力为 50MPa，温度为 30～100℃的氢气中，以 1min/次的速度进行 50 次压力循环试验后 EPDM O 形圈的表面和断面的 OM 观测结果[13]。可以看出，试验温度会加剧 O 形圈的裂纹损伤。具体而言，在 80℃和 100℃的温度下，O 形圈中观察到毫米级别的裂纹，而在 30℃和 60℃的温度下没有观察到裂纹。

图 3-37 为 Koga 等[26]关于试验温度对三种橡胶（EPDM、VMQ、HNBR）抗拉强度的影响的研究结果。由图可知，EPDM、VMQ 和 HNBR 的抗拉强度均随着试验温度的升高而降低。文献 [3] 表明，橡胶材料裂纹萌生阻力随抗拉强度的降低而降低。综合而言，橡胶裂纹萌生阻力随着试验温度的升高而降低，这意味着橡胶抗氢致鼓泡能力的削弱。据此推测，EPDM、VMQ 和 HNBR 的鼓泡断裂随着试验温度的升高而变得更加严重。因此，高温下橡胶试样出现的严重裂纹损伤，可理解为试验温度的升高而导致力学性能的退化。

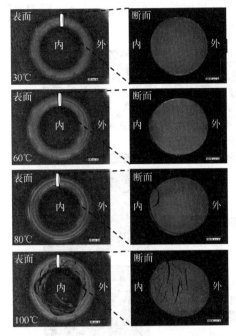

图 3-36　氢循环暴露后 O 形圈的表面和
断面的 OM 照片[13]

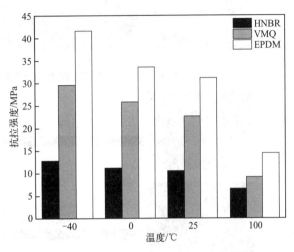

图 3-37　温度对橡胶抗拉强度的影响[26]

（4）试验周期

图 3-38 所示为 35MPa、100℃、不同试验周期（1min/次、160min/次）的氢循环暴露后橡胶 O 形圈表面和断面 OM 观测图[13]。当循环次数相同时，试验周期为 160min/次的 O 形圈鼓泡损伤比 1min/次严重。这表明，鼓泡损伤随试验周期的增加而加剧。可以解释为，当试验周期增加且循环次数不变时，会导致试验总时长增加，使得 O 形圈的裂纹扩展行为更显著。

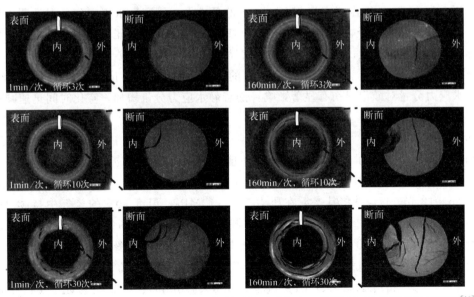

图 3-38　35MPa、100℃、不同试验周期下氢循环暴露后橡胶 O 形圈表面和断面 OM 观测图[13]

图 3-39 总结了氢气压力、试验温度和试验周期对 O 形圈鼓泡损伤的影响[13]。随着氢气压力、试验温度以及试验周期的增加，鼓泡损伤越严重。

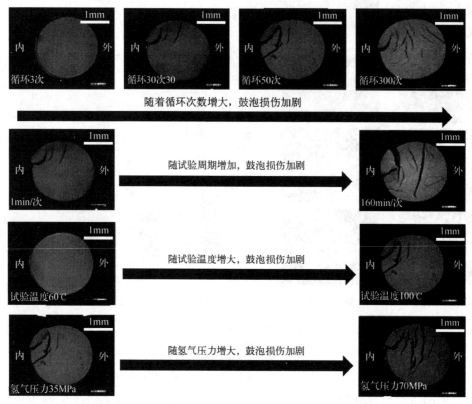

图 3-39　氢气压力、试验温度和试验周期对 O 形圈裂纹损伤的影响总结[13]

（5）静水应力分量

由于空穴受静水应力分量影响，推测静水应力分量会影响橡胶鼓泡断裂。Jaravel 等[16]在氢气压力为 9MPa、泄压速率为 9MPa/min 的条件下，研究静水应力分量对透明 VMQ 鼓泡损伤的影响。在泄压开始前，试样被拉伸，其目的是除了氢气压力产生的机械载荷外，还对试样施加静水应力分量。结果表明，在没有静水应力分量的情况下，空化时间为 54s，但如果施加了静水应力分量（10mm 和 19mm 的拉伸位移），其空化时间分别为 34s 和 10s。可见静水应力分量对鼓泡损伤有显著影响：随着静水应力分量增加，空化时间迅速减小，鼓泡断裂越严重。

（6）试样厚度

Yamabe 等[4] 研究了试样厚度对临氢环境橡胶鼓泡萌生和扩展行为的影响，他们将 EPDM-NF 制成 7 个圆柱形试样（ϕ13.0mm×2.0、4.0、6.0、8.0、10.0、12.0mm 和 ϕ29.0mm×12.5mm），并将其暴露在压力 1.5～10MPa、温度 30℃的氢气中持续 24h。图 3-40 显示了 ϕ13.0mm×2.0、6.0、12.0mm 圆柱形试样的鼓泡断裂情况。不难看出，随着试样厚度的增大和氢气压力的增加，橡胶鼓泡损伤程度越严重。图中用虚线表示 P_F。

表 3-6 显示了 P_F 和试样厚度的关系。不同厚度的橡胶试样的 P_F 依次为 3.0～5.0MPa（ϕ13.0mm×2.0mm）、2.0～3.0MPa（ϕ13.0mm×4.0mm）、1.5～2.0MPa（ϕ13.0mm×6.0～12.0mm、ϕ29.0mm×12.5mm）。

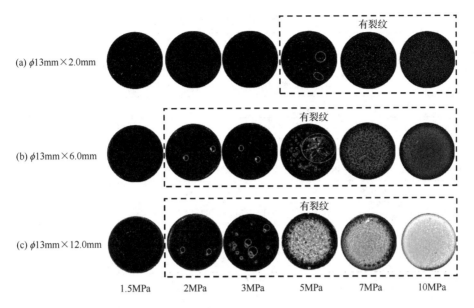

图 3-40　氢暴露后试样 OM 观测图[4]

表 3-6　临界氢气压力与试样厚度的关系

试样厚度/mm	2	4	6	8	10	12
P_F 范围/MPa	3～5	2～3	1.5～2	1.5～2	1.5～2	1.5～2
P_F 平均值/MPa	4	2.5	1.75	1.75	1.75	1.75

综上，试样厚度越大，裂纹损伤程度越严重。当试样厚度不高于 6mm 时，试样厚度越大，P_F 越小；当试样厚度高于 6mm 时，试样厚度对 P_F 没有影响。

3.1.3.2　橡胶材料属性

橡胶材料属性显著影响氢能装备用橡胶密封材料的抗氢致鼓泡特性。目前关于橡胶材料属性对橡胶鼓泡断裂影响的研究主要围绕橡胶种类、填料种类、填料粒径、填料含量以及交联密度展开。

（1）橡胶种类

关于橡胶种类对橡胶鼓泡断裂的影响，Koga 等[26] 做了较多研究。他们将 EPDM、VMQ、HNBR 暴露于 1～90MPa、−60～100℃ 的氢气下，并根据断裂力学判据[12] 和最大主应力判据[3] 来估算不同橡胶材料的 Π_F。最大主应力判据表明，随着拉伸弹性模量和抗拉强度等力学性能的提高，Π_F 也随之增大，橡胶鼓泡损伤程度逐渐减小。因此，Π_F 可视为抗氢致鼓泡的阻力值。其中，拉伸弹性模量与硬度有关，且三种橡胶的硬度相同（如表 3-7 所示）。因此，Π_F 取决于橡胶抗拉强度。

此外，橡胶 Π_1 取决于气泡周围的氢浓度（c_H）。氢气泄压后，在试样形状和尺寸相同的情况下，溶解在高扩散系数橡胶结构中的氢分子比溶解在低扩散系数橡胶结构中的氢分子扩散得更快。换句话说，溶解在低扩散系数橡胶中的氢分子在橡胶基质中停留的时间比溶解在高扩散系数橡胶中的氢分子停留的时间更长。在这种情况下，在低扩散系数橡胶中形成的气泡比在高扩散系数橡胶中形成的气泡承受更长时间的高内压。结果表明，当 Π_F 相同时，低扩散系数橡胶的裂纹损伤比高扩散系数橡胶严重。

表 3-7　三种橡胶的材料特性汇总

项目	EPDM	VMQ	HNBR	EPDM-L
性能	基础材料	低 TR10、高渗透性	高强度、低渗透性	低硬度
初始性能（根据 JISK6253 和 JISK6251 测试）				
邵氏硬度（HA）	80	80	80	70
抗拉强度/MPa	22.5	10.5	30.9	12.1
断后伸长率/%	200	290	260	330
压缩试验（根据 ISK6262 测试），120℃/70h(EPDM)，150℃/70h(VMQ 和 HNBR)				
压缩永久变形/%	6	13	20	18
耐低温性能（根据 JISK6261 测试）				
TR10/℃	−48	<−70	−22	−47
氢气渗透试验（根据 JISK7126 测试），30℃、0.6MPa 氢气，被测试样 2mm 厚				
氢渗透系数 Φ/cm^3(STP)·cm·cm^{-2}·Pa^{-1}·s^{-1}	3.16×10^{-12}	38.2×10^{-12}	0.95×10^{-12}	3.54×10^{-12}
氢扩散系数 D/cm^2·s^{-1}	3.02×10^{-6}	36.5×10^{-6}	1.38×10^{-6}	8.13×10^{-6}
氢溶解度 S/cm^3(STP)·cm^{-3}（橡胶）·Pa^{-1}	1.05×10^{-6}	1.05×10^{-6}	0.69×10^{-6}	0.44×10^{-6}

　　注：在室温下将试片拉伸至一定长度，然后固定，迅速冷却到冻结温度以下，达到温度平衡后松开试片，并以一定速度升温，记录试片回缩10％时的温度，以 TR10 表示。一般以 TR10 作为橡胶脆性温度指标，其数值越低，表示橡胶越耐低温。

　　综上，橡胶鼓泡损伤受抗拉强度（Δ_B）和氢扩散系数（D）的影响。随着抗拉强度和 D 的增大，鼓泡损伤程度越小。作为第一近似，用30℃下的 D 和抗拉强度来估算的信噪比 η（信噪比越小，鼓泡损伤越严重）：

$$\eta = aD + b\sigma_B \tag{3-8}$$

　　其中，a 和 b 是用最小二乘法估计的实验常数。可得到：

$$\eta = (5.267\times10^5)D + 0.546\sigma_B (R^2 = 0.99) \tag{3-9}$$

　　式中，R^2 为决定系数。结合表 3-7 和式（3-9），可估算不同种类橡胶的 η 值。其中，EPDM-L（硬度为 A70 的 EPDM）的 η 是最小的，为 10.9。表明 EPDM-L 的鼓泡损伤比其他橡胶严重。这与 OM 观测结果一致。如表 3-7 所示，尽管 VMQ 的 σ_B 最低，但 VMQ 的 D 比 EPDM、HNBR 高一个数量级。计算可得 VMQ 的 η 值最大，即鼓泡损伤最小。由于 HNBR 与 EPDM 的 D 相近，且 HNBR 的 σ_B 略高于 EPDM，因此，HNBR 的裂纹损伤比 EPDM 轻微。因此，鼓泡损伤程度排序为：EPDM-L＞EPDM＞HNBR＞VMQ。

　　之后，Koga 等[27] 又基于玻璃可视窗口压力容器，继续探究橡胶种类对鼓泡断裂的影响，发现 VMQ 没有发生鼓泡断裂，而 EPDM 发生鼓泡断裂，与上述结论吻合。值得一提的是，他们还同时探究了试验气体种类（氢气、氮气、氦气）对橡胶鼓泡断裂的影响。在所测气体中，氮气中 EPDM 鼓泡断裂最为严重。这是由于氮气在 EPDM 中的扩散系数最小。

　　（2）填料种类

　　关于填料种类对鼓泡断裂的影响，Yamabe 等[3,21,22] 做了较多研究。他们开展了一项 EPDM 和 NBR 的氢致鼓泡试验，提出鼓泡断裂损伤程度排序为：橡胶-NF＞橡胶-CB＞橡胶-SC。这是由于橡胶-NF 的拉伸性能（主要是拉伸弹性模量和抗拉强度）低于其他两种橡胶。

　　图 3-41 为橡胶-NF、橡胶-CB、橡胶-SC 在 10MPa、30℃的氢气中暴露 65h 后鼓泡萌生

OM 观测图[28]，并注明三种试样横截面上的最大裂纹面积（A_{max}），其中箭头表示具有最大 A_{max} 值的横截面。由图 3-41 可知，橡胶-CB 中存在内部裂纹，但裂纹损伤程度比橡胶-NF 轻微。相反，橡胶-SC 中没有内部裂纹。再次验证了上述鼓泡损伤排序。

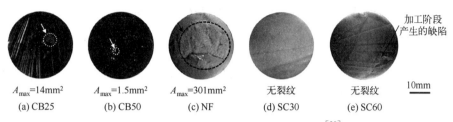

(a) CB25	(b) CB50	(c) NF	(d) SC30	(e) SC60
$A_{max}=14mm^2$	$A_{max}=1.5mm^2$	$A_{max}=301mm^2$	无裂纹	无裂纹

图 3-41　切割后试样的裂纹 OM 观测图像[28]

之后，Kulkarni[19] 利用 ABAQUS 有限元分析方法，以 EPDM 为研究对象，完善了填料种类对鼓泡断裂的影响规律理论。由单穴模型发现，不同填料的橡胶的 RVE 内部归一化最大主应变排序为：EPDM-CB＜EPDM-NF＜EPDM-DOS。因此，可以得出 EPDM-CB 的鼓泡损伤最轻微，EPDM-DOS 的鼓泡损伤最严重。

（3）填料粒径

Yamabe 等[28] 研究了 CB 粒径对 EPDM 裂纹损伤的影响。结果表明：EPDM 的裂纹损伤几乎不受 CB 粒径的影响。这是由于当 CB 粒径越小时，橡胶的氢溶解度越大，但力学性能也越强，因此 CB 粒径对 S/Π_F 几乎没有影响。

图 3-42 所示为 EPDM 圆柱试样在氢气压力 4～10MPa、温度 30℃下暴露 65h 后的鼓泡断裂 OM 观测图。在不同压力下各暴露 3 个试验片，选取鼓泡最严重的试样照片，箭头表示鼓泡位置。4MPa 氢暴露后，CBH（HAF 牌：粒径 28nm）和 CBL（SRF 牌：粒径 66nm）填充试样的截面均未发现鼓泡。而当氢气压力高于 5MPa 时，试样截面可发现鼓泡，且氢气压力越高，鼓泡数量越多。此外，CBH 和 CBL（粒径：CBH＜CBL，拉伸性能：CBH＞CBL）的 P_F 均为 4～5MPa。这表明，CB 粒径越小，抗拉强度越高，但 P_F 近乎不变。

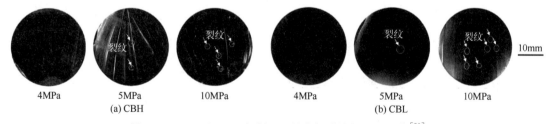

4MPa	5MPa	10MPa	4MPa	5MPa	10MPa
(a) CBH			(b) CBL		

图 3-42　CBH 和 CBL 切割面上的内部裂纹的 OM 图像[29]

（4）填料含量

Yamabe 等[28] 研究了 CB 含量对 EPDM 裂纹损伤的影响。结果表明：EPDM 的裂纹损伤程度随着 CB 含量的增加而降低。类似地，Jeon 等[30] 发现，相比于 NBR-MT CB，NBR-HAF CB 和 NBR-SC 的耐氢致鼓泡性能均随着填料含量的增加而显著提高。因此，选用 HAF CB 和 SC 作为填料可能更符合氢能装备的应用需求。

（5）交联密度

Ohyama 等[6] 基于 SAXS 方法，发现在较低的交联密度下，NBR 内部的亚微米级别空穴变得更大，SAXS 法无法测量。泄压后的体积膨胀主要是由低密度相体积变化引起的。较高的交联密度、富含橡胶、橡胶链分子的紧密堆积区域随着体积膨胀而扩大。Jeon 等[30]对 NBR 进行氢鼓泡测试，发现交联密度较高的橡胶具有较高的抗氢致鼓泡性能。Wilson等[31] 基于分子动力学模拟技术，得出较高的交联密度使得泄压后的 EPDM 中的大孔较少。因此，可以通过适当提高橡胶的交联密度以防止橡胶的鼓泡断裂。

3.1.3.3 氢传输特性

氢气在橡胶内部的传输特性，会直接影响橡胶内部的氢致鼓泡过程。本节重点围绕氢扩散系数、氢溶解度、氢浓度等氢传输特性展开讨论。

（1）氢扩散系数

Koga 等[26] 将 EPDM、VMQ、HNBR 暴露于 1～90MPa、−60～100℃的氢气下。结果表明：低扩散系数橡胶的裂纹损伤比高扩散系数橡胶严重。

Koga 等[27] 还进一步发现，氢扩散系数越小，氢气产生的裂纹尺寸越大。这是因为氢扩散系数小时氢分子很难脱离橡胶，硫化橡胶具有时间依存型的裂纹扩展特性，与前文所述机理相吻合。

（2）氢溶解度

Yamabe 等[28] 研究了氢溶解度（S）对 EPDM 鼓泡损伤的影响。图 3-43 显示了 EP-DM-NF、EPDM-SC 以及 EPDM-CB 的鼓泡损伤程度，Π_F 和 S 之间的关系。他们认为，S 是鼓泡萌生的动力，而 Π_F 是鼓泡萌生的阻力［与 3.1.3.2 节的（1）橡胶种类吻合］。用最大裂纹面积的平方根 $A_{max}^{1/2}$ 来评价裂纹损伤程度。定义 $A_{max}^{1/2}$ 为最大裂纹长度 a_{max}，单位为 mm，且根据 A_{max} 可计算出 a_{max}。如图 3-43 所示，a_{max} 随着 S 的增大和 Π_F 的减小而增大[28]。为了更定量地评价 S 和预估 Π_F 与材料强度的关系，建立了最大裂纹长度 a_{max} 与 S/Π_F 之间的关系。

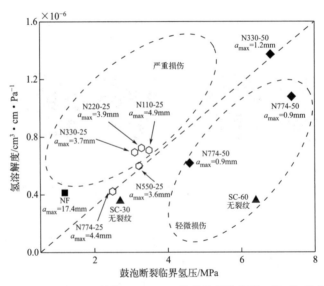

图 3-43　EPDM-NF、EPDM-SC 以及 EPDM-CB 的鼓泡损伤程度、Π_F 和 S 之间的关系[28]

表 3-8 显示了 a_{max} 与 S/Π_F 的关系。a_{max} 的平均值和范围与材料种类有关。a_{max} 值随着 S/Π_F 的增大而增大。由于 EPDM-SC 的 S/Π_F 相对较小，据此推断其鼓泡损伤比其他 EPDM-NF 和 EPDM-CB 轻微。EPDM-NF 的鼓泡损伤最严重的原因是其 S/Π_F 在所有橡胶

中最大。与 EPDM-SC 相比，EPDM-CB 的 S/Π_F 较高，鼓泡损伤较严重，但 Π_F 具有可比性。尽管粒径较小的 CB 增加了橡胶的 S，但同时增强了橡胶抗拉强度，提高了 Π_F；因此，S/Π_F 几乎不受 CB 粒径的影响。由此推断，CB 粒径不会影响橡胶的鼓泡损伤。

表 3-8　最大裂纹长度与裂纹开始时氢溶解度与临界氢压之比的关系

橡胶	$S/\Pi_F / cm^3 \cdot cm^{-3} \cdot Pa^{-2}$	a_{max}/mm
EPDM-SC60	0.56	0
EPDM-SC30	1.31	0
EPDM-N110-50	1.35	0.52~1.02
EPDM-N774-50	1.45	0.36~0.96
EPDM-N774-25	1.70	1.44~4.35
EPDM-N550-25	1.88	1.76~3.63
EPDM-N110-25	2.02	2.31~4.85
EPDM-N220-25	2.21	2.00~3.91
EPDM-N330-25	2.24	2.49~3.73
EPDM-NF	3.45	12.27~17.33

（3）氢浓度

Yamabe 等[3,21,22] 将 EPDM 和 NBR 暴露于 10MPa 氢气环境下，发现橡胶-SC 的拉伸性能与橡胶-CB 相近，但在橡胶-SC 表面没有观察到鼓泡，而橡胶-CB 表面观察到鼓泡。这是因为橡胶-SC 中的氢浓度低于橡胶-CB 中的氢浓度。因此，鼓泡损伤程度随着氢浓度的降低而降低。相似地，研究表明，由于 CB 对氢气的吸附作用，导致橡胶内部氢浓度增大，增加了 Π_1，从而降低了 P_F，增加了鼓泡断裂发生的可能性[29]。

3.1.3.4　空穴特征参量

由 3.1.2.1 节所描述的单次氢气暴露鼓泡萌生模型可知，鼓泡断裂的发生与橡胶内部的空穴（即气泡）特征参量密不可分。空穴特征参数主要包括空穴位置、空穴尺寸以及空穴内压。

（1）空穴位置

空穴位置是很直观的橡胶鼓泡断裂影响因素。Kulkarni[19] 利用 ABAQUS 有限元分析方法，以 EPDM 为研究对象，提出空穴位置对鼓泡断裂的影响规律理论。由单穴模型发现，当空穴远离自由面时，不会引发橡胶内部的损伤，且空穴为圆形。而当空穴逐渐接近自由面时，会逐步引发损伤，且空穴变为椭圆形。因此，随着空穴与自由面距离的减小，鼓泡损伤会愈发严重。

由双穴模型发现，当两个空穴相互靠近时，RVE 内部归一化最大主应变增加，且 EPDM-DOS 的归一化最大主应变增加量高于 EPDM-CB。当两个空穴相隔临界距离时，归一化最大主应变与两个空穴之间的距离无关（即两个空穴互相不影响），且 EPDM-DOS 的临界距离高于 EPDM-CB。因此，可以得出随着两个空穴之间的距离减小，鼓泡损伤愈发严重，且 EPDM-DOS 的鼓泡损伤最严重。同样基于双穴模型可得，当空穴与自由面的距离减小时，EPDM 的 RVE 内部归一化最大主应变增加，鼓泡损伤更严重，且 EPDM-CB 的鼓泡损伤最轻微。

此外，由双穴模型发现，当两个空穴相互靠近且远离自由面时，会引发损伤但未形成鼓泡，从外部无法观测，未扩展到表面。当两个空穴相互靠近且适度靠近自由面时，会引发损伤并形成鼓泡，从外部可以观测，未扩展到表面。当两个空穴相互靠近且靠近自由面时，或两个空穴相互远离且靠近自由面时，均会引发损伤并形成鼓泡，从外部可以观测，会扩展到表面。

（2）空穴尺寸

空穴尺寸对于橡胶鼓泡断裂的发生也起着关键作用。Kulkarni 等[19] 以 EPDM 为研究对象，提出空穴尺寸对鼓泡断裂的影响规律理论。由单穴模型发现，增加空穴尺寸，会同时增加 EPDM 的 RVE 内部归一化最大主应变。且当空穴尺寸较小时，DOS 对 EPDM 抗损伤性能的弱化效果显著，反之，当空穴尺寸较大时，DOS 对 EPDM 抗损伤性能的作用效果甚微。因此，可以得出随着空穴尺寸的增加，鼓泡损伤会愈发严重。

由双穴模型发现，三种橡胶的空穴尺寸与 RVE 内部归一化最大主应变成线性关系，说明随着空穴尺寸的增加，鼓泡损伤更严重。此外，EPDM-CB 的直线斜率近乎为零，代表其基本不受空穴尺寸的影响。

（3）空穴内压

Kulkarni 等[19] 以 EPDM 为研究对象，仅研究单穴模型下空穴内压对鼓泡断裂的影响。结果表明，随着空穴内压的增加，泄压速率增加，则 RVE 内部归一化最大主应变也增加。因此，可以得出随着空穴内压的增加，鼓泡损伤愈发严重的重要结论。

3.2 吸氢膨胀

3.2.1 吸氢膨胀定义

橡胶材料通常被用于制造密封部件，例如橡胶 O 形密封圈，以实现氢气的有效密封。O 形圈被安装在金属零件的沟槽中，并通过与金属结构的紧密接触产生挤压变形，从而在橡胶密封件与金属端面之间产生接触应力实现密封效果。在这种状态下，橡胶直接暴露在氢气中，氢分子溶解扩散进入橡胶内部，导致橡胶密封部件发生体积膨胀[32]。此外，当氢气快速泄压时，随着工况中氢气压力的移除，橡胶密封部件的体积同样会发生膨胀。这种体积膨胀会对橡胶密封部件造成致命损坏，例如"挤出断裂"和"屈曲断裂"，如图 3-44 所示[26]。

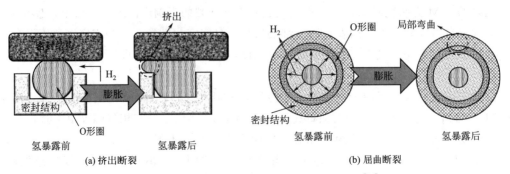

图 3-44　O 形圈吸氢膨胀可能发生的失效行为[26]

3.2.2 吸氢膨胀机理

在氢气的加压-保压-泄压过程中，橡胶密封部件会发生体积膨胀现象。然而，这一过程中，橡胶体积膨胀现象的发生具有两种不同的诱导机制[33]。目前主流观点认为，在氢气保压阶段，橡胶体积膨胀主要是由于氢气的溶解吸附引起的。而在氢气泄压阶段，体积膨胀主要是由橡胶内部未能及时释放的氢气对橡胶分子链的扩展所致。

3.2.2.1 氢气保压阶段

在氢气保压阶段，由于橡胶密封材料直接暴露于氢气环境中，氢分子会在氢浓度梯度的作用下穿过橡胶表面，渗透进入材料内部，该过程包括氢分子的溶解和扩散。氢气保压阶段的橡胶密封材料体积膨胀过程如图 3-45 所示[33]。氢分子最初接触橡胶密封材料表面，然后溶解扩散进入橡胶内部，并占据橡胶基体中的孔隙和自由体积。随着微布朗运动的发生，橡胶分子链之间的空隙不断变化，氢分子随即侵入交联网络，橡胶分子链会向三维空间膨胀，从而导致分子链发生形变，在宏观上表现为橡胶密封材料体积的膨胀。

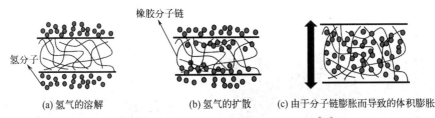

(a) 氢气的溶解　　　　(b) 氢气的扩散　　　(c) 由于分子链膨胀而导致的体积膨胀

图 3-45　氢气保压阶段橡胶吸氢膨胀机理[33]

3.2.2.2 氢气泄压阶段

氢气泄压阶段橡胶密封材料的体积膨胀程度被认为远高于氢气保压阶段。这是由于在氢气保压阶段，橡胶长时间暴露于一定压力的氢环境下，橡胶材料内部溶解了大量氢分子，且一部分氢分子集聚在橡胶的自由体积内，还有一部分氢分子分布在橡胶的交联结构中。随着外部氢气压力的突然释放，原本外部氢气压力与橡胶内压达到的平衡关系被破坏，在橡胶内部的溶解氢分子变为过饱和状态。在浓度梯度的作用下，橡胶材料内部的氢分子穿过基体快速释放。在这个过程中，原本集聚在橡胶自由体积内的氢分子快速逸出，而一些分布在橡胶内部微小孔洞以及橡胶分子结构中的氢分子则无法快速释放，便会对孔洞内壁及氢分子周围的橡胶分子链造成一定的作用力。当作用力过大时，会导致橡胶分子链发生断裂，就在橡胶内部形成了裂纹；当作用力不足以造成橡胶分子链断裂时，在交联点的约束下空腔内壁分子链发生延伸，而延伸量决定了橡胶在宏观上的体积膨胀程度。

3.2.3 吸氢膨胀下的微观形貌演化

橡胶密封材料发生吸氢膨胀过程中，由于橡胶分子链的剧烈延展，会导致橡胶内部微观结构发生变化，造成鼓泡损伤、力学性能劣化等损伤。通常而言，弹性较好的橡胶密封材料发生体积膨胀时，能更好地恢复至原有的微观形貌结构，而弹性较差的橡胶则相反，更容易出现损伤。此外，填料的加入可能会导致橡胶基体-填料界面因吸氢膨胀而发生结构分离，在橡胶内部形成微孔洞，该破坏程度通常会随着填料含量的增加而下降。

为了探究氢环境下橡胶材料的吸氢膨胀对微观形貌结构的影响，Jeon 等[34] 使用 SEM 观察了高压氢气对橡胶材料内部造成的损伤情况。他们分别将 NBR、EPDM 和 FKM 暴露于 35MPa 和 70MPa 的氢气环境下，保压一段时间后进行泄压，并对试样进行纵向切割，使用 SEM 观察试样切割断面。如图 3-46 所示，当氢气压力为 35MPa 时，NBR 试样的断面区出现了一些小裂纹，而当氢气压力为 70MPa 时，NBR 的断面区则开始出现较长的主裂纹[34]。相比之下，无论是 35MPa 还是 70MPa，EPDM 试样的断面区均出现了大量的主裂纹，证明 EPDM 微观形貌结构受氢气影响更大。而 FKM 体现出较好的氢气耐受性。当氢气压力为 35MPa 时，FKM 内部并未发现裂纹等损伤，微观形貌较为完整。与此同时，当氢气压力为 70MPa 时，FKM 内部也仅出现数量较少的小裂纹和主裂纹。可以看出，橡胶密封材料的吸氢膨胀过程可能会导致橡胶分子链部分断裂，在材料内部造成一定的损伤。随着氢气压力的增大，会一定程度上促进橡胶内部裂纹的萌生和扩展，导致损伤的加剧。此外，对于不同种类的橡胶，由于其内部交联结构强度不同，吸氢膨胀导致的裂纹数量和大小也不尽相同。由于 FKM 具有较好的弹性，当氢气压力低于 35MPa 时也不会发生内部微观结构的损伤。

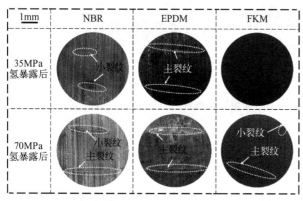

图 3-46　35MPa 和 70MPa 氢暴露后 NBR、EPDM 和
FKM 试样截面的 SEM 图像[34]

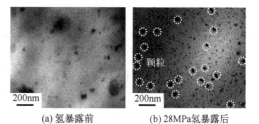

(a) 氢暴露前　　　(b) 28MPa 氢暴露后

图 3-47　N1 试样内部 TEM 图像[20]

对于有填料填充的橡胶密封材料，其在吸氢膨胀过程中内部形貌特性的演化与无填充的橡胶不同，过大的体积膨胀可能会造成填料与橡胶基体之间发生结构分离，进而引发裂纹。Simmons 等[20] 研究了氢致膨胀对橡胶试样的微观形貌的影响。具体而言，他们对氢暴露前后的含 CB 和 SC 的橡胶试样进行了 NMR 和氦粒子显微镜（Helium particle microscope, HeIM）分析，并对产生吸氢膨胀的试样进行了 TEM 分析。图 3-47 显示了 N1（不含填料）试样在发生吸氢膨胀前后内部微观结构的变化情况。可以看到，虽然 N1 试样不含 SC 或 CB，但在经历单次氢暴露后，TEM 分析测得的橡胶内部颗粒尺寸和数量均显著增加。如表 3-9 所示，经历吸氢膨胀试样内部的颗粒数量比氢暴露前试样增加了 5 倍以上。氢暴露后的颗粒平均长度和宽度略有减小（35～45nm→20～25nm，20～26nm→10～16nm），且较小颗粒的出现频率更为显著[20]。这是因为在外部氢气快速泄压过程中，橡胶密封材料发生剧烈的体积变化，导致颗粒与橡胶基体分子链之间的结合被破坏。这些颗粒周围可能会形成间隙或孔隙，导致了氢暴露后体积膨胀的试样中比氢暴露前试样中检测到更多的颗粒。

表3-9 图3-47中颗粒的TEM图像分析[20]

参数	氢暴露前		氢暴露后	
标号	N2-1	N2-2	N2-1	N2-2
规格/nm	100	200	100	200
颗粒数	16	27	101	133
面积尺寸/(nm×nm)	718.5×718.5	1405.4×1405.4	718.5×718.5	1405.4×1405.4
平均长度/nm	41.1175	43.0833	25.1993	22.4759
平均宽度/nm	20.5969	26.0111	15.154	14.4684
长度标准差/nm	25.2545	16.6617	21.3542	10.1902
宽度标准差/nm	8.3781	9.9572	6.5635	6.5694

由于N1试样内部不含填料，且DOS的电子密度低，无法通过TEM观察到，因此他们推测这些颗粒可能是材料初始加工过程中形成的硫和氧化锌化合物。在利用扫描透射电子显微镜（S/TEM）对黑色颗粒进一步分析后的结果如图3-48所示。能谱分析（energy dispersive spectrometer，EDS）分析表明该颗粒（S/TEM为白色，TEM为黑色）富含锌和硫。因此，可进一步确认，橡胶材料内部的颗粒可能是最初添加用于固化的氧化锌还原颗粒，现在被硫所包裹，或者是在高温下密炼时形成的硫化锌。此外，还有研究表明氢分子可以与这些小颗粒相互作用，从而形成更大的颗粒。无论哪种情况，这些颗粒和基质之间的界面极有可能是氢扩散和氢聚集的主要部位[20]。

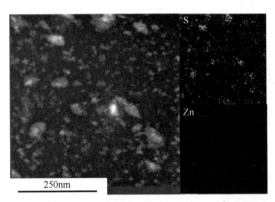

图3-48 氢暴露前EPDM的S/TEM图像（左）和相应的元素EDS分析（右）[20]

对于N2试样（含SC，含DOS），图3-49所示的TEM分析结果表明[20]，氢暴露前后均能观察到大量的SC颗粒，并且可以发现氢暴露后试样的体积膨胀并不会对橡胶内部SC的分布和尺寸造成影响，也没有出现图3-48所示的硫化锌小颗粒。

在实际使用中，橡胶密封材料通常会添加不同种类的填料以适应不同的工况条件。因此，Yamabe等[35]利用拉伸试验研究了吸氢膨胀对不同填料种类（CB和SC）填充的NBR试样内部微观形貌的影响。图3-50（a）为氢暴露前NBR-NF试样的断裂表面的SEM图像，图3-50（b）为氢暴露后体积膨胀NBR-NF试样的断裂表面的SEM图像[35]。结果表明，吸氢膨胀后的NBR-NF试样内部未出现如Jeon等[34]观察到的小裂纹和主裂纹，且裂纹主要从试样的边缘处开始出现和扩展。这是因为用于拉伸试验的橡胶试样呈扁平哑铃状，氢暴露后溶解在橡胶内部的氢分子能够快速迁移到试样表面并逸出，因此不会在橡胶内部集聚而形成裂纹。尽管如此，氢暴露后 NBR-NF 试样的抗拉强度下降，这表明橡胶的吸氢膨胀现象可能导致其内部交联结构发生了改变，从而影响了拉伸性能。

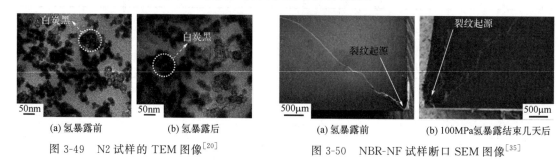

(a) 氢暴露前　　　　(b) 氢暴露后　　　　　　(a) 氢暴露前　　　　(b) 100MPa氢暴露结束几天后

图 3-49　N2 试样的 TEM 图像[20]　　　　　　图 3-50　NBR-NF 试样断口 SEM 图像[35]

图 3-51 和图 3-52 展示了 NBR-CB 和 NBR-SC 试样的断裂截面的 SEM 图像[35]。与 NBR-NF 试样不同，这些试样的裂纹起源均来自橡胶内部。氢暴露后体积膨胀的 NBR-CB 和 NBR-SC 试样内部观察到了一些细小的孔洞。他们认为，在氢暴露过程中，CB 会吸附大量的氢分子，使氢分子在 CB 与橡胶基体的界面处聚集，对橡胶分子链施加一定的作用力，降低 CB 与橡胶基体之间的结合强度。当试样体积膨胀达到一定程度时，即橡胶内部的填料-基体界面正面临较大的作用力，可能导致填料与基体发生分离，造成微小孔洞的出现。对于 NBR-SC 而言，虽然 SC 并不会对氢分子有较强的吸附作用，但橡胶的吸氢膨胀过程仍会导致橡胶基体的拉伸。NBR-SC 试样的填料-基体界面的结合力较弱，但同样会由于橡胶体积的膨胀而发生分离，导致出现细小孔洞。

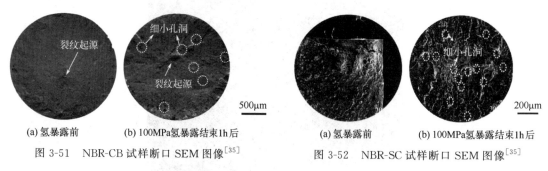

(a) 氢暴露前　　(b) 100MPa氢暴露结束1h后　　　(a) 氢暴露前　　(b) 100MPa氢暴露结束1h后

图 3-51　NBR-CB 试样断口 SEM 图像[35]　　　　图 3-52　NBR-SC 试样断口 SEM 图像[35]

除了填料种类，填料含量对橡胶密封材料吸氢膨胀后的微观形貌的影响也有了初步的研究成果。Kang 等[36] 发现，随着 SC 含量的增加，橡胶试样内部孔隙的平均尺寸和数量逐渐减小，证明填料含量的增加对吸氢膨胀造成的橡胶材料形貌损伤有改善作用。他们利用 SEM 分析了不同 SC 含量的试样断裂截面（如图 3-53 所示）[36]，氢暴露前的所有试样的断口均未出现任何缺陷。然而，当 SC 含量小于 60phr 时，EPDM 试样断裂表面观察到了孔隙和裂纹等缺陷。其中，S0、S20 和 S40 试样断裂面上孔隙平均尺寸分别为 $37.2\mu m$、$25.8\mu m$ 和 $14.8\mu m$。不难发现，随着 SC 含量的增加，空隙的平均尺寸和数量在减小。此外，在孔隙周围还观察到了细小裂纹，这是因为在橡胶吸氢膨胀过程中，氢分子对孔隙内壁产生挤压，在孔隙的边缘处产生较大的应力集中。随着体积膨胀程度的增加，小的孔隙逐渐合并、延展，并最终形成裂纹。而填料含量的增加会增强橡胶内部结构强度，降低孔隙扩展和撕裂的数量和程度，因此吸氢膨胀导致的裂纹数量和大小也会相应下降。

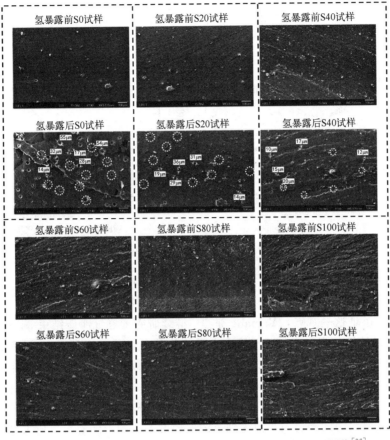

图 3-53　96.3MPa 氢暴露前后 EPDM-SC 的断裂面的 SEM 图像[36]

关于橡胶吸氢膨胀行为的已有研究主要集中在 NBR 和 EPDM，而对其他种类的橡胶密封材料的研究很少，与之对应的吸氢膨胀对橡胶微观形貌演变影响的技术资料和数据更加匮乏。除此之外，目前对于吸氢膨胀后橡胶微观形貌的表征主要以 SEM、TEM 为主，功能全面、行之有效的吸氢膨胀表征方法有待进一步完善。

3.2.4　吸氢膨胀影响因素

氢暴露后橡胶密封材料的吸氢膨胀行为是橡胶氢相容性的重要判据之一，它受到许多因素的影响[33]。

3.2.4.1　氢气压力

氢气压力是影响临氢环境橡胶密封材料吸氢膨胀行为的关键因素。已有研究表明，氢气压力与橡胶密封材料体积膨胀之间存在着某些对应关系。Yamabe 等[23] 利用高压氢耐久性试验机，评价了氢气压力对 EPDM 试样体积膨胀行为的影响。图 3-54（a）显示 5～70MPa、30℃氢气环境下，进行高压氢耐久性试验后的橡胶 O 形圈体积膨胀率 $\Delta V/V_0$ 随常压静置时间（泄压结束后经历的时间）的变化，其中 V_0 是 O 形圈的初始体积，ΔV 是氢暴露引起的橡胶体积增量。图 3-54（b）显示了以氢气压力为横坐标，用指数函数拟合图（a）实验数据的结果，表示外推到 $t=0$ 的体积膨胀率 $(\Delta V/V_0)_{t=0}$ 与氢气压力的关系。他们发现，当

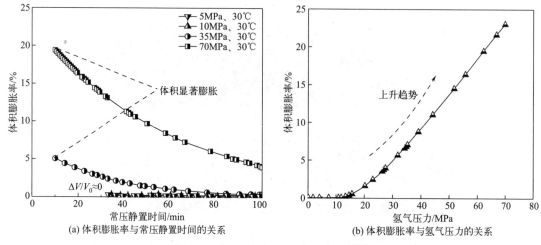

(a) 体积膨胀率与常压静置时间的关系　　　　　(b) 体积膨胀率与氢气压力的关系

图 3-54　EPDM 试样吸氢膨胀行为[23]

氢气压力小于 10MPa 时，O 形圈的体积膨胀率几乎为 0，而当氢气压力高于 35MPa 时，试样体积显著增加，且 $(\Delta V/V_0)_{t=0}$ 随着氢气压力增大而增大。

为了进一步验证这一观点，Yamabe 等[37] 继续研究了氢气泄压结束 35min 后 NBR-NF 和 NBR-CB 试样的体积膨胀率与氢气压力之间的关系（如图 3-55 所示）。结果表明，当氢气压力低于 10MPa 时，NBR-NF 和 NBR-CB 试样的体积几乎没有变化，而当氢气压力高于 10MPa 时，NBR-NF 和 NBR-CB 试样的体积显著增大，且随着氢气压力的增加，体积膨胀率提高。此外，他们还发现 NBR-NF 试样的体积膨胀率与氢气压力近似成正比例关系，这是由于氢在橡胶材料中的渗透与扩散受到氢浓度梯度的影响：随着氢气压力的逐渐增大，橡胶密封材料外部与橡胶内部的氢浓度梯度增大，导致橡胶内部的氢浓度增大，从而引起体积膨胀率的增加。

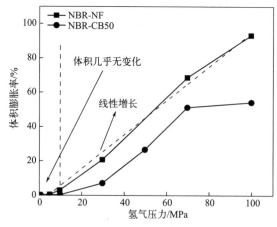

图 3-55　NBR-NF 和 NBR-CB 试样体积膨胀率与氢气压力的关系[37]

除了单次氢暴露外，氢能装备用橡胶密封材料还会面临氢循环暴露工况。在持续的加压-保压-泄压过程中，橡胶的体积变化会导致严重的力学性能损伤，因此研究泄压结束后在常压静置条件下橡胶的体积膨胀率随时间的变化，对密封材料选择以及密封结构优化同样至关重要。

3.2.4.2　常压静置时间

Yamabe 等[23] 初步发现氢暴露后橡胶 O 形圈的体积膨胀率 $\triangle V/V_0$ 相对于常压静置时间呈指数递减。Fujiwara 等[38] 系统研究了 30℃、90MPa 氢暴露后常压静置时间对 NBR-NF、NBR-CB 和 NBR-SC 三种试样体积膨胀率的影响，研究结果同样支持了这一结论。图 3-56 显示了在相同氢暴露条件下不同试样三次测量结果的平均值，其中横轴为氢气泄压后橡胶试样的常压静置时间，左轴为氢暴露前后体积的比值（V/V_0），即体积变化率，右轴为橡胶内部氢浓度。正如 3.2.4.1 节所述，氢气泄压后，橡胶材料发生明显的体积膨胀现象，其中 NBR-NF 试样的体积变化率达到 1.85。而随着常压静置时间的推移，橡胶的体积膨胀现象逐渐减小，所有试样的体积在 20h 内全部恢复到初始水平。仔细观察泄压后橡胶内部氢浓度与常压静置时间的关系可以发现，氢浓度与体积变化率随常压静置时间的变化趋势相似。由此可见，橡胶内部氢浓度与橡胶体积变化率之间存在一定联系。

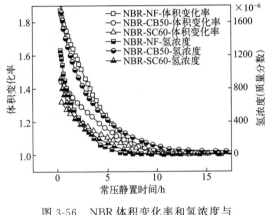

图 3-56　NBR 体积变化率和氢浓度与
常压静置时间关系[38]

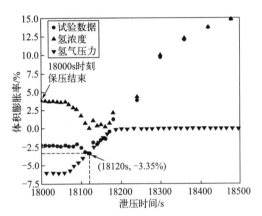

图 3-57　泄压过程中氢浓度和氢气
压力对试样体积变化的影响[32]

由于设备条件的限制，泄压结束后无法立即获得试样体积膨胀数据。从泄压结束后 20min 内获得的最大值可以推测，NBR-NF、NBR-CB50 和 NBR-SC60 的体积分别增加至少 85%～88%、44%～45% 和 32%～33%。为了进一步揭示常压静置时间对橡胶密封材料体积膨胀的影响，Castagnet 等[32] 利用 CCD 相机配合高分辨率和低分辨率镜头，透过加压室的蓝宝石窗口实时观察了氢气保压阶段以及氢气泄压阶段的 NBR 试样的体积变化，克服了氢气泄压阶段以及泄压结束后初始阶段橡胶体积膨胀难以观测的问题，并沿着整个压力周期（加压/保压/泄压/静置）建立体积的变化趋势。如图 3-57 所示，在氢气保压结束时，由于氢气压力对橡胶的压缩作用，因氢吸附导致的橡胶试样膨胀率极小，仅为 3.5%。在氢气开始泄压后，理论上氢压释放会导致试样的体积膨胀，但实际上橡胶体积却略有下降。这归因于氢气初始泄压阶段，外部氢气压力突然下降，橡胶内部的溶解氢快速释放，因内部氢气快速逸出导致的体积收缩程度大于因外部氢气压力下降导致的体积膨胀程度，因此氢气初始泄压阶段出现了微小的体积下降。在释放约一半的氢气压力后（18120s），试样的体积收缩达到峰值（体积膨胀率为 −3.35%）。在氢气泄压第二阶段（18120～18170s），试样体积迅速增加，远超试样初始体积。这是因为随着泄压的进行，更多的氢分子从橡胶内部逐渐逸出，由于缺少了氢气压力的约束，橡胶内部的损伤（裂缝和空腔）被激活，出现了大空腔或氢鼓泡，造成橡胶体积的大幅膨胀。

如图 3-58 所示，在泄压结束 60min 后橡胶的体积膨胀显著放缓，在达到最大体积变化率后开始逐渐收缩，并在如图 3-59 所示的 45h 左右恢复至初始体积[32]。此外，从图 3-59 中可以看到，氢气泄压结束后橡胶体积的变化情况与橡胶内部氢浓度的变化趋势相似，这与 Fujiwara 等[38] 的研究结果一致。因此，橡胶内部氢浓度与橡胶体积膨胀之间的关系亟须阐明。

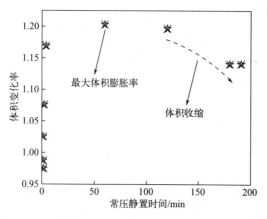

图 3-58　试样体积随常压静置时间的短时间演变[32]

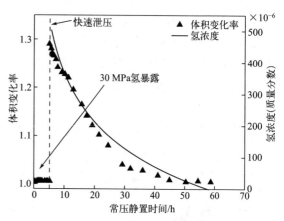

图 3-59　试样体积和氢浓度随常压静置时间的长时间演变[32]

3.2.4.3　氢浓度

上述研究表明，氢暴露后橡胶体积膨胀与内部氢浓度的变化趋势相似，但 Yamabe 等[37] 提出橡胶体积膨胀与内部氢浓度之间并非正相关关系。他们基于高压氢耐久性试验得到的橡胶密封材料氢浓度-氢气压力、体积膨胀率-氢气压力数据，获得了如图 3-60 所示的不同氢气压力下橡胶内部氢浓度 C_{HR} 与体积膨胀率 $\Delta V/V_0$ 的关系图[37]。可以看到，对于 NBR-NF 试样，当橡胶材料内部氢浓度较低时，尽管有一部分氢分子渗透进橡胶内部，但橡胶试样仍未发生明显的体积膨胀。随着氢浓度的不断增加，橡胶的体积膨胀率呈现明显的增长趋势。这可以从溶解氢分子对橡胶分子链的推挤力与橡胶弹力的平衡理论进行解释。当橡胶内部氢浓度较低时，氢分子主要分布在橡胶自由体积内，这些氢分子优先充满自由体积，橡胶材料则不会出现明显的体积膨胀现象。当橡胶内部氢浓度较高时，由于自由体积中已经充满了氢分子，这时氢分子会进一步分布于橡胶分子链中，进而导致橡胶试样体积膨胀。对于 CB 试样，由于 CB 会吸附一部分氢分子，因此橡胶发生体积膨胀的临界氢浓度明显高于 NF 试样。且当橡胶内部氢浓度相同时，CB 试样的体积膨胀率比 NF 试样低。据此推测，CB 的加入可以有效缓解氢暴露后橡胶体积膨胀程度。

橡胶密封材料体积恢复阶段的氢浓度-体积变化率关系可进一步证实填料对橡胶内部氢浓度的贡献。Fujiwara 等[39] 将 NBR 试样暴露于 90MPa、30℃氢环境中持续 24h，获得了橡胶体积恢复阶段内部氢浓度之间的变化（如图 3-61 所示）。结果表明，随着时间的推移，橡胶密封材料内部氢气逐渐逸出，体积膨胀程度也逐渐减小，最终恢复至初始体积。在此过程中，尽管 NBR-NF 和 NBR-SC60/NBR-CB50 的体积变化率与氢浓度的函数关系是不同的，但整体的体积收缩行为相似。此外，尽管 NBR-CB50 试样有高达 100×10^{-6}（质量分数）的残留氢气存在，但试样仍可恢复至初始体积，由此可见，NBR-CB50 和 NBR-NF 内部的氢分子脱附行为不同，可能是由于吸附在 CB 上的氢分子脱附非常缓慢。这表明氢暴露过程中被橡胶吸附的氢分子并非完全对橡胶体积膨胀行为有所贡献。此外，填料特性（种类、含量、粒径）与橡胶体积膨胀的关联机制有待进一步探究。

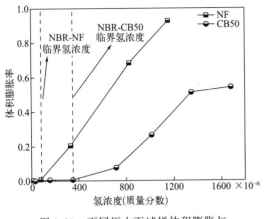

图 3-60 不同压力下试样体积膨胀与
氢浓度的关系[37]

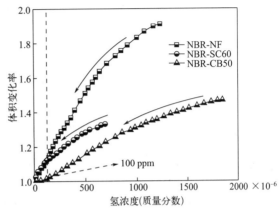

图 3-61 氢气泄压结束后试样
体积膨胀与氢浓度的关系[39]

为了进一步阐明橡胶内部氢分子的存在形式对吸氢膨胀行为的影响，Fujiwara 等[39] 从化学特性角度分析了橡胶内部氢浓度对体积膨胀的影响，他们发现氢暴露后橡胶内的氢分子可分为两种：氢 [A] 和氢 [B]。具体而言，他们将 NBR 持续暴露于 100MPa、30℃ 氢环境下 24h，并在室温下使用超导固态核磁共振光谱仪进行单脉冲测量，获得 ^{1}H 谱，之后通过高分辨率固态 ^{1}H-MAS NMR 分析了氢暴露后橡胶试样内部氢分子的存在形式。结果表明，橡胶密封材料内部氢分子有两种存在状态：作为独立氢分子存在，不与橡胶化学成分发生作用的氢 [A]，即氢 [A] 存在于自由体积；通过化学键与橡胶内部分子结构结合的氢 [B]，即氢 [B] 存在于占有体积。图 3-62 给出了不同氢气压力暴露后橡胶试样内部氢 [A] 和氢 [B] 的浓度与体积膨胀的关系[39]。当氢气压力小于 10MPa 时，试样内部不存在氢 [A]，当氢气压力继续增加时，橡胶内部氢 [A] 浓度随之增加。而在所有氢气压力范围内，氢 [B] 浓度始终存在且随着氢气压力的上升而增加，同时当氢气压力高于 60MPa 时，氢 [B] 浓度上升趋势逐渐放缓，并最终达到稳定。上述结果证实了，橡胶内部氢浓度对体积膨胀的影响主要取决于氢 [A]。

值得注意的是，当氢气压力较低（低于 10MPa）时，橡胶内部溶解氢分子主要分布于橡胶的自由体积中，即氢 [A] 浓度理论上应高于氢 [B] 浓度。然而，据图 3-62 可知，该氢气压力范围内未检测出氢 [A]。这是因为氢气保压阶段分布在橡胶自由体积中的氢 [A] 在泄压结束后会快速从橡胶内部逸出，而试样从泄压结束到 NMR 检测存在时间间隔，故在 NMR 检测之前氢 [A] 已全部逸出，导致无法被检测。而随着氢气压力逐渐增大，橡胶自由体积逐渐被氢 [A] 填充，在 NMR 检测之前氢 [A] 尚未完全逸出，因此氢 [A] 可被检测。

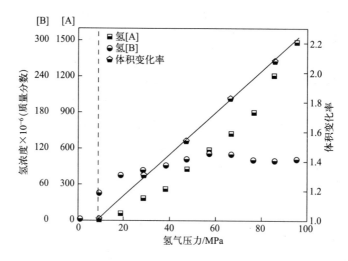

图 3-62　氢气泄压结束 1h 后氢浓度和体积膨胀随氢气压力的变化[39]

3.2.4.4　添加剂特性

填料特性会对橡胶的吸氢膨胀行为产生显著影响。已有研究表明，尽管 CB 的加入会引起橡胶内部氢浓度的增加，但同时也会抑制橡胶的体积膨胀。而 SC 对橡胶体积膨胀的影响规律目前仍存在争议。Yamabe 等[37] 认为 SC 对体积膨胀的作用效果与 CB 相似，通过提高橡胶的结构强度，从而抑制其体积膨胀。他们研究了 NBR-NF、NBR-CB、NBR-SC 试样在 30℃、0～100MPa 氢暴露后的膨胀行为。表 3-10 显示了几种 NBR 试样体积膨胀率与氢气压力的关系[37]。不难看出，在 10～100MPa 氢气压力范围内，NBR-CB 的体积膨胀率与NBR-SC 相近，且均小于 NBR-NF。

表 3-10　NBR-NF/CB/SC 体积膨胀率与氢气压力的关系[37]

氢气压力/MPa	0	10	20	30	40	50	60	70	80	90	100
NBR-NF 的 $\Delta V/V_0$	0	0.031	0.108	0.203	0.325	0.450	0.563	0.870	0.780	0.867	0.954
NBR-CB 的 $\Delta V/V_0$	0	0.003	0.034	0.070	0.170	0.256	0.387	0.512	0.522	0.533	0.543
NBR-SC 的 $\Delta V/V_0$	0	0.003	0.051	0.110	0.177	0.246	0.310	0.377	0.428	0.479	0.525

而 Fujiwara 等[40] 则认为，SC 的加入并不会对橡胶密封材料的结构起到增强效果，因而无法抑制橡胶的吸氢膨胀行为。他们利用高速二维测量系统测量了 NBR-SC50、NBR-SC30 和 NBR-NF 试样在氢暴露后的体积膨胀率变化情况，并对比了橡胶的最大体积膨胀率与基体氢浓度之间的关系。结果发现，NBR-SC50 和 NBR-SC30 试样的体积膨胀率与 NF 试样相近。然而，SC 本身并不吸附氢分子，且 SC 试样的整体氢浓度低于 NF 试样。这表明，SC 的加入对橡胶的力学性能并无增强效果，无法抑制试样的体积膨胀。

除了填料单独存在的影响之外，填料和增塑剂的共同作用同样会对橡胶的体积膨胀产生影响。Simmons 等[41] 将试样分为如表 3-11 所示的八组，研究了有/无填料和增塑剂下NBR 和 EPDM 的体积变化。结果表明，填料的加入会导致 NBR 试样的体积膨胀率减小，这与之前的研究结论一致。然而，对于 EPDM 试样，则出现了相反的规律。这主要归咎于NBR 和 EPDM 力学性能的不同。

表 3-11　填料和增塑剂对 NBR 和 EPDM 氢暴露后体积变化的影响[41]

种类		填料	增塑剂	体积增长百分比
NBR	N1	No	No	79%
	N2	No	Yes	85%
	N3	Yes	Yes	72%
	N4	Yes	No	55%
EPDM	E1	No	No	4%
	E2	No	Yes	2%
	E3	Yes	Yes	8%
	E4	Yes	No	16%

注：以 CB25/SC30 为填料，DOS10 为增塑剂。

此外，填料含量也会影响临氢环境橡胶试样体积膨胀。通常而言，填料含量的增加会提升橡胶试样抗氢损伤能力，抑制材料的吸氢膨胀现象。Kang 等[42] 研究了 96.3MPa 高压氢暴露后 SC 含量对 EPDM 试样体积膨胀率的影响。EPDM-SC 试样在泄压结束 1h 和 24h 后的体积变化如图 3-63 所示[42]。可以直观地看到，当 SC 含量低于 60phr 时，试样发生了明显的体积膨胀，而随着 SC 含量的不断增加，试样的体积膨胀率逐渐减小，且泄压结束 1h 后，S0、S20 和 S40 的体积膨胀率分别为 88%、52% 和 12%。而当 SC 含量大于 60phr 时，试样的体积膨胀率已经小于 1%，甚至难以进行检测。这主要是由于 SC 对橡胶试样结构的补强作用，抑制了试样的体积膨胀。该研究结果与 Yamabe 等[37] 的结果一致。

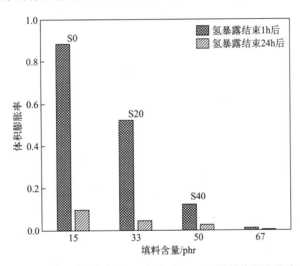

图 3-63　96.3MPa 高压氢暴露后 SC 含量对 EPDM 试样体积膨胀率的影响[42]

最近，Fujiwara 等[40] 同样发现随着 CB 或 SC 含量的增加，橡胶试样的体积膨胀率会逐渐减小。他们测量了 NBR-CB50、NBR-CB30、NBR-SC50、NBR-SC30 和 NBR-NF 试样在 90MPa 氢暴露后的体积膨胀变化情况。图 3-64（a）显示了测得的试样体积变化率与氢浓度的依赖关系。可以看到，与已有研究结果相似，随着泄压后试样中氢分子的释放，橡胶内部氢浓度逐渐降低，试样体积逐渐恢复至初始体积。然而，值得注意的是，当 NBR-SC 和 NBR-NF 试样体积恢复至初始体积时，其内部氢浓度为 0。而 NBR-CB 试样的体积则在内部氢浓度变为 0 之前恢复至初始体积。NBR-CB50 和 NBR-CB30 试样中分别残留 100μg/cm³ 和 50μg/cm³ 的氢气。这归因于 CB 对氢的吸附能力较强，且吸附在 CB 上的氢不影响橡胶

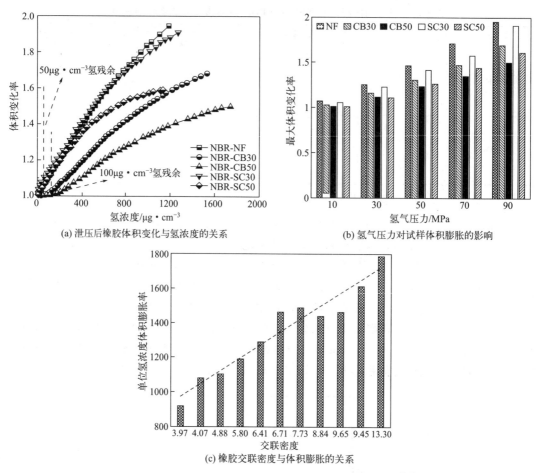

(a) 泄压后橡胶体积变化与氢浓度的关系

(b) 氢气压力对试样体积膨胀的影响

(c) 橡胶交联密度与体积膨胀的关系

图 3-64　填料种类和含量对氢气吸收和体积膨胀的影响[40]

试样的体积变化，而 SC 则几乎不吸附氢。此外，从图 3-64（b）可以看出，所有试样的体积变化率均随着氢气压力的增大而增大，体积变化率顺序为 NBR-NF＞NBR-SC30＞NBR-CB30＞NBR-SC50＞NBR-CB50。由此可见，虽然氢暴露后 NBR-CB 试样内部氢浓度高于 NBR-NF 和 NBR-SC 试样，但 NBR-CB 试样的体积膨胀率反而较低，这再次说明 CB 的加入增强了橡胶的力学性能，从而抑制了试样的体积膨胀。他们还对比了橡胶体积变化与橡胶交联密度之间的关系，如图 3-64（c）所示。结果发现，无论是否加入填料，橡胶的交联密度与体积变化之间都有很好的正相关性。由此可见，橡胶材料的交联特性与体积膨胀之间具有紧密联系，且橡胶的交联密度等交联特性与试样体积膨胀之间的关系也需进一步研究。

不仅如此，填料的粒径和比表面积也会影响橡胶的体积膨胀行为。Jeon 等[30] 发现更小粒径的 CB 对橡胶材料吸氢膨胀的抑制效果更加明显。他们利用将橡胶 O 形圈循环暴露于 35MPa 和 70MPa 的氢气环境下，研究了不同粒径的 HAF CB、MT CB、SC 及填料含量（20phr、40phr 和 60phr）对氢循环暴露后橡胶试样体积膨胀率的影响（如图 3-65 所示）。结果表明，含填料的 NBR 试样的体积相对变化取决于填料的种类和含量。具体而言，无论加入哪种填料，橡胶的体积膨胀率均随着填料含量的增加而减小。其中，NBR-HAF CB 和 NBR-SC 试样的体积膨胀率下降程度比 NBR-MT CB 试样更显著，且当填料含量为 60phr 时，NBR-HAF CB 和 NBR-SC 试样的体积膨胀率远小于 NBR-MT CB 试样。值得注意的

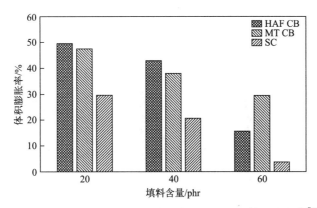

图 3-65　不同种类 NBR 试样在高压氢气暴露后的体积膨胀率[30]

是，尽管 HAF CB 和 MT CB 对氢分子的吸附能力均较强，但 HAF CB 具有更小的填料粒径和更高的比表面积，更容易与 NBR 基体形成复杂的交联结构，从而降低因氢吸附导致的橡胶体积膨胀程度。而 SC 的氢吸附能力较弱，橡胶内部氢浓度较低，因此在所有试样中 NBR-SC 的体积膨胀率最小。

　　Nishimura 等[43] 深入研究了 CB 粒径对橡胶体积膨胀的影响，发现粒径越小的 CB 对橡胶体积膨胀的抑制作用反而越弱。他们通过加入不同粒径的 CB（表 3-12），研究了 NBR 试样在氢暴露后试样体积与氢气压力之间的关系，结果如图 3-66 所示。与上述结论相似，CB 的加入增强了橡胶的结构强度，抑制氢暴露后橡胶的体积膨胀，但不同粒径和比表面积的 CB 对体积膨胀的影响不同。当氢气压力相同时，随着 CB 粒径的增大，CB 比表面积逐渐减小，橡胶试样的体积变化率呈现出先减小后增大的趋势。其中，NBR-FEF 试样体积膨胀最小。这说明不同粒径和比表面积的 CB 对橡胶试样的补强效果呈现先增大后减小的趋势，过大或过小粒径的填料均不利于抑制橡胶的体积膨胀。

表 3-12　CB 种类及其材料参数[43]

参数	SAF(N110)	ISAF(N220)	HAF(N330)	FEF(N550)	SRF(N774)	MT(N990)
平均粒径/nm	19	22	28	43	66	280
比表面积/m² · g⁻¹	142	119	79	42	27	7~12
邻苯二甲酸二丁酯吸收值/cm³ · 100g⁻¹	115	114	101	115	68	44

3.2.4.5　交联特性

　　作为密封件选型和优化设计的关键参考因素，橡胶密封材料的交联特性与橡胶体积膨胀率之间的定量关系的研究至关重要。Yamabe 等[35] 在研究氢暴露后 NBR-NF、NBR-SC 和 NBR-CB 试样的体积膨胀行为时便推测，NBR-SC 和 NBR-CB 试样的体积膨胀率比 NBR-NF 试样更低的原因是填料的加入强化了橡胶材料的交联结构，从而使橡胶材料的力学性能得到增强，进而抑制了氢暴露后试样的体积膨胀。

　　Ono 等[44] 使用高速二维光学千分尺测量 90MPa 氢暴露后的橡胶试样体积，进一步探究了橡胶交联结构特性与吸氢膨胀之间的定量关系。他们通过理论计算发现，理论上氢暴露后橡胶内部氢浓度足以使橡胶体积膨胀至试验观测值的 7 倍以上。这是由于在实际的氢暴露

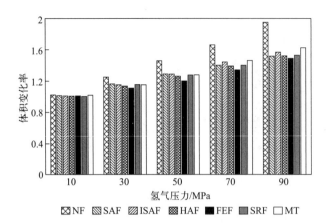

图 3-66　含不同粒径 CB 的 NBR 试样体积膨胀随压力的变化[43]

过程中，橡胶外部高压氢气对橡胶的挤压作用抑制了橡胶的体积膨胀，且在氢气快速泄压后，大量的溶解氢分子快速通过橡胶表面逸出。而导致橡胶发生体积膨胀的主要原因是氢暴露过程中被束缚在橡胶内部空腔及微小气泡中的氢分子过度膨胀。这部分氢分子在快速泄压过程中无法及时释放，使橡胶内部氢浓度达到饱和，对橡胶内部产生三维方向的作用力，从宏观上造成了试样的体积膨胀。其中，内部空腔的膨胀程度便受到橡胶分子量、交联密度等橡胶交联特性的影响。

因此，他们分析了橡胶体积膨胀率与材料交联特性关键参数之间的关系。结果发现，橡胶体积变化率（V_{max}/V_0）与有效交联数均分子量（M_{ef}）之间并无明显的相关性。而 V_{max}/V_0 与交联密度（M_c）的数据拟合结果表明，V_{max}/V_0 随 M_c 的增加呈线性增加。需要说明的是，橡胶内部的空腔因溶解氢分子的作用力而发生变形，且当气泡内部压力未超出鼓泡断裂临界氢压时，气泡内壁会发生变形但不会断裂，会引起橡胶体积膨胀，此时交联分子链处于完全伸展状态。分子链会在交联点的约束下只能产生特定的滑移距离，滑移距离取决于化学交联之间的链长，链长又与 M_c 有关，因此橡胶体积膨胀与 M_c 之间存在着高度关联性。由上述分析可知，V_{max}/V_0 与 M_c 成比例关系的一种可能情况是：体积膨胀是由试样内部气泡的产生引起的，每个气泡的大小决定了试样的体积。在试样体积达到 V_{max} 时，大多数气泡内壁的分子链几乎处于完全伸展状态。

紧接着，Wilson 等[31] 使用经典的分子动力学方法，建立了交联 EPDM 的分子模型，研究氢暴露后 EPDM 的体积变化，同样证实了上述观点。他们发现使用 MD 模拟计算得到的氢传输特性参数与先前的模拟和试验结果保持一致，且内部氢浓度饱和的 EPDM 在氢气泄压后会发生体积膨胀，其膨胀程度随着氢气压力的增加而加剧。他们还发现，增加交联密度会使氢暴露后的 EPDM 的自由体积孔径更小，从而抑制了 EPMD 的体积膨胀。

此外，橡胶极性也会影响氢暴露后橡胶的体积膨胀率，且高极性的橡胶的吸氢膨胀程度更低。Nishimura 等[43] 通过配制不同丙烯腈（AN）含量的 NBR 试样（如表 3-13 所示），研究不同氢气压力下橡胶极性对试样体积膨胀的影响，结果如图 3-67 所示。由于丙烯腈具有增强橡胶极性的作用，丙烯腈含量越高，橡胶极性越强，橡胶密度越大，橡胶内部的力学性能越优异，从而抑制了橡胶的体积膨胀。氢暴露后，尽管有一部分的氢分子进入橡胶内部，但橡胶试样凭借其较强的力学性能，抑制了橡胶分子链的扩展，在氢气泄压过程中难以在橡胶内部形成较大的气泡，因此从宏观上观测到橡胶试样的体积膨胀程度减小。

表 3-13   NBR 种类及特性[43]

等级	丙烯腈含量/%	密度/g·cm⁻³
低腈	18	0.94
中腈	29	0.97
中高腈	33.5	0.98
高腈	40.5	1.00
超高腈	50	1.02

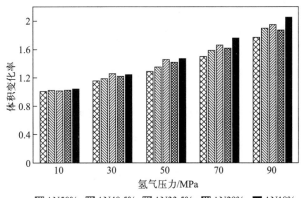

图 3-67   不同氢气压力下橡胶极性对体积膨胀的影响[43]

3.2.4.6   橡胶种类

临氢环境下不同种类的橡胶的体积膨胀程度也不同。一般来说，弹性更好的橡胶（如 FKM）在氢暴露后的体积膨胀率会更大。Jeon 等[34]通过使用激光测微计测量橡胶试样厚度和直径，计算氢暴露前后的试样体积随时间的变化，研究橡胶种类对吸氢膨胀程度的影响。图 3-68 显示了 35MPa 和 70MPa 氢暴露后的 NBR、EPDM 和 FKM 试样的体积变化结果。可以看出，氢暴露后所有橡胶试样均会发生体积膨胀，且膨胀程度随着氢气压力的增加而加剧。其中，FKM 的体积膨胀率最大，当氢气压力为 70MPa 时，FKM 的体积膨胀率甚至达到 100% 以上，而 EPDM 和 NBR 的体积膨胀率分别不到 80% 和 60%。

此外，随着常压静置时间的增加，三种橡胶的体积膨胀率均逐渐减小，如图 3-68 所示。然而，每种橡胶的体积恢复速度存在差异。EPDM 试样的体积膨胀程度最小，且体积恢复速度最大，在不到 5h 后恢复到原始体积。而 NBR 和 FKM 试样的体积膨胀程度较大，且恢复速度较缓慢。其中 FKM 试样的体积膨胀程度最大，且体积恢复速度最慢。具体而言，70MPa 氢暴露结束 8h 后，FKM 仍保持在 60% 以上体积膨胀率的膨胀状态。

然而，尽管 FKM 试样的体积膨胀率最大，但通过与 3.2.3 节氢暴露后不同种类橡胶的微观形貌演化趋势对比后可以发现，FKM 试样内部裂纹损伤程度最小。这主要归因于 FKM 优良的弹性。在氢暴露过程中，引起橡胶密封材料体积膨胀的主要因素是橡胶自由体积中的氢分子无法快速释放，导致了橡胶分子链的过度延展。而由于 FKM 弹性较好，分子链延展性能也较好，因此橡胶内部氢分子的作用力不易引起 FKM 分子链的破坏，从而提高了 FKM 的抗氢致裂纹性能。

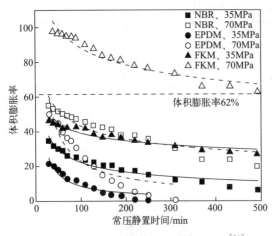

图 3-68 不同种类橡胶体积膨胀的结果[34]

此外，Nishimura 等[45] 进一步对比了不同种类的橡胶的膨胀行为。结果发现，氢暴露后 NBR-CB 会发生体积膨胀，且随着常压静置时间的增加，NBR-CN 的体积会逐渐恢复至初始体积。此时仍有少量氢分子存在于橡胶内部的填料上，这是因为橡胶基体和填料的氢脱附速度是不同的。此外，NBR 和 EPDM 试样表现出相同的体积变化规律，即先急剧恢复然后缓慢恢复。急剧恢复主要归因于氢分子先从橡胶基体中的快速脱附，而缓慢恢复则归因于氢分子后从填料中缓慢脱附。然而，在 FKM 试样中观察到了略有不同的下降趋势，即总体体积恢复速度相对缓慢，这可能与 FKM 的特殊材料组成有关。

3.2.4.7 吹扫气体

在氢能装备的泄漏检测以及吹扫过程中，通常会将氦气（Helium，He）、氩气（Argon，Ar）等惰性气体充入装置内，并在一定压力下保压一段时间，尤其在泄漏检测过程中，会将惰性气体加压至装置工作压力（有时高达 70MPa）。在这种情况下，惰性气体与橡胶密封材料的接触会导致橡胶性能发生改变，进而影响后续高压氢暴露下橡胶体积的变化。因此。需要探究吹扫气体对临氢环境橡胶体积膨胀的影响。为此，Menon 等[46] 将橡胶试样暴露于不同的气体环境中（Ar/H$_2$、He 和 He/H$_2$），研究吹扫气体对氢暴露后橡胶体积膨胀的影响，NBR 和 FKM 的试验结果分别如图 3-69（a）和（b）所示。

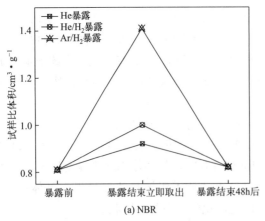

(a) NBR

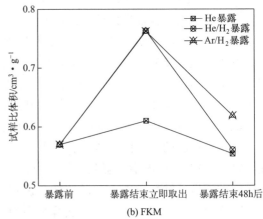

(b) FKM

图 3-69 He、He/H$_2$ 和 Ar/H$_2$ 暴露前、暴露结束立即取出和暴露结束 48h 后橡胶试样比体积[46]

图 3-69（a）比较了 He 暴露、He/H$_2$ 暴露和 Ar/H$_2$ 暴露后 Buna NBR 的比体积。可以发现，NBR 在 Ar/H$_2$ 暴露后的体积膨胀率（74%）远高于其他气体条件（He 为 14%，He/H$_2$ 为 23%），Ar/H$_2$ 暴露后的体积膨胀率比 He/H$_2$ 高 3 倍。这表明在用 Ar 进行吹扫后，NBR 材料内部结构发生了显著变化，导致更多的氢吸附于材料内部，造成了试样体积

的大幅度增加。因此，对 NBR 而言，Ar 可能不是理想的吹扫气体。而另一方面，He 对 NBR 的影响远小于 Ar，适合应用于含 NBR 密封件的氢能装备的检漏和吹扫。另外，值得注意的是，在试验中观察到的 NBR 试样的体积膨胀并不是永久性的。三种气体暴露结束 48h 后，NBR 试样均都能恢复至初始体积，与 Fujiwara 等[40] 的研究结果保持一致。

如图 3-69（b）所示，FKM 的体积膨胀明显小于 NBR。具体而言，He/H₂ 和 Ar/H₂ 暴露后的体积膨胀率约为 36%，He 暴露后的体积膨胀率接近 10%（略小于 NBR）。即便如此，36% 的体积变化仍说明 Ar/H₂ 和 He/H₂ 暴露后 FKM 内部结构受到了惰性气体的影响，导致了较严重的体积膨胀。此外，与 He 相比，Ar 对 FKM 体积膨胀的影响则是永久性的：He/H₂ 暴露结束 48h 后，FKM 试样的体积几乎完全恢复至初始体积，而 Ar/H₂ 暴露结束 48h 后 FKM 试样仍有近 13% 的体积膨胀。这说明 Ar 使 FKM 的微观结构特性发生了永久性劣化，导致氢暴露后 FKM 材料内部出现不可逆损伤，或氢分子难以释放，最终造成 FKM 试样体积无法恢复至初始体积。因此，相较于 Ar，He 可视为含 FKM 密封部件装置的良好吹扫气体选择。

图 3-70 进一步显示了其他种类的密封材料在 Ar/H₂ 暴露后的体积膨胀结果[46]。除 EPDM 外，橡胶材料表现出相当大的体积变化。与橡胶材料相比，热塑性塑料的体积膨胀程度较小。与 NBR 和 FKM 不同，EPDM 独特的化学成分（45%～85% 的乙烯和丙烯，2.5%～12% 的二烯）使其化学性质在很大程度上与 PE 和 PP 等聚烯烃类似。因此，Ar/H₂ 暴露后 EPDM 试样的体积变化很小。这说明 Ar 可作为 EPDM 密封部件装置的吹扫气体或检漏气体。

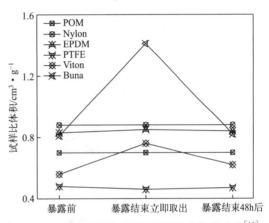

图 3-70　Ar/H₂ 暴露后密封材料的比体积变化[46]

综上所述，氢暴露后橡胶密封材料的吸氢膨胀行为是很常见的。以往的研究主要集中在 NBR 和 EPDM 等常用橡胶密封材料，而对其他种类橡胶（如 FKM）的吸氢膨胀行为的研究较为欠缺。此外，氢气泄压速率与橡胶体积膨胀率之间的定量关系尚未完全探明，且通过添加填料等手段抑制橡胶吸氢膨胀的相关研究仍处于探索阶段。

3.3　力学性能氢致劣化

目前关于临氢环境橡胶力学性能劣化的研究，主要围绕静态力学性能和动态力学性能展开。橡胶的静态力学性能包括拉伸性能和压缩性能。橡胶的动态力学性能包括疲劳性能和动态热机械性能。

3.3.1　拉伸性能

3.3.1.1　填料特性的影响

Yamabe 等[28] 在常压空气下对 EPDM 进行拉伸试验，探究 CB 粒径和含量对橡胶拉伸性能的影响。图 3-71（a）显示了 EPDM（粒径排序 N110＜N330＜N774）在室温（20～25℃）空气中的拉伸应力-应变曲线。EPDM 的拉伸应力-应变曲线与 CB 粒径及含量有关。图 3-71（b）显示了抗拉强度与 CB 粒径之间的关系。CB 粒径越小，橡胶的抗拉强度越高。图 3-71（c）显示了拉伸弹性模量和 CB 粒径之间的关系。随着 CB 含量的增加，橡胶的拉伸弹性模量也有增加的趋势。

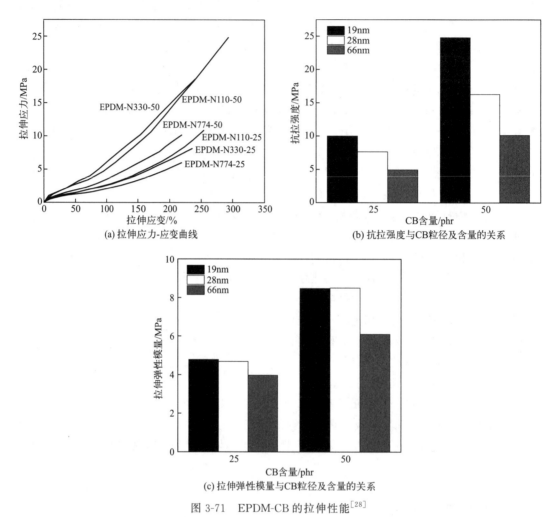

图 3-71　EPDM-CB 的拉伸性能[28]

Kim 等[47] 基于 CSA/ANSI CHMC2 标准，在氢气压力 87.5MPa 下暴露 168h 后，研究了 CB 粒径对 EPDM-CB 的硬度和抗拉强度的影响，材料参数如表 3-14 所示。表 3-15 显示了氢暴露后 EPDM-CB 的抗拉强度的变化[47]。氢暴露后，80-1、80-2 和 80-3（80-X 表示不同粒径的 CB，粒径大小排序为：80-1＜80-2＜80-3）的抗拉强度分别下降了 11.85%、16.40% 和 18.38%。这是由于临氢环境试样中的溶解氢会增加试样的横截面积，降低了拉伸弹性模量，从而降低了抗拉强度。其中，80-1 试样的变化最小，这表明 CB 粒径越小，则 EPDM-CB 受氢气的影响也较小。表 3-15 和表 3-16 显示，氢暴露结束 48h 后，当溶解氢从 EPDM 中解吸，EPDM 体积恢复后，其抗拉强度和硬度值低于氢暴露前的数值。因此，氢暴露会对橡胶材料造成不可逆的永久性损伤[47]。

表 3-14 材料组成和力学性能[47]

项目	80-1	80-2	80-3
CB 质量百分数/%	40	40	40
CB 粒径大小/nm	26～30	40～48	61～100
橡胶密度/kg·cm^{-3}	1.145	1.148	1.153
橡胶硬度（硬度计）	A84.75	A84.25	A78.25
抗拉强度/MPa	21.11	21.65	20.17

表 3-15 氢暴露后 EPDM-CB 的抗拉强度和标准偏差的变化[47]

抗拉强度		80-1	80-2	80-3
氢暴露后立即测试	变化量	−11.85%	−16.30%	−18.38%
	标准偏差	0.70	1.81	0.46
氢暴露结束 48h 后测试	变化量	−1.30%	−1.80%	−3.04%
	标准偏差	1.15	1.49	0.50

表 3-16 氢暴露后 EPDM-CB 的硬度（硬度计 A）和标准偏差的变化[47]

橡胶硬度/A		80-1	80-2	80-3
氢暴露后立即测试	变化量	−4	−3.75	−3.75
	标准偏差	2.46	0.61	0.75
氢暴露结束 48h 后测试	变化量	−0.25	−0.75	−0.5
	标准偏差	0.60	0.61	0.82

Jeon 等[30] 研究了不同种类（HAF、MT、SC，且 HAF 粒径小于 MT 粒径）和含量的填料对 NBR 力学性能的影响。他们将 NBR 试样暴露在 96.3MPa 氢气下持续 24h，并参考标准 ASTM D412 进行拉伸试验，获取氢暴露前后 NBR 的抗拉强度和断后伸长率，用 IRHD 硬度计测试了氢暴露前后 NBR 的硬度。不同填料种类和含量的 NBR 氢暴露前后的抗拉强度、断后伸长率和硬度如图 3-72 所示。由图 3-72（a）可知，在氢暴露前，随着填料含量的增加（从 20phr 增加到 60phr），抗拉强度逐渐增加，表明填料增强了 NBR 的拉伸性能。NBR-HAF 和 NBR-SC 的抗拉强度均高于 NBR-MT，这是因为 HAF 的比表面积高于 MT，而且硅烷偶联剂增强了 NBR-SC 中基质和 SC 之间的黏结。而氢暴露后的测试结果表明，无论填料的种类和含量如何，NBR 的抗拉强度均会下降。图 3-72（b）显示了氢暴露前后 NBR 的断后伸长率。NBR-HAF 和 NBR-SC 的断后伸长率随填料含量的增加而降低，而 NBR-MT 的断后伸长率变化不大。显然，NBR-HAF 和 NBR-SC 的抗拉强度和断后伸长率之间存在反比关系。氢暴露后 NBR 的断后伸长率显著降低，这与抗拉强度的规律相似。因此，氢暴露使 NBR 的抗拉强度和断后伸长率降低，因为橡胶中的溶解氢分子主要吸附在基质和填料之间的界面上，从而削弱了填料的补强效果。图 3-72（c）显示了氢暴露前后 NBR 的硬度。硬度通常与拉伸性能密切相关。与抗拉强度类似，NBR 的硬度随着填料含量的增加而增加，且无论哪种填料种类，氢暴露后的硬度均有所降低。

Jeon 等[30] 还提供了氢气对 NBR 材料性能的影响的计算公式：

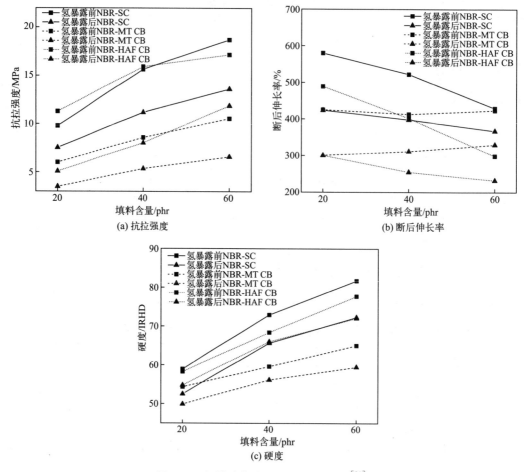

图 3-72　氢暴露前后 NBR 的力学性能[30]

$$P = \frac{P_A - P_H}{P_A} \times 100 \tag{3-10}$$

　　式中，P 是材料性能的相对变化；P_A 是氢暴露前的性能；P_H 是氢暴露后的性能。如表 3-17 所示，氢气对 NBR-HAF 的抗拉强度的影响随着 HAF 含量的增加而降低[30]。NBR-MT 和 NBR-SC 的抗拉强度相对变化不一致，分别随着填料含量的增加而略有降低或增加。因此，氢气对 NBR-MT 和 NBR-SC 的抗拉强度的影响与填料含量无关。相反，氢气作用下 NBR 的断后伸长率和体积的相对变化取决于填料的种类和含量，如表 3-18 和表 3-19 所示。NBR-HAF 和 NBR-SC 的断后伸长率和体积的相对变化均随着填料含量的增加而显著减小，而 NBR-MT 的断后伸长率和体积的相对变化则随着填料含量的增加而逐渐减小[30]。如表 3-20 所示，NBR 在填料含量为 40phr 时硬度的相对变化最小，与填料种类无关[30]。然而，NBR 的硬度最大和最小相对变化之间的差异不到 4%。与 NBR 的断后伸长率或体积的最大和最小相对变化之间的差异相比，硬度的变化可以忽略。综上，氢暴露后 NBR 的抗拉强度和硬度均会下降，但这两个参量的相对变化不一致，因此这些结果不适用于评价氢气对 NBR 力学性能的影响。因此，用断后伸长率和体积来评估氢气的影响是非常有效的，因为氢气引起的断后伸长率和体积的相对变化随着填料含量增加而持续下降。

表 3-17 氢暴露后不同填料的 NBR 的抗拉强度相对变化[30]   %

填料含量/phr	20	40	60
SC	23.29	29.50	27.86
MT	43.93	38.92	38.66
HAF	57.15	51.02	31.49

表 3-18 氢暴露后不同填料的 NBR 的断后伸长率相对变化[30]   %

填料含量/phr	20	40	60
SC	26.93	23.61	14.38
MT	29.20	24.59	21.87
HAF	38.20	35.85	21.72

表 3-19 氢暴露后不同填料的 NBR 的体积相对变化[30]   %

填料含量/phr	20	40	60
SC	29.48	20.61	3.76
MT	47.59	38.04	29.57
HAF	49.75	43.04	16.06

表 3-20 氢暴露后不同填料的 NBR 的硬度相对变化[30]   %

填料含量/phr	20	40	60
SC	10.72	9.92	11.44
MT	8.11	5.81	8.30
HAF	5.84	3.41	7.55

Kang 等[36] 探究了 SC 含量对 EPDM 力学性能的影响。硬度的测试方法参照标准 ASTM D2240，拉伸性能的测试方法参照标准 ASTM D412。图 3-73 和表 3-21 显示了氢暴露前的 EPDM-SC 的拉伸应力-应变曲线、硬度、抗拉强度、断后伸长率以及拉伸弹性模量[36]。可以发现，随着 SC 含量的增加，EPDM 的硬度、抗拉强度和拉伸弹性模量均有所增加。其中，抗拉强度的增加主要是由于 SC 补强作用和交联密度增加[48]，且当 SC 含量增加至 60phr 时，EPDM-SC 的抗拉强度达到最大值。如果 SC 含量继续增加，EPDM-SC 的抗拉强度开始下降。这主要是由于当 SC 含量较高时，SC 的稀释效应或团聚作用也较强，且 SC 体积分数也增加，导致 EPDM 不能充分保留和发挥 SC 的补强作用。断后伸长率随着 SC 含量的增加而降低。这是由于交联密度与断后伸长率成反比，交联

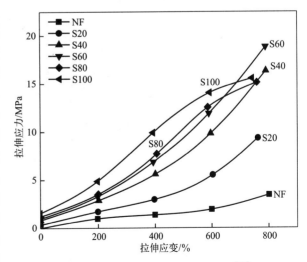

图 3-73 EPDM-SC 的应力-应变曲线[36]

密度较高的 EPDM-SC 的断后伸长率相对较低[48]。反观拉伸弹性模量的变化情况可知，拉伸弹性模量随着 SC 含量的增加而增大。这是由于交联密度与拉伸弹性模量成正比，交联密度较高的 EPDM-SC 的拉伸弹性模量相对较高[48]。

表 3-21　EPDM-SC 的力学性能[36]

力学性能	S0	S20	S40	S60	S80	S100
邵氏硬度 A	44±2	53±1	60±2	67±2	73±3	80±2
抗拉强度/MPa	3.6±0.2	10.7±1.0	17.3±0.8	18.9±2.0	16.1±1.0	13.5±0.8
断后伸长率/%	823±20	811±20	804±25	780±21	753±35	783±20
拉伸弹性模量/MPa	0.9±0.04	1.2±0.01	1.7±0.03	2.0±0.2	2.2±0.1	2.5±0.2

如图 3-74 和表 3-22 所示，在氢气泄压结束 1h 后，EPDM-SC 的拉伸性能变化随 SC 含量的增加而减小[36]。当 SC 含量低于 60phr 时，EPDM-SC 抗拉强度和拉伸弹性模量的下降幅度大于 EPDM-SC 的断后伸长率的下降幅度。这表明溶解氢分子在 EPDM-SC 可充当 DOS 的作用。氢气泄压结束 24h 后的 EPDM-SC 的拉伸性能变化明显小于氢气泄压结束 1h 后[36]。这表明 EPDM-SC 中充当 DOS 的溶解氢分子的量随常压静置时间的增加而减少。当 SC 含量低于 60phr 时，EPDM-SC 的拉伸性能下降幅度仍然较大。这是由于饱和氢气团簇

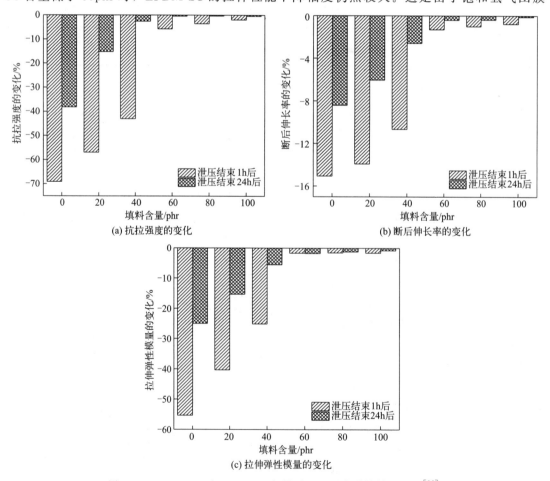

图 3-74　EPDM-SC 在 96.3MPa 氢暴露 24h 后力学性能的变化[36]

产生的微气泡和裂纹[28]，导致 EPDM-SC 的力学性能产生永久性损伤。而当 SC 含量高于 60phr 时，EPDM-SC 的拉伸性能变化小于 2%。这表明 EPDM-SC 的拉伸性能基本恢复到氢暴露前水平。

表 3-22　氢暴露后 EPDM-SC 力学性能的变化[36]

SC 含量/phr	抗拉强度变化/%		断后伸长率变化/%		拉伸弹性模量变化/%	
	氢暴露结束 1h 后	氢暴露结束 24h 后	氢暴露结束 1h 后	氢暴露结束 24h 后	氢暴露结束 1h 后	氢暴露结束 24h 后
0	−69.0±5.4	−42.3±3.2	−15.1±4.8	−9.2±2.6	−55.5±5.2	−24.9±5.4
20	−57.1±4.1	−27.3±2.8	−13.5±3.1	−7.4±1.9	−30.7±4.6	−13.3±4.8
40	−49.5±3.6	−8.4±1.6	−10.4±2.9	−3.1±0.5	−20.6±2.8	−4.7±2.7
60	−4.6±1.8	−0.4±0.3	−1.7±1.6	−0.4±0.2	−1.8±1.2	−1.8±1.6
80	−3.2±1.6	−0.3±0.2	−1.3±0.9	−0.4±0.3	−1.6±1.1	−1.2±0.9
100	−1.6±1.4	−0.2±0.3	−0.9±0.6	−0.1±0.1	−1.2±0.7	−0.9±0.8

为了解释氢暴露后 EPDM-SC 力学性能劣化机理，用场发射扫描电子显微镜（field emission scanning electron microscopy，FESEM）对 EPDM-SC 的断口进行了分析，如图 3-53 所示[36]。可以看到，氢暴露前的所有 EPDM-SC 试样的断口均未显示出任何缺陷。但在氢暴露后，S0、S20 和 S40 断口上大量空穴的平均尺寸分别为 37.2、25.8 和 14.8mm，且 SC 含量高于 60phr 的 EPDM-SC 断口会出现裂纹。这表明，随着 SC 含量的增加，空穴的平均尺寸和数量逐渐减少，且由于空穴的应力集中，空穴周围的裂纹逐渐增加。因此，EPDM-SC 的力学性能下降是由溶解氢气释放产生的空穴、裂纹等缺陷引起的。

3.3.1.2　吸氢膨胀的影响

Yamabe 等[37] 对 100MPa 氢暴露后的 NBR 进行拉伸试验，探究吸氢膨胀对拉伸弹性模量和抗拉强度的影响。结果表明：氢暴露后引起的体积膨胀量越大时，则 NBR-NF 和 NBR-CB 的拉伸弹性模量越低。这是由于吸氢膨胀会导致橡胶交联密度的降低和橡胶内部分子链的伸长。相比于氢暴露前试样，氢暴露后的 NBR-NF 的抗拉强度略微降低，但抗拉强度与吸氢膨胀的关联性不大。此外，氢暴露后的 NBR-CB 的抗拉强度随着体积膨胀量的增大而降低。这是由于氢暴露改变了 CB 和橡胶基体之间的边界结构。因此，NBR-CB 的抗拉强度与吸氢膨胀之间的关联机制有待进一步探究。

类似地，Yamabe 等[35] 将 NBR-NF、NBR-CB、NBR-SC 暴露于 100MPa 氢气下，进一步研究了吸氢膨胀对橡胶力学性能的影响。结果表明：NBR-NF、NBR-CB、NBR-SC 的拉伸弹性模量随体积膨胀量的增大而减小，且 NBR-NF 和 NBR-CB 的拉伸弹性模量可以用上述交联密度和分子链伸长理论来解释，而该理论不适用于解释 NBR-SC 的拉伸弹性模量变化。NBR-NF 的抗拉强度与体积膨胀量之间没有明显的关系。NBR-CB 和 NBR-SC 的抗拉强度随着体积膨胀量的增加而减小，但不受其残余氢浓度的影响。

为了进一步研究吸氢膨胀对橡胶拉伸性能的影响，Jeon 等[34] 研究了不同橡胶的拉伸强度与体积比的关系，如图 3-75 所示。利用拉伸试验的结果和氢暴露前后拉伸试样的尺寸计算出了相对抗拉强度和体积比，并根据下式对两者的关系进行了拟合，其中，NBR、EP-

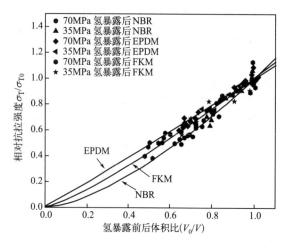

图 3-75　NBR、EPDM 和 FKM 试样的
断后伸长率与体积比之间的关系[34]

DM 和 EPDM 的常数 α 分别为 1.53、1.05 和 1.23：

$$\frac{\sigma_T}{\sigma_{T0}} = \left(\frac{V_0}{V}\right)^{\alpha} \tag{3-11}$$

式中，σ_{T0} 和 σ_T 分别指氢暴露前后试样的抗拉强度；V_0 和 V 分别指氢暴露前后试样的体积。

由图 3-75 可以看出，EPDM 的相对抗拉强度与体积比近乎成线性关系，而 NBR 和 FKM 则不然[34]。即 EPDM 的抗拉强度恢复速度和体积恢复速度基本相同，而 NBR 和 FKM 的抗拉强度恢复速度慢于体积恢复速度。因此，橡胶的抗拉强度与吸氢膨胀有密切关系。抗拉强度的劣化并非裂纹所致，而是吸氢膨胀所致。然而，吸氢膨胀并不是导致抗拉强度降低的唯一因素。因为氢暴露后，拉伸试样的断裂区域有时会出现裂纹或鼓泡，这可能会导致未发生显著体积膨胀的试样的抗拉强度也降低。

3.3.1.3　试验环境的影响

Alvine 等[49] 首次开展关于聚合物材料的原位氢拉伸试验，其试验压力为 35MPa，试验材料为高密度聚乙烯（high density polyethylene，HDPE）。结果表明，氢暴露后 HDPE 的抗拉强度降低约 10%，并且随着氢气压力的增大，抗拉强度下降程度更显著。该结果与以往的聚合物材料非原位氢拉伸试验结果（即氢气对聚合物材料的抗拉强度的影响很小）有一定差异。此外，临氢环境橡胶密封材料的原位氢环境拉伸试验数据较为空白。因此，亟须开展关于橡胶材料的原位氢拉伸试验，以完善氢暴露对抗拉强度的影响规律理论体系。

Yamabe 等[50] 研究了老化条件和试验温度（老化指长时间暴露于空气或氢气下的试验过程）对 NFS 试样（指通过硫黄硫化的试样）拉伸性能的影响。图 3-76 显示了 NFS 试样在 100、120、150 和 170℃ 的空气或氢气中老化 48h 后的归一化拉伸弹性模量和归一化断后伸长率（归一化是指老化后 NFS 试样拉伸性能与未老化 NFS 试样拉伸性能的比值）。对于在空气中老化的 NFS 试样，随着老化温度的增加，归一化拉伸弹性模量增加，归一化断后伸长率减少。当试验温度为 100℃ 时，氢气中老化的 NFS 试样与空气中老化的 NFS 试样的归一化拉伸弹性模量和归一化断后伸长率均相近。而当试验温度大于等于 120℃ 时，随着老化温度的增

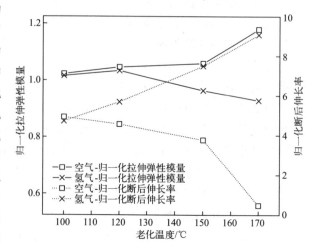

图 3-76　老化温度对 NFS 试样在空气和氢气中老化的
归一化拉伸弹性模量和断后伸长率的影响[50]

加，氢气中老化的 NFS 试样的归一化拉伸弹性模量逐渐减小，归一化断后伸长率逐渐增加。

3.3.1.4 橡胶种类的影响

Jeon 等[34] 将 NBR、EPDM、FKM 三种橡胶暴露于 35MPa、75MPa 的氢气下，泄压结束 1h 后，根据标准 ASTM D412 进行拉伸试验。图 3-77 显示了 NBR、EPDM 和 FKM 在氢暴露前后的拉伸应力-应变曲线[34]。当应变较小时，氢暴露前后试样的应力一致。随着应变的增加，氢暴露后试样的应力高于暴露前试样的应力，即刚度减小，且这种减小幅度随着氢气压力的增加而加剧。因此，氢暴露后的试样的抗拉强度和断后伸长率均有所下降，且下降幅度随着氢气压力的增加而增大。

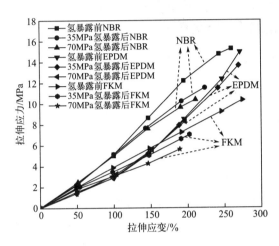

图 3-77　氢暴露前后 NBR、EPDM 和 FKM 的拉伸应力-应变曲线[34]

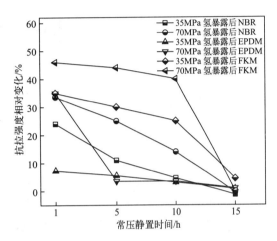

图 3-78　氢暴露后 NBR、EPDM 和 FKM 抗拉强度随常压静置时间的相对变化[34]

氢暴露后三种橡胶的抗拉强度的相对变化结果见图 3-78。抗拉强度的相对变化计算如下：

$$抗拉强度的相对变化 = \frac{\sigma_{T0} - \sigma_T}{\sigma_{T0}} \times 100\% \tag{3-12}$$

抗拉强度相对变化的增加，表明氢暴露后橡胶抗拉强度下降幅度更大。如图 3-78 所示，在泄压结束 1h 后，三种橡胶试样的抗拉强度相对变化大幅增加[34]。随着时间推移，三种橡胶抗拉强度呈现出恢复的趋势，最终恢复到初始值，该趋势与其对应的体积恢复趋势相似。此外，NBR 和 EPDM 的抗拉强度基本可以恢复至氢暴露前的水平，但 FKM 的抗拉强度在泄压结束 5h 后才略有恢复。因此，抗拉强度恢复速度因橡胶材料的种类而不同。但经证实，抗拉强度和体积恢复的趋势是一致的，不受氢气压力和橡胶种类的影响。

图 3-79 显示了 70MPa 氢暴露前后 NBR、EPDM 和 FKM 试样（均含填料）的断裂区域 SEM 观测结果[34]。70MPa 氢暴露后三种橡胶试样均未产生鼓泡断裂和内部裂纹。这与 Yamabe 等[35] 报道的结论一致：氢暴露后，无填料的试样在断裂区域形成鼓泡和裂纹，但有填料的试样内部未出现缺陷。然而，无论是否存在填料，所有橡胶的抗拉强度均下降。此外，鼓泡和裂纹等缺陷只在压缩永久变形试样内部形成，而在拉伸试样中没有。缺陷产生的前提是氢分子必须在橡胶材料内部充分聚集[28]。由于与拉伸试样相比，压缩永久变形试样

的厚度和体积更大，溶质氢分子很难从压缩永久变形试样的内部向外逸出，所以氢分子很容易聚集。然而，在拉伸试样中产生内部缺陷比较困难，因为氢分子在能够聚集之前可以迅速沿厚度方向逃逸。

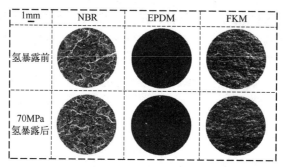

图 3-79　70MPa 氢暴露前后 NBR、EPDM 和 FKM 的断裂区域的 SEM 图像[34]

3.3.2　压缩性能

3.3.2.1　添加剂特性的影响

Simmons 等[41] 研究了 DOS 含量对氢暴露前后 EPDM 和 NBR 的压缩永久变形的影响。如表 3-23 所示，氢暴露后，E5 的压缩永久变形变化很小，而 E6 的压缩永久变形增加了 64%[41]。此外，氢暴露后，N5 的压缩永久变形增加了 37%，而 N6 的压缩永久变形变化不大。这表明，DOS 的存在，可以有效减小 EPDM 的压缩永久变形变化，但同时也会增加 NBR 的压缩永久变形变化。这一规律同样适用于 E1/E2 和 N1/N2 的对比结果。

表 3-23　填料特性对 EPDM 和 NBR 在氢暴露前后压缩永久变形的影响[41]

不同填料的 EPDM 和 NBR		填料	增塑剂	氢暴露前压缩永久变形/%	氢暴露后压缩永久变形/%
EPDM	E1	×	×	43.0	31.5
	E2	×	√	34.2	38.3
	E5	√	√	45.9	48.4
	E6	√	×	31.6	51.9
NBR	N1	×	×	21.3	25.3
	N2	×	√	24.0	39.8
	N5	√	√	45.9	62.7
	N6	√	×	35.7	40.4

填料为 CB25/SC30，增塑剂为 DOS10。

Simmons 等[20] 将 N2（含 DOS、不含 CB 和 SC）和 N5（含 DOS、CB 和 SC）填充的两种 NBR 暴露于 27.6～90MPa 氢气后进行快速泄压，然后利用压缩试验装置和激光千分尺测试 NBR 试样在氢暴露后的压缩永久变形。表 3-24 显示了在 90MPa、110℃氢暴露 22h 前后的 N2 和 N5 填充的 NBR 的压缩永久变形变化。氢暴露后，N2 和 N5 的 NBR 的压缩永久变形分别增加了约 66% 和 35%。

表 3-24 氢暴露对压缩永久变形的影响[20]

项目	N2 压缩永久变形/%	N5 压缩永久变形/%
氢暴露前	24	46
氢暴露后	40	62

Simmons 等[51] 研究了氢循环暴露后 DOS 对 EPDM 的压缩永久变形的影响。如表 3-25 所示，氢循环暴露后的 E5 的压缩永久变形比氢暴露前增加了 15%，而氢循环暴露后的 E6 的压缩永久变形比氢暴露前增加了 35%[51]。这说明 DOS 的加入可以有效减小 EPDM 的压缩永久变形变化量，与上述的单次氢气暴露后 DOS 对 EPDM 的压缩永久变形的影响趋势一致。

表 3-25 氢循环暴露后 DOS 对 EPDM 的压缩永久变形的影响[51]

不同填料的 EPDM 和 NBR		填料	增塑剂	氢暴露前压缩永久变形/%	氢暴露后压缩永久变形/%
EPDM	E1	×	×	43.0	26.2
	E2	×	√	34.2	34.1
	E5	√	√	45.9	52.8
	E6	√	×	31.6	42.6

填料为 CB25/SC30,增塑剂为 DOS10。

3.3.2.2 橡胶种类的影响

Menon 等[52] 研究了氢暴露前后 NBR 和 FKM 的压缩性能差异。氢暴露结束 7 天后，NBR 和 FKM 的压缩永久变形如表 3-26 所示。表中显示了对每种橡胶测量的三个试样的平均值。在工业中，与 NBR 相比，FKM 以其耐高温和低压缩永久变形的特性而闻名，对压缩永久变形试验的反应也与 NBR 不同。正如预期的那样，氢暴露前，高度交联的 NBR 的压缩永久变形较高，而 FKM 的压缩永久变形明显很低。氢暴露后，NBR 的压缩永久变形变化不大，而 FKM 的压缩永久变形几乎增加了一倍。室温下 FKM 的氢溶解度比 NBR 高得多。据此推测，由于 FKM 中残余氢浓度更高，大大增加了压缩永久变形。FKM 中橡胶的化学性质、加工助剂的存在、二胺交联剂的使用等也会影响氢暴露后 FKM 的压缩永久变形。值得注意的是，尽管氢暴露后 FKM 的压缩永久变形显著增加，但 FKM 的压缩性能仍比 NBR 优越得多。

表 3-26 氢暴露前后 NBR 和 FKM 的压缩永久变形[52]

项目	NBR 压缩永久变形/%	FKM 压缩永久变形/%
氢暴露前	47.5	6.4
氢暴露后	48.7	15.5

Jeon 等[34] 将 NBR、EPDM、FKM 三种橡胶分别暴露于 35MPa、70MPa 的氢气下，根据标准 ASTM D395 进行压缩永久变形试验。当压缩永久变形试样暴露在氢气下，试样体积会发生明显膨胀，导致试样表面形成不均匀气泡[30]。因此，需要在试样体积恢复至初始值后再进行压缩永久变形试验。表 3-27 显示了 NBR、EPDM 和 FKM 暴露在 35MPa、70MPa 的氢气压力下的压缩永久变形结果[34]。氢暴露前，FKM 的压缩永久变形非常低，而 EPDM 的压缩永久变形值非常高。这意味着 FKM 具有较好的弹性，而 EPDM 容易受到试验温度和压缩应力的影响。此外，不难看出，氢暴露后三种橡胶材料的压缩永久变形均显

示出轻微的增加趋势。然而，Simmons 等[41] 研究了氢暴露前后 NBR 压缩永久变形的变化，并指出：没有填料和 DOS 的 NBR 的压缩永久变形增加，而没有填料和 DOS 的 EPDM 中的压缩永久变形降低；另外，含有填料和 DOS 的 NBR 的压缩永久变形大幅增加，而含有填料和 DOS 的 EPDM 的压缩永久变形基本不变。综上，氢气对压缩永久变形的改变并没有呈现出恒定的趋势，受到橡胶种类、填料种类、填料含量等多方面因素的影响。临氢环境橡胶材料压缩永久变形影响机理尚未探明。

表 3-27　NBR、EPDM 和 FKM 的压缩永久变形[34]

项目	NBR 压缩永久变形/%	EPDM 压缩永久变形/%	FKM 压缩永久变形/%
氢暴露前	24.5	32	6
35MPa 氢暴露后	25	35	5.5
70MPa 氢暴露后	27	36	9.5

为了进一步对比氢暴露前后橡胶种类对压缩性能的影响，Jeon 等[34] 用 SEM 观察了试样内部损伤情况。35MPa 和 70MPa 氢暴露后的压缩永久变形试样在纵向切开后，用 SEM 观察断口，如图 3-46 所示[34]。35MPa 氢暴露后的 NBR 切割区观察到小裂纹，而 70MPa 氢暴露后的 NBR 切割区同时观察到大裂纹和小裂纹。35MPa 和 70MPa 氢暴露后的 EPDM，由于它们的主裂纹均发生在橡胶内部，因此它们的切割区观测结果一致。35MPa 氢暴露后的 FKM 没有引发损伤，而 70MPa 氢暴露后的 FKM 切割区同时观察到大裂纹和小裂纹。尽管氢暴露后橡胶内部均发生了不同程度的显著损伤，但它们的压缩永久变形变化并没有明显区别。

3.3.2.3　吹扫气体的影响

氢暴露前需要用惰性气体对环境箱进行吹扫置换试验，使试样暴露于惰性气体环境下一定时间，之后进行氢暴露试验。因此，吹扫气体的种类可能也会影响氢暴露后橡胶的力学性能。目前，常见的吹扫气体主要分为氮气、氩气或氦气。关于吹扫气体种类对橡胶力学性能的影响规律尚不明确。

Menon 等[46] 探究了吹扫气体对橡胶试样压缩性能的影响规律。FKM、NBR 和 EPDM 在 Ar/H$_2$ 中的压缩永久变形最高，如表 3-28 所示[46]。NBR 的压缩永久变形在单独 He 暴露后增加 46%，在 He/H$_2$ 暴露后增加 9%，在 Ar/H$_2$ 暴露后增加 60%。就 NBR 的压缩永久变形而言，He 是比 Ar 更好的吹扫气体选择。另一方面，FKM 的压缩永久变形在单独 He 暴露后增加 92%，在 He/H$_2$ 暴露后增加 60%，在 Ar/H$_2$ 暴露后显著增加 428%。就 FKM 的压缩永久变形而言，He 也是比 Ar 更好的吹扫气体选择。此外，EPDM 的压缩永久变形在 Ar/H$_2$ 暴露后增加 20%。

表 3-28　NBR、FKM 和 EPDM 在 He、He/H$_2$ 和 Ar/H$_2$ 暴露前后的压缩永久变形对比[46]

橡胶种类	暴露前/%	He 暴露后/%	He/H$_2$ 暴露后/%	Ar/H$_2$ 暴露后/%
NBR	14.0	20.5	15.2	22.4
FKM	5.3	10.2	8.5	28
EPDM	7.0	—	—	8.4

3.3.3 疲劳性能

关于疲劳性能的研究较少，目前仅有 Yamabe 等[50] 对其展开初步研究。下面将围绕他们的研究展开论述。

3.3.3.1 试验材料及方法

表 3-29 显示了 EPDM 试样的材料成分、密度、拉伸弹性模量、硬度和交联密度[50]。共有三种 EPDM，即 NFS、NFP 和 NFP-L。NFS 试样通过硫黄硫化，而 NFP 和 NFP-L 试样则通过过氧化物硫化。NFS 和 NFP 试样的交联密度相似，并高于 NFP-L 试样的交联密度。对在空气或氢气中老化后的 NFS 试样进行了疲劳性能试验。然而，对于 NFP 和 NFP-L 试样，只对没有经过老化的试样进行了疲劳性能试验，以确定交联结构（密度和类型）对疲劳性能的影响。

表 3-29　三种 EPDM 的成分、密度、硬度、拉伸弹性模量和交联密度[50]

项目	NFS	NFP	NFP-L
EPDM	100	100	100
硬脂酸	1.0	0.5	0.5
氧化锌	5.0	—	—
硫黄	1.5	—	—
过氧化二异丙苯	—	1.6	0.15
促进剂	2.9	—	—
密度/g·cm^{-3}	0.928	0.873	0.873
硬度	A53	A52	A47
25℃拉伸弹性模量/MPa	2.71	2.58	1.48
交联密度/mol·cm^{-3}	3.66×10^{-4}	3.50×10^{-4}	2.00×10^{-4}

将 EPDM 在 170℃硫化 10min，制成 1.5mm 厚的橡胶板材。将纯剪切试样暴露在 0.1MPa 的空气下或 1MPa 的氢气下，温度为 100～170℃。空气老化时间分别为 24、48、72、96h。氢气老化时间为 48h。使用电动液压伺服疲劳试验机在室温、应变控制、5Hz 测试频率的条件下进行疲劳性能试验。

3.3.3.2　NFS 试样的疲劳性能

图 3-80 显示了 NFS 试样在空气中 100、150、160 和 170℃下老化 48h 以及在氢气中 100 和 150℃下老化 48h 的疲劳裂纹扩展速率和撕裂能量范围之间的关系[50]。与未老化试样相比，在 150℃空气中老化 48h 的 NFS 试样的疲劳裂纹扩展速率几乎没有提高。相反，与未老化试样相比，在 160℃及更高温度的空气下老化的 NFS 试样的疲劳裂纹扩展速率显著提高。与未老化试样相比，在 170℃空气中老化 48h 的 NFS 试样的疲劳裂纹扩展速率提高了约 10 倍。推测其主要原因是高温空气中的老化过程改变了 NFS 试样的交联结构，从而增加了疲劳裂纹扩展速率[53]。

在 100℃氢气和 150℃空气中分别老化 48h 的 NFS 试样的疲劳裂纹扩展速率相近。然

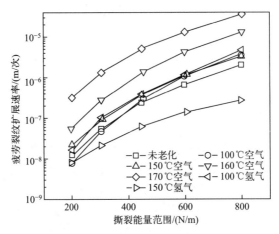

图 3-80　NFS 试样在空气和氢气中老化 48h 的疲劳裂纹扩展行为[50]

而，与未老化试样相比，在 150℃氢气中老化 48h 的 NFS 试样的疲劳裂纹扩展速率明显降低。综上，当老化温度大于等于 160℃时，老化环境对 NFS 试样的疲劳性能的影响规律显而易见。

3.3.3.3　NFP 和 NFP-L 试样的疲劳性能

图 3-81 显示了未老化 NFS、NFP 和 NFP-L 试样的疲劳裂纹扩展行为[50]。疲劳性能试验是在室温空气中进行的。三种试样的疲劳裂纹扩展速率排序为：NFP＞NFS＞NFP-L。其主要原因是三种 EPDM 试样的交联密度和交联类型不同。

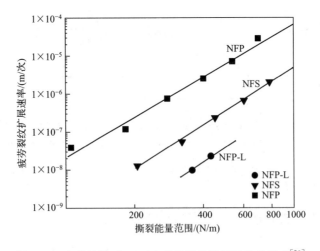

图 3-81　交联结构对 EPDM 疲劳裂纹扩展行为的影响[50]

3.3.3.4　疲劳断口形貌的 SEM 观察

图 3-82（a）显示了未老化 NFS 试样的断裂 SEM 图像[50]。与未老化 NFS 试样相比，100℃空气中老化 48h 的 NFS 试样的断裂程度变化不大，如图 3-82（b）所示[50]。这说明两种老化试样的疲劳裂纹扩展速率很接近[50]。如图 3-82（c）所示[50]，170℃空气中老化 48h 的 NFS 试样的断裂程度比未老化 NFS 试样更严重，说明高温空气加剧了 NFS 试样的疲劳

裂纹扩展速率。如图 3-82（d）所示[50]，150℃氢气中老化 48h 的 NFS 试样的断裂程度比未老化 NFS 试样更轻微，说明高温氢气削弱了 NFS 试样的疲劳裂纹扩展速率。此外，上述所有试样的疲劳断口上都观察到了几百微米级别的断口单元（面）。推测这种面的形成是由于在主裂纹之前形成的次级裂纹。且上述微观表征所得结论与 3.3.3.2 节的结论前后呼应。

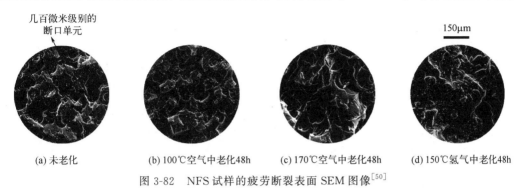

(a) 未老化　　　　(b) 100℃空气中老化48h　　　(c) 170℃空气中老化48h　　　(d) 150℃氢气中老化48h

图 3-82　NFS 试样的疲劳断裂表面 SEM 图像[50]

图 3-83 显示了未老化 NFP 和 NFP-L 试样的疲劳断裂表面 SEM 图像[50]。如图 3-83（a）所示，未老化 NFP 试样的疲劳断口观察到几百微米大小的切面。该试样的疲劳断裂形貌与 170℃空气中老化 48h 的 NFS 试样相似［图 3-82（c）][50]。相反，在未老化 NFP-L 试样的疲劳断口上没有观察到这样的切面，如图 3-83（b）所示[50]。据推测，随着交联密度的增加，橡胶结构变得越来越不均匀。因此，在未老化 NFP 试样中，许多次级裂纹的形成发生在主裂纹形成之前。

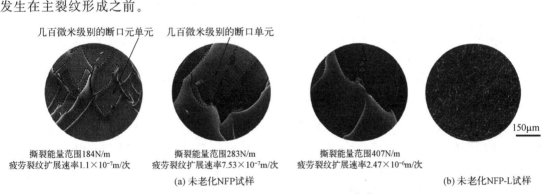

撕裂能量范围184N/m
疲劳裂纹扩展速率1.1×10⁻⁷m/次

撕裂能量范围283N/m
疲劳裂纹扩展速率7.53×10⁻⁷m/次

撕裂能量范围407N/m
疲劳裂纹扩展速率2.47×10⁻⁶m/次

(a) 未老化NFP试样　　　　　　　　　　　　　　　　　(b) 未老化NFP-L试样

图 3-83　疲劳断裂表面的 SEM 图像[50]

3.3.3.5　疲劳性能影响机理

与未老化 NFS 试样相比，尽管 150℃空气中老化的 NFS 试样的交联密度有所增加，但其疲劳裂纹扩展速率几乎没有变化，且这些 NFS 试样的疲劳断口形貌相似。这种现象同样出现在 100℃氢气中老化的 NFS 试样中。因此，当老化温度较低时（小于 150℃），因老化导致的试样产生的化学反应与老化环境（暴露气体、老化温度）无关，且交联密度对疲劳裂纹扩展速率的影响是很小。

与未老化 NFS 试样相比，在 160℃及以上温度的空气中老化的 NFS 试样的疲劳裂纹扩展速率明显提高且疲劳断口形貌显著变化，且这些 NFS 试样的疲劳断口形貌与未老化 NFP 试样相似。然而，在 150℃氢气中老化的 NFS 试样中未观察到这些现象。因此，当老化温度较高时（大于 150℃），因老化导致的试样产生的化学反应与老化环境（暴露气体、老化温度）有关。究其原因，可能是当老化温度较高时，会使空气中老化的 NFS 试样因氧化降解而大幅新增交联点，从而增加了 NFS 试样的疲劳裂纹扩展速率。

3.3.4　动态热机械性能

3.3.4.1　添加剂特性的影响

Simmons 等[41] 研究了填料特性对氢暴露前后 EPDM 和 NBR 的储能模量的影响。如表 3-30 所示，加入 CB25/SC30 后，EPDM 和 NBR 的储能模量均有了很大程度提高[41]。与此同时，对比 E1/E2，可以发现 DOS 的加入使未加填料的 EPDM 的储能模量降低；对比 E5/E6，可以发现 DOS 的加入使已加填料的 EPDM 的储能模量增加。比较 N1/N2、N5/N6，可以发现 DOS 的加入使 NBR 的储能模量降低。

表 3-30　填料特性对 EPDM 和 NBR 在 30MPa、25℃氢暴露前后储能模量的影响[41]

不同填料的 EPDM 和 NBR		填料	增塑剂	氢暴露前储能模量/MPa	氢暴露后储能模量/MPa
EPDM	E1	×	×	1.30	1.19
	E2	×	√	1.17	1.10
	E5	√	√	7.39	5.92
	E6	√	×	5.16	4.75
NBR	N1	×	×	1.43	1.79
	N2	×	√	1.14	1.16
	N5	√	√	6.24	6.08
	N6	√	×	7.84	7.25

注：填料为 CB25/SC30，增塑剂为 DOS10。

此外，Simmons 等[41] 还同时研究了 DOS 含量对氢暴露前后 EPDM 和 NBR 的玻璃化转变温度的影响。如表 3-31 所示，对于同时含有填料和 DOS 的 EPDM 和 NBR，氢暴露前后玻璃化转变温度变化甚微[41]。此外，比较 E1/E2、E5/E6、N1/N2、N5/N6，可以发现 DOS 的加入显著降低了 EPDM 和 NBR 的玻璃化转变温度。

表 3-31　填料特性对 EPDM 和 NBR 氢暴露前后玻璃化转变温度的影响[41]

不同填料的 EPDM 和 NBR		填料	增塑剂	氢暴露前玻璃化转变温度/℃	氢暴露后玻璃化转变温度/℃
EPDM	E1	×	×	−32.5	−31.9
	E2	×	√	−39.2	−39.2
	E5	√	√	−39.6	−39.9
	E6	√	×	−32.9	−32.3
NBR	N1	×	×	−7.9	−9.3
	N2	×	√	−15.9	−15.5
	N5	√	√	−16.0	−15.6
	N6	√	×	−8.7	−8.2

注：填料为 CB25/SC30，增塑剂为 DOS10。

Kang 等[36] 基于动态热机械分析获取橡胶的储能模量、损耗角正切、玻璃化转变温度与温度变化的关系，探究了 SC 含量对氢暴露前 EPDM 动态热机械性能的影响，如图 3-84 所示。图 3-84（a）显示了 EPDM-SC 的储能模量随温度的变化。在整个温度范围内，EPDM-SC 的储能模量高于 EPDM-NF。例如，在 −40℃ 和 85℃ 下，S100 的储能模量分别是 EPDM-NF 的 6.3 倍和 13.3 倍。因此，SC 可有效增强橡胶基质。图 3-84（a）同时也显示了 EPDM-SC 的损耗角正切随温度的变化。图 3-84（b）显示了 EPDM-SC 的玻璃化转变温度随 SC 含量的变化。结合图 3-84（a）和图 3-84（b）可知，由于 EPDM 含量百分比随着 SC 含量的增加而减少，导致玻璃化转变温度处的损耗角正切峰值降低[54]。在 −20～50℃ 温度范围内，损耗角正切由于晶体熔化而增加[55]。晶体熔化降低了储能模量，增加了损耗模量。EPDM-SC 的玻璃化转变温度随着 SC 含量的增加而略有增加。这是因为交联密度的增加，导致高分子链的流动性降低。EPDM-SC 的玻璃化转变温度为 −58.7～−56.1℃。这些值比具有类似化学成分〔乙烯/丙烯比例为 69%/30.5%（质量分数）〕的一般 EPDM 低约 25～28℃。这是因为使用了 DOS，有利于填料的缓和，改善了低温柔韧性，并提供了更柔软的硫化胶[56]。

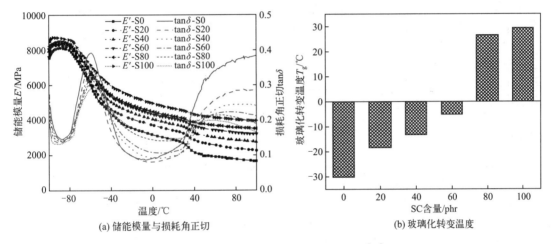

(a) 储能模量与损耗角正切　　　　　　(b) 玻璃化转变温度

图 3-84　EPDM-SC 的动态热机械分析[36]

3.3.4.2　橡胶种类的影响

Menon 等[52] 研究了氢暴露前后 NBR 和 FKM 的动态热机械性能差异。其动态热机械分析测试结果如图 3-85 和图 3-86 所示[52]，氢暴露后两种橡胶的储能模量和损耗模量都有所下降，其中 FKM 的下降幅度（54%）大于 NBR 的下降幅度（41%）[52]。这两种橡胶的氢渗透系数相似且高于热塑性塑料。NBR 的不饱和特性赋予了 NBR 交联性。交联点限制了 NBR 分子链的滑动，围绕主链的自由旋转将大大减少。随着节段迁移率的降低和交联的强化，存在较低的自由体积。因此，氢渗透进程只能缓慢进行。而且，NBR 的氢溶解度小于 FKM，这意味着氢气在 NBR 中传输的塑化作用也较小，导致氢暴露后的 NBR 比 FKM 具有更高的储能模量。

而对于 FKM，橡胶分子链之间很容易滑动，这就产生了更多的自由体积，因此氢渗透进程相对较快。此外，氢暴露后 FKM 的残余氢浓度高于 NBR。这可能是由于 FKM 微观结构中存在相对较大的氟原子，限制了橡胶中溶解氢分子的逸出。

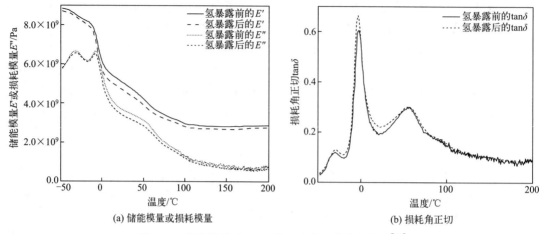

(a) 储能模量或损耗模量　　　　　　　　(b) 损耗角正切

图 3-85　氢暴露前后 NBR 的动态热机械分析结果[52]

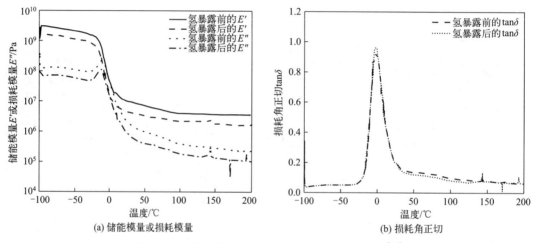

(a) 储能模量或损耗模量　　　　　　　　(b) 损耗角正切

图 3-86　氢暴露前后 FKM 的动态热机械分析结果[52]

较高的氢溶解度可能导致橡胶的塑化。因此，FKM 的储能模量变化明显大于 NBR。此外，氢暴露后 FKM 的玻璃化转变温度反而更低，这可能是由于 FKM 的分子链因吸收氢气而重新排列并导致塑化，从而降低了结晶度。表 3-32 中给出了与图 3-85 和图 3-86 有关的数据[52]。

表 3-32　NBR 和 FKM 在氢暴露前后的玻璃转化温度和储能模量[52]

项目	氢暴露前		氢暴露后	
动态热机械性能	玻璃转化温度/℃	储能模量/MPa	玻璃转化温度/℃	储能模量/MPa
NBR	−32	34.0±2	−31	19.9±3.7
FKM	−2	10.7±0.5	−3	5.4±1.4

3.3.4.3　吹扫气体的影响

Menon 等[46] 开展了吹扫气体对动态热机械性能的影响探究。对氢暴露前后 FKM、NBR 和 EPDM 的储能模量和玻璃化转变温度进行动态热机械分析测试。如表 3-33 所示，相比于未暴露前，Ar/H$_2$暴露后NBR的储能模量没有变化，而He/H$_2$暴露后NBR的储能模量下降20%[46]。相比于未暴露前，Ar/H$_2$暴露后FKM的储能模量下降41%，而He/H$_2$暴露后FKM的储能模量下降28%。相比于未暴露前，Ar/H$_2$暴露后EPDM的储能模量下降12%。没有在单独He或He/H$_2$的环境下对其进行测试。

表3-33 Ar/H$_2$和He/H$_2$暴露前后NBR、FKM、EPDM的储能模量和玻璃化转变温度[46]

橡胶种类	储能模量/MPa			玻璃化转变温度/℃		
	暴露前	Ar/H$_2$暴露后	He/H$_2$暴露后	暴露前	Ar/H$_2$暴露后	He/H$_2$暴露后
NBR	3.9	3.9	3.1	−47.9	−42.8	−49.8
FKM	4.6	2.7	3.3	−10.9	−11.1	−11.7
EPDM	4.1	3.6	—	−48.1	−48.9	—

不同吹扫气体导致橡胶储能模量的降低可以用橡胶的交联密度、分子气体大小和分子的渗透性来解释[57]。与He（0.26nm）和H$_2$（0.29nm）相比，Ar具有更大的平均动力学直径（0.40nm），这使得Ar在橡胶中的扩散比He或H$_2$慢。与FKM相比，NBR和EPDM的分子结构具有较高的交联密度和较低的自由体积。这些橡胶的氢渗透系数、氢扩散系数和氢溶解度如表3-34所示[58]。与其他橡胶相比，FKM对H$_2$的渗透性最低。EPDM对氢气的渗透性是FKM的五倍，对氢气的渗透性是NBR的三倍。

表3-34 NBR、FKM和EPDM的氢传输特性参数（20℃）[58]

橡胶种类	氢渗透系数 /10^{-9}mol·H$_2$·m^{-1}·s^{-1}·MPa^{-1}	氢扩散系数 /10^{-10}m^2·s^{-1}	氢溶解度 /10^{-9}mol·H$_2$·m^{-3}·MPa^{-1}
NBR	5.1	4.2	12
FKM	3.5	1.9	19
EPDM	17	5.0	33

气体分子尺寸较大的Ar（0.40nm）与NBR和EPDM的高交联密度相结合，表明NBR和EPDM对Ar气体扩散的促进作用可能不如He或H$_2$气体[57]。这可能表现在NBR和EPDM与FKM相比，在吹扫步骤中相对不受Ar的影响。在Ar/H$_2$环境中，NBR保留了其储能模量，表明NBR在Ar吹扫步骤之后不受氢气的影响。然而，EPDM在Ar/H$_2$暴露后储能模量下降12%，这表明H$_2$有一定的影响。在He/H$_2$环境中，NBR的储能模量有较大幅度下降，表明He吹扫步骤对NBR的影响可能略大于Ar吹扫步骤。目前尚未具备单独He或He/H$_2$暴露后的EPDM测试数据。Ar/H$_2$和He/H$_2$暴露后FKM的储能模量严重下降，而在单独He暴露后没有下降，说明它受H$_2$暴露的影响很大。FKM具有很大的自由体积，理论上比其他两种橡胶更快地促进所有气体的扩散[58]。

3.3.4.4 氢循环的影响

氢循环充放模式（包括反复的体积膨胀和收缩）对橡胶造成的疲劳会影响橡胶的力学性能。然而，氢循环工况对橡胶动态热机械性能的影响尚未探明。基于此，Fujiwara等[38]对氢循环暴露后的NBR试样进行动态热机械分析。图3-87显示了氢暴露前后NBR试样的储能模量和损耗角正切随试验温度变化的情况。无论氢循环暴露次数为多少，NBR-NF试样在氢暴露前后的储能模量曲线是相同的。NBR-CB50 也是如此。这表明，NBR-NF 和 NBR-CB50 的储能模量不受氢循环暴露次数的影响。且根据损耗角正切峰值估计 NBR-NF 和 NBR-CB50 的玻璃化转变温度均为 11℃，与氢循环暴露次数无关。相反，当试验温度高于 25℃时，随着氢循环暴露次数的增加，氢循环暴露后的 NBR-SC60 的储能模量显著降低。同时，根据损耗角正切曲线计算的 NBR-SC60 玻璃化转变温度均保持一致，与氢循环暴露次数无关。

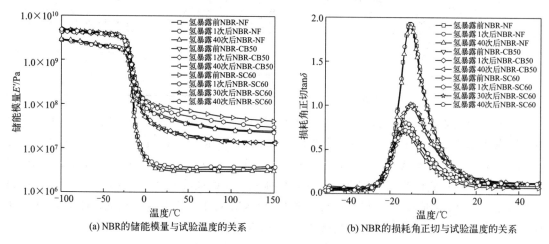

(a) NBR的储能模量与试验温度的关系　　(b) NBR的损耗角正切与试验温度的关系

图 3-87　氢暴露前后 NBR 试样的动态热机械分析结果[38]

图 3-88 显示了 NBR-NF、NBR-CB25、NBR-CB50、NBR-SC30 和 NBR-SC60 在 30℃时的归一化储能模量与氢循环暴露次数的关系[38]。图中的储能模量由氢暴露前每个试样的相应值归一化。NBR-NF、NBR-CB25 和 NBR-CB50 的储能模量分别因氢暴露次数的增加而略有下降，但 CB 含量对储能模量的下降没有影响。相反，随着氢暴露次数的增加，NBR-SC30 和 NBR-SC60 的储能模量显著降低。此外，随着 SC 含量的增加，储能模量的下降幅度增大。

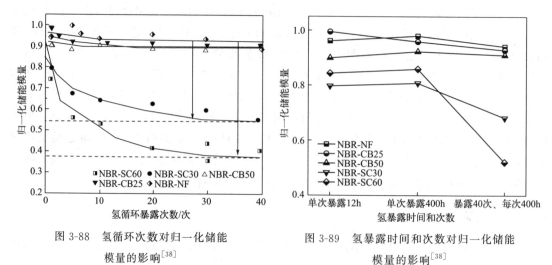

图 3-88　氢循环次数对归一化储能　　　图 3-89　氢暴露时间和次数对归一化储能
　　　　模量的影响[38]　　　　　　　　　　　模量的影响[38]

为了评价氢暴露时间的影响，在 30℃下，氢暴露一次 12h、一次 400h、40 次 400h 的试样的归一化储能模量如图 3-89 所示[38]。无论氢暴露总时长或试样类型如何，单次氢暴露的试样的储能模量没有显著差异。此外，NBR-NF、NBR-CB25 和 NBR-CB50 氢循环暴露 40次的储能模量与单次氢暴露的储能模量相近。然而，对于 NBR-SC30 和 NBR-SC60，储能模量随着 SC 含量的增加而降低。氢循环暴露对 NBR-NF 和 NBR-CB 试样的储能模量和玻璃化转变温度影响很小。

3.4　化学结构损伤

化学结构损伤是指临氢环境下橡胶密封材料内部的分子链裂解、顺反异构、不饱和键的氢化反应等现象。分子链裂解是指只通过高热能将一种物质（一般为高分子化合物）转变为一种或几种物质（一般为低分子化合物）的化学变化过程。顺反异构是指存在于某些双键化合物或环状化合物中的一种立体异构现象。不饱和键的氢化反应是指橡胶密封材料与氢分子的反应，即橡胶内部的不饱和基团加氢成为饱和基团。

3.4.1　单次氢气暴露化学结构

Yamabe 等[37] 将 NBR 暴露在 100MPa 氢气下，利用红外光谱评价了氢暴露对橡胶化学结构的影响。结果表明：图 3-90 比较了 NBR-NF 在氢暴露前后的红外吸收光谱。就氢暴露前的 NBR 试样的光谱结果而言，在 969cm^{-1}、1441cm^{-1}、1668cm^{-1}、2237cm^{-1}、2848cm^{-1}、2922cm^{-1} 观测到峰值。2922cm^{-1} 和 2848cm^{-1} 的峰值归属于丙烯腈以及丁二烯主链中的亚甲基的 C—H 非对称以及对称伸缩振动。1441cm^{-1} 的峰值归属于亚甲基的变角振动，2237cm^{-1} 的峰值归属于丙烯腈中氰基的伸缩振动。此外，1668cm^{-1} 和 969cm^{-1}的峰值分别归属于丁二烯主链中的亚乙烯基的 C=C 伸缩振动和 C=C—H 变角振动。相比于

氢暴露前试样，在氢暴露后的 NBR 试样的光谱结果中，尚未发现红外吸收光谱峰值的变化和新的红外吸收光谱峰值的出现。如果丁二烯骨架中的 C=C 不饱和键发生氢化，则会在对应的峰值处发生强度变化，但实际上并没有发生强度变化。另外，如果氰基的不饱和键发生氢化反应，则会在 3300～3400cm^{-1} 处观测到了新的峰，但是根据图 3-90 可知，3300～3400cm^{-1} 处没有发现新的峰，因此可以认为没有发生对氰基的加氢化反应。综上，根据红外吸收光谱的结果，可认为没有发生氢暴露引起的不饱和键的氢化反应等化学结构变化。

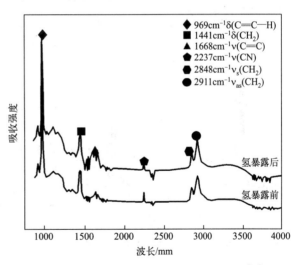

图 3-90　氢暴露前后试样的红外吸收光谱[37]

Fujiwara 等[59] 进一步完善了单次氢气暴露橡胶化学结构变化理论体系。他们采用 ^{1}H 和 ^{13}C 的固态 NMR 和液相 NMR，以及红外光谱和拉曼光谱对 100MPa 氢暴露后的 NBR 的化学结构进行了评价。首先是 NMR 评估：在氢暴露后 NBR 试样的 ^{1}H 和 ^{13}C NMR 测量中，未能观察到与氢暴露前试样的光谱不同的新峰。可推测氢暴露不会导致 NBR 中的任何结构

变化。其次是氢化程度评估：根据三次 NMR 测量结果，计算了丁二烯中的烯烃和脂肪族键的光谱面积比。估计误差幅度约为 8%。因此，可以合理认为氢暴露后的 NBR 试样的氢化程度没有超过 8%。最后是红外和拉曼光谱评估：亚乙烯基或氰基没有发生氢化反应，也没有由于分子橡胶中化学键的解离而导致的化学劣化。综上，该研究结果再次证明了单次氢气暴露不会影响橡胶的化学结构。

3.4.2　氢气循环暴露化学结构

Fujiwara 等[38] 利用高分辨率的固态 NMR 研究了 NBR 试样的化学结构变化。图 3-91 显示了 NBR-SC60 试样的固态[13]C DD-MAS NMR 谱[38]。NMR 谱测得的 ppm 表示化学位移百万分数比值，即 $1ppm=1Hz/1000000Hz$。^{13}C NMR 谱中的每个峰被指定为橡胶的主要组分［AN，1,4-丁二烯（1,4-BD）和 1,2-丁二烯（1,2-BD）］。因此，在 20～30ppm 的峰值被分配给 1,4-BD 主链中的亚甲基，在 33ppm 的峰值被分配给 AN 的亚甲基、AN 的甲基和 1,4-BD 主链中的亚甲基，在 35ppm 的峰值被分配给 1,4-BD 和 1,2-BD 主链中的甲基，在 113～120ppm 的峰值被分配给 1,2-BD 侧链中的＝CH_2 基团，在 122ppm 的峰值被分配给氰基团，在 123～137ppm 的峰值被分配给 1,4-BD 主链上—CH＝基团，以及在 140～145ppm 的峰值被分配给 1,2-BD 侧链中—CH＝基团。如图 3-91 所示，NBR-SC60 在氢循环暴露 40 次前后的 NMR 谱完全相同，表明橡胶中的[13]C 摩尔浓度没有变化，因为反映摩尔浓度的[13]C DD-MAS 峰的强度没有变化。值得注意的是，分别归属顺式-1,4-基团和反式-1,4-基团的亚甲基在 30ppm 和 35ppm 处的峰强度保持不变。在硫化过程中产生的与硫结合的甲基基团在大约 51ppm 的峰值强度没有变化。这些结果证实了氢气循环暴露后 NBR-SC60 试样的化学结构没有改变，即既没有发生链裂解，也没有发生顺反异构。

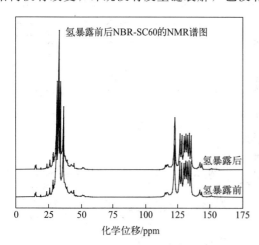

图 3-91　NBR-SC60 试样的固态[13]C DD-MAS
核磁共振谱[38]

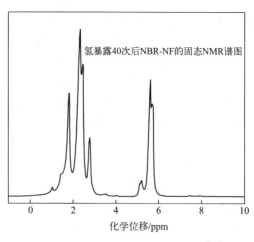

图 3-92　NBR-NF 的固态 NMR 谱[38]

通过计算不同试样的[1]H NMR 谱中每个峰的面积比来评估氢化情况。利用式（3-13）便于计算包括 1,2-BD 和 1,4-BD 在内的 NBR 的氢化比率 D_H[59]：

$$D_H=100-\cfrac{\cfrac{8-5C_{ACN}}{(2\alpha+3\beta)+[8-(4\alpha+3\beta)](A/B)}\cfrac{A}{B}}{1-C_{ACN}}\times\frac{1}{100} \tag{3-13}$$

式中，C_{ACN} 是 NBR 中丙烯腈的摩尔分数；A 是代表氢化 NBR 中残留烯烃键中的质子的峰的积分（4.8～6.0ppm）；B 是代表亚甲基链的质子的峰的积分（0.6～3.0ppm）；α 和 β 分别是 1,4-BD（顺/反）和 1,2-BD 的摩尔分数。α 和 β 的值是由硫化 NBR 的液相 ^{1}H NMR 谱中相应的峰的面积确定的，其中 α 是 0.888，β 是 0.112[60]。

图 3-92 显示了 NBR-NF 氢循环暴露 40 次的固态 NMR 谱[38]。在氢暴露前 NBR 中，D_H 的平均值（三次测量）为 3.3（2.1～4.9）%（摩尔分数），而氢循环暴露后 NBR 中的 D_H 为 2.0%（摩尔分数）。因此，氢循环暴露后 NBR 的 D_H 值只比氢暴露前 NBR 的 D_H 值略低。为了确定测量的可靠性，测量了与 2%（摩尔分数）聚乙烯粉末混合的 NBR-NF 粉状试样的 D_H 值，作为 2%（摩尔分数）氢化 NBR 的模拟，因为当 NBR 被氢化时，会形成乙烯结构。模拟试样的测量 D_H 为 5.1（4.8～8.2）%（摩尔分数），清楚地表明用这种方法可以适当准确地测定氢化水平。该结果还意味着，大于 2%（摩尔分数）的氢化作用没有在试样中发生。因此，可以得出结论，氢化作用的发生程度可以忽略不计。

参考文献

［1］ Ono H，Fujiwara H，Onoue K，et al. Influence of repetitions of the high-pressure hydrogen gas exposure on the internal damage quantity of high-density polyethylene evaluated by transmitted light digital image ［J］. International Journal of Hydrogen Energy，2019，44（41）：23303-23319.

［2］ Arachchige W N B. Aging and long-term performance of elastomers for utilization in harsh environments ［J］. 2019.

［3］ Yamabe J，Nishimura S. Influence of fillers on hydrogen penetration properties and blister fracture of rubber composites for O-ring exposed to high-pressure hydrogen gas ［J］. International Journal of Hydrogen Energy，2009，34（4）：1977-1989.

［4］ Yamabe J，Matsumoto T，Nishimura S. Internal crack initiation and growth behavior and the influence of shape of specimen on crack damage of EPDM for saling high-pressure hydrogen gas ［J］. Journal of the Society of Materials Science，Japan 2010，59（12）：956-963.

［5］ Yamabe J，Nishimura S. Nanoscale fracture analysis by atomic force microscopy of EPDM rubber due to high-pressure hydrogen decompression ［J］. Journal of Materials Science，2011，46（7）：2300-2307.

［6］ Ohyama K，Fujiwara H，Nishimura S. Inhomogeneity in acrylonitrile butadiene rubber during hydrogen elimination investigated by small-angle X-ray scattering ［J］. International Journal of Hydrogen Energy，2018，43（2）：1012-1024.

［7］ Yamabe J，Nishimura S：20 Hydrogen-induced degradation of rubber seals，Yamabe J，Nishimura S，editor，Gaseous Hydrogen Embrittlement of Materials in Energy Technologies：Elsevier，2012：769-816.

［8］ Ogden R W. Non-linear elastic deformations ［M］. Boston：Courier Corporation，1997.

［9］ Treloar L G. The physics of rubber elasticity ［J］. 1975.

［10］ Yamabe J，Nishimura S. Critical hydrogen pressure at crack initiation of silica-filled EDPM composite in high pressure hydrogen gas ［J］. Nihon Kikai Gakkai Ronbunshu，A Hen/Transactions of the Japan Society of Mechanical Engineers，Part A，2009，75（760）：1726-1737.

［11］ Stevenson A，Morgan G. Fracture of elastomers by gas decompression ［J］. Rubber Chemistry and Technology，1995，68（2）：197-211.

［12］ Yamabe J，Nishimura S. EStimation of critical pressure of decompression failure of epdm composites for sealing under high-pressure hydrogen gas ［C］. 2010.

［13］ Yamabe J，Koga A，Nishimura S. Failure behavior of rubber O-ring under cyclic exposure to high-pressure hydrogen gas ［J］. Engineering Failure Analysis，2013，35：193-205.

［14］ Ono H，Nait-Ali A，Diallo O K，et al. Influence of pressure cycling on damage evolution in an unfilled EPDM exposed to high-pressure hydrogen ［J］. International Journal of Fracture，2018，210（1）：137-152.

［15］ Gent A，Tompkins D. Nucleation and growth of gas bubbles in elastomers ［J］. Journal of Applied Physics，1969，40（6）：2520-2525.

［16］ Jaravel J，Castagnet S，Grandidier J-C，et al. On key parameters influencing cavitation damage upon fast decompression in a hydrogen saturated elastomer ［J］. Polymer Testing，2011，30（8）：811-818.

［17］ Kane-Diallo O，Castagnet S，Nait-Ali A，et al. Time-resolved statistics of cavity fields nucleated in a gas-exposed rubber under variable decompression conditions-support to a relevant modeling framework ［J］. Polymer Testing，2016，51：122-130.

［18］ Lindsey G H. Triaxial fracture studies ［J］. Journal of Applied Physics，1967，38（12）：4843-4852.

［19］ Kulkarni S S，Choi K S，Kuang W，et al. Damage evolution in polymer due to exposure to high-pressure hydrogen gas ［J］. International Journal of Hydrogen Energy，2021，46（36）：19001-19022.

［20］ Simmons K L，Kuang W，Burton S D，et al. H-Mat hydrogen compatibility of polymers and elastomers ［J］. International Journal of Hydrogen Energy，2021，46（23）：12300-12310.

［21］ Yamabe J，Nakao M，Fujiwara H，et al. Influence of fillers on hydrogen penetration properties and blister fracture of epdm comosites exposed to 10 MPa hydrogen gas ［J］. Nihon Kikai Gakkai Ronbunshu，A Hen/Transactions of the Japan Society of Mechanical Engineers，Part A，2008，74（743）：971-981.

［22］ Yamabe J，Nishimura S，Nakao M，et al. Blister fracture of rubbers for O-ring exposed to high pressure hydrogen gas ［C］. 2009：389-396.

［23］ Yamabe J，Koga A，Nishimura S. Fracture behavior and hydrogen permeation properties of EPDM for sealing under high pressure hydrogen gas ［J］. Nippon Gomu Kyokaishi，2010，83（6）：159-166.

［24］ Yamabe J，Matsumoto T，Nishimura S. Application of acoustic emission method to detection of internal fracture of sealing rubber material by high-pressure hydrogen decompression ［J］. Polymer Testing，2011，30（1）：76-85.

［25］ Jaravel J，Castagnet S，Grandidier J-C，et al. Experimental real-time tracking and diffusion/mechanics numerical simulation of cavitation in gas-saturated elastomers ［J］. International Journal of Solids and Structures，2013，50（9）：1314-1324.

［26］ Koga A，Uchida K，Yamabe J，et al. Evaluation on high-pressure hydrogen decompression failure of rubber O-ring using design of experiments ［J］. International Journal of Automotive Engineering，2011，2（2011）：123-129.

［27］ Koga A，Yamabe T，Sato H，et al. A visualizing study of blister initiation behavior by gas decompression ［J］. Tribology Online，2013，8（1）：68-75.

［28］ Yamabe J，Nishimura S. Influence of carbon black on decompression failure and hydrogen permeation properties of filled ethylene-propylene-diene-methylene rubbers exposed to high-pressure hydrogen gas ［J］. Journal of Applied Polymer Science，2011，122（5）：3172-3187.

［29］ Yaiviabe J，Nishimura S. Influence of carbon black on crack damage of sealing rubber material exposed to high-pressure hydrogen gas ［J］. Nihon Kikai Gakkai Ronbunshu，A Hen/Transactions of the Japan Society of Mechanical Engineers，Part A，2011，77（774）：323-334.

［30］ Jeon S K，Kwon O H，Tak N H，et al. Relationships between properties and rapid gas decompression （RGD） resistance of various filled nitrile butadiene rubber vulcanizates under high-pressure hydrogen ［J］. Materials Today Communications，2022，30：103038.

［31］ Wilson M A，Frischknecht A L. High-pressure hydrogen decompression in sulfur crosslinked elastomers ［J］. International Journal of Hydrogen Energy，2022，47 （33）：15094-15106.

［32］ Castagnet S，Ono H，Benoit G，et al. Swelling measurement during sorption and decompression in a NBR exposed to high-pressure hydrogen ［J］. International Journal of Hydrogen Energy，2017，42 （30）：19359-19366.

［33］ Zheng Y，Tan Y，Zhou C，et al. A review on effect of hydrogen on rubber seals used in the high-pressure hydrogen infrastructure ［J］. International Journal of Hydrogen Energy，2020，45 （43）：23721-23738.

［34］ Jeon S K，Jung J K，Chung N K，et al. Investigation of Physical and Mechanical Characteristics of Rubber Materials Exposed to High-Pressure Hydrogen ［J］. Polymers，2022，14 （11）：22-33.

［35］ Yamabe J，Nishimura S. Tensile Properties and Swelling Behavior of Sealing Rubber Materials Exposed to High-Pressure Hydrogen Gas ［J］. Journal of Solid Mechanics and Materials Engineering，2012，6 （6）：466-477.

［36］ Kang H M，Choi M C，Lee J H，et al. Effect of the high-pressure hydrogen gas exposure in the silica-filled EPDM sealing composites with different silica content ［J］. Polymers，2022，14 （6）：1151.

［37］ Yamabe J，Nakao M，Fujiwara H，et al. Influence of high-pressure hydrogen exposure on increase in volume by gas absorption and tensile properties of sealing rubber material ［J］. Zairyo/Journal of the Society of Materials Science，Japan，2011，60 （1）：63-69.

［38］ Fujiwara H，Ono H，Nishimura S. Degradation behavior of acrylonitrile butadiene rubber after cyclic high-pressure hydrogen exposure ［J］. International Journal of Hydrogen Energy，2015，40 （4）：2025-2034.

［39］ Fujiwara H. Analysis of acrylonitrile butadiene rubber （NBR） expanded with penetrated hydrogen due to high pressure hydrogen exposure ［J］. International Polymer Science and Technology，2017，44 （3）：41-48.

［40］ Fujiwara H，Ono H，Nishimura S. Effects of fillers on the hydrogen uptake and volume expansion of acrylonitrile butadiene rubber composites exposed to high pressure hydrogen：-Property of polymeric materials for high pressure hydrogen devices （3） ［J］. International Journal of Hydrogen Energy，2022，47 （7）：4725-4740.

［41］ Simmons K，Bhamidipaty K，Menon N，et al. Compatibility of polymeric materials used in the hydrogen infrastructure ［J］. Pacific Northwest National Laboratory，DOE Annual Merit Review，2017.

［42］ Min K H，Chan C M，Hyok L J，et al. Effect of the High-Pressure Hydrogen Gas Exposure in the Silica-Filled EPDM Sealing Composites with Different Silica Content ［J］. Polymers，2022，14 （6）：1151-1163.

［43］ Nishimura S. Database of Polymeric Materials for Hydrogen Gas Seals and Dispensing Hoses ［R］. Kyushu University，2018：1-24.

［44］ Ono H，Fujiwara H，Nishimura S. Penetrated hydrogen content and volume inflation in unfilled NBR exposed to high-pressure hydrogen-What are the characteristics of unfilled-NBR dominating them? ［J］. International Journal of Hydrogen Energy，2018，43 （39）：18392-18402.

［45］ Nishimura S，Fujiwara H. Detection of hydrogen dissolved in acrylonitrile butadiene rubber by 1H nuclear magnetic resonance ［J］. Chemical Physics Letters，2012，522：43-45.

［46］ Menon N C，Kruizenga A M，San Marchi C W，et al. Polymer Behaviour in High Pressure Hydrogen

Helium and Argon Environments as Applicable to The Hydrogen Infrastructure [R]. Sandia National Lab. (SNL-NM), Albuquerque, NM (United States), 2017.

[47] Kim K, Jeon H-R, Kang Y-I, et al. Influence of filler particle size on behaviour of EPDM rubber for fuel cell vehicle application under high-pressure hydrogen environment [J]. Transactions of the Korean Hydrogen and New Energy Society, 2020, 31 (5): 453-458.

[48] Choi S-S, Park B-H, Song H. Influence of filler type and content on properties of styrene-butadiene rubber (SBR) compound reinforced with carbon black or silica [J]. Polymers for Advanced Technologies, 2004, 15 (3): 122-127.

[49] Alvine K J, Kafentzis T A, Pitman S G, et al. An in situ tensile test apparatus for polymers in high pressure hydrogen [J]. Review of Scientific Instruments, 2014, 85 (10): 105-110.

[50] Yamabe J, Nishimura S. Fatigue crack growth behavior of sealing rubber aged in air and hydrogen gas [J]. ASME Press, 2014: 844.

[51] Simmons K L, Marchi C S. H-Mat Overview: Polymer [R]. Simmons K L, Marchi C S, Sandia National Lab, 2021.

[52] Menon N C, Kruizenga A M, Alvine K J, et al. Behaviour of polymers in high pressure environments as applicable to the hydrogen infrastructure [C]. ASME 2016 Pressure Vessels and Piping Conference, 2016.

[53] Yanyo L C. Effect of crosslink type on the fracture of natural rubber vulcanizates [J]. Structural Integrity: Theory and Experiment, 1989: 103-110.

[54] Robertson C G, Lin C, Rackaitis M, et al. Influence of particle size and polymer-filler coupling on viscoelastic glass transition of particle-reinforced polymers [J]. Macromolecules, 2008, 41 (7): 2727-2731.

[55] Gu Z, Zhang X, Bao C, et al. Crosslinking-dependent relaxation dynamics in Ethylene-Propylene-Diene (EPDM) Terpolymer above the glass transition temperature [J]. Journal of Macromolecular Science, Part B, 2015, 54 (5): 618-627.

[56] Ibarra L, Posadas P, Esteban-Martínez M. A comparative study of the effect of some paraffinic oils on rheological and dynamic properties and behavior at low temperature in EPDM rubber compounds [J]. Journal of Applied Polymer Science, 2005, 97 (5): 1825-1834.

[57] Kane M. Permeability, solubility, and interaction of hydrogen in polymers-An assessment of materials for hydrogen transport [R]. Kane M, Savannah River Site (SRS), Aiken, SC (United States), 2008.

[58] Barth R R, Simmons K L, San Marchi C. Polymers for hydrogen infrastructure and vehicle fuel systems: applications, properties, and gap analysis [R]. Barth R R, Simmons K L, San Marchi C, 2013.

[59] Fujiwara H, Yamabe J, Nishimura S. Evaluation of the change in chemical structure of acrylonitrile butadiene rubber after high-pressure hydrogen exposure [J]. International Journal of Hydrogen Energy, 2012, 37 (10): 8729-8733.

[60] Fujiwara H, Yamabe J, Nishimura S. Determination of chemical structure of vulcanized NBR with solid-state 1H, 13C NMR spectroscopy [J]. Kobunshi Ronbunshu, 2009, 66 (9): 363-372.

第4章
密封性能的氢损伤

氢能装备橡胶密封部件的密封性能（特性）包括静密封性能和动密封性能。其中，动密封性能又可分为动密封特性和摩擦磨损特性。本章将围绕临氢环境橡胶密封结构的静密封性能、动密封特性以及摩擦磨损特性展开论述。

4.1 静密封性能

静密封性能是指在橡胶密封结构中，橡胶密封部件与其他部件保持相对静止时，接触面之间的接触应力和 Mises 应力，以及在服役过程中的氢泄漏量等表征参量。接触应力是指两个接触物体相互挤压时在接触区及其附近产生的应力。根据橡胶 O 形圈密封理论，接触面上的接触应力大于氢气压力时，则不会发生氢气泄漏。因此，接触应力的大小反映了橡胶密封材料的密封能力。Mises 应力是基于剪切应变能的一种等效应力。根据第四强度理论，Mises 应力反映了橡胶密封圈三个方向的主应力差值的大小。Mises 应力越大，越容易出现裂纹，加速橡胶应力松弛，导致刚度下降，加剧撕裂破坏从而导致密封失效。氢泄漏量是指在一定的氢气压力下，单位时间内从橡胶密封结构中泄漏出的氢气体积。氢泄漏量的大小直接反映了橡胶密封结构的静密封性能的好坏。氢泄漏量越小，静密封性能越优异。

4.1.1 橡胶密封件自紧密封机理

橡胶 O 形圈的自紧密封特性主要通过弹性体材料的弹性和不可压缩性，以及初始过盈装配或者预压缩载荷来实现[1]。以矩形横截面的橡胶密封圈为例来阐明其机理。如图 4-1 所示，在自由状态下，初始厚度（径向高度）为 d 的密封圈不受外载荷作用或者其他部件的约束[1]。当活塞杆沿径向向下将密封圈预压缩（径向压缩量为 δ）时实现了活塞杆与密封沟槽间的密封装配。装配后和加压前，密封圈处于压缩状态，接触表面承受的接触应力为 σ_0，从而起预密封作用。进入加压状态后，氢气进入沟槽时只能对密封圈的一侧面起作用；当氢气压力 P 较大时，就把密封圈推向沟槽右侧，此时密封接触面上的接触应力从初始装配时的 σ_0 提高到 σ_P。

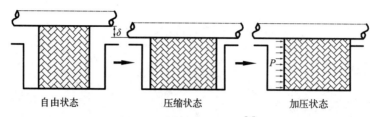

自由状态　　　　　　压缩状态　　　　　　加压状态

图 4-1　密封原理示意图[1]

目前普遍接受的橡胶 O 形圈密封理论指出[2]，密封面上的接触应力大于氢气压力，则不发生泄漏，反之氢气则会进入密封件和密封面之间的间隙并导致因表面分离引起的泄漏。因此，接触应力的大小反映了此类密封结构的密封能力。以下将分析该接触应力的大小。

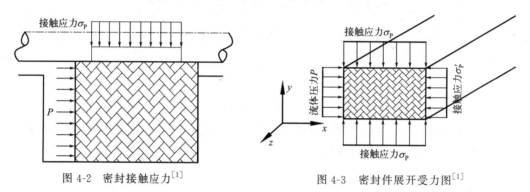

图 4-2　密封接触应力[1]　　　　　　　　图 4-3　密封件展开受力图[1]

结合图 4-2 和图 4-3，将密封圈沿周向展开进行受力分析[1]。其中 z 轴为环向，y 轴为径向即压缩方向，x 轴为活塞杆的轴向。为了简化，假定密封圈装配完成时其平均环向长度保持不变，那么就有环向应变：

$$\varepsilon_z = 0 \tag{4-1}$$

假定弹性体在变形范围内满足广义胡克（Hooke）定律，则有：

$$\begin{cases} \varepsilon_x = \dfrac{1}{E}\left[\sigma_x - \mu(\sigma_y + \sigma_z)\right] \\[2mm] \varepsilon_y = \dfrac{1}{E}\left[\sigma_y - \mu(\sigma_x + \sigma_z)\right] \\[2mm] \varepsilon_z = \dfrac{1}{E}\left[\sigma_z - \mu(\sigma_y + \sigma_x)\right] \end{cases} \tag{4-2}$$

式中，ε_x 为轴向应变；ε_y 为径向应变；E 为弹性模量；σ_x 为轴向应力；σ_y 为径向应力；σ_z 为环向应力；μ 为密封圈材料的泊松比。

对于装配完成时的预压缩状态，氢气压力 $P = \sigma_x = 0$。此时假设径向压缩的作用引起密封圈沿径向产生的压缩应变是均匀的，则该压缩应变等于密封圈的预压缩率，即

$$\varepsilon_y = \varepsilon_0 = \delta/d \tag{4-3}$$

式中，δ 为密封圈径向压缩量；d 为密封圈径向的原始厚度。

令 $P = \sigma_x = 0$，式(4-1) 及式(4-3) 代入式(4-2)，得初始装配时的接触应力：

$$\sigma_0 = \sigma_y = E\,\frac{\varepsilon_0}{1-\mu^2} \tag{4-4}$$

对于加压状态，此时氢气压力 P 作用在加载面上，即 $P=\sigma_x$，对应密封面上产生的接触应力为 $\sigma_y=\sigma_P$。

根据式(4-2)的后两式可得：

$$\begin{cases} \varepsilon_0 = \dfrac{1}{E}\left[\sigma_P - \mu(P+\sigma_z)\right] \\ 0 = \dfrac{1}{E}\left[\sigma_z - \mu(\sigma_P + P)\right] \end{cases} \tag{4-5}$$

联合式(4-4)和式(4-5)，得到：

$$\sigma_0(1-\mu^2) = \sigma_P - \mu\left[\mu(\sigma_P + P) + P\right] \tag{4-6}$$

简化上式，可得：

$$\sigma_P = \sigma_0 + \frac{\mu(1+\mu)}{1-\mu^2}P = \sigma_0 + \frac{\mu}{1-\mu}P \tag{4-7}$$

对于橡胶弹性材料，只要其工作温度在玻璃化转变温度以上，即处于高弹状态时，其具有几乎不可压缩的性质，即其泊松比 $\mu \approx 0.5$，代入上式，则有：

$$\sigma_P = \sigma_0 + P \tag{4-8}$$

上式表明，密封接触应力始终超过氢气压力 P，该超出值刚好等于密封圈的预压缩应力 σ_0，且密封接触应力随着氢气压力的升高而自动增加。因此，只要橡胶材料的泊松比接近 0.5，橡胶密封圈不仅能实现密封，而且能够根据氢气压力的升高而自动增强密封效果，也就是具有自紧密封的功能。其行为与具有很高表面张力的液体相同，遵循帕斯卡（Pascal）定律，使其受到的压力均匀地传递到各个方向。以上分析同时表明，如果密封圈没有预压缩量，就不可能有预密封作用；密封圈不与密封面紧密接触，氢气就可能浸润密封圈截面周边而丧失任何密封作用，自然也不能实现将氢气压力传递给接触面。尤其当密封沟槽的粗糙度较低、氢气压力微小时，则很难产生自封作用，此时需要较大的预压缩量[3]。

上述推导过程假定了橡胶密封圈的截面形状为矩形，且其变形为线弹性并始终服从胡克定律。在接下来的数值模拟分析中将会发现，对于实际具有超弹性行为的橡胶 O 形密封圈，其自紧密封机理与上述结果是基本一致的。装配完成时初始压缩状态下的 O 形圈密封表面的接触应力呈抛物线分布，并在密封面中间点出现峰值接触应力 σ_{0max}。当处于工作状态时密封表面的峰值接触应力则增加为：

$$\sigma_{Pmax} = \sigma_{0max} + kP \tag{4-9}$$

式中，k 为压力传递系数，其值接近于或等于 1，与橡胶 O 形圈硬度、弹性模量和流体压力等因素有关。

压力传递系数是橡胶 O 形圈在氢气压力下形成自紧密封的重要因素，实现可靠密封的必要条件是 $\sigma_{Pmax} > P$。然而，在高压氢气环境下，采取何种结构方可在超高压工况下也能充分发挥橡胶密封圈自紧密封的特性，下文将给出解答。

4.1.2　典型橡胶组合密封结构

由于加工和装配要求，组成密封结构的沟槽和密封面两个金属部件之间不可能完全贴合，必然存在一定的配合间隙。该间隙的大小取决于两个金属部件之间的配合公差要求。配合公差等级越高，则密封间隙越小，但加工难度和制造成本却大幅度提高。配合公差等级越低，则密封间隙越大。然而，随着氢气压力的升高，如果密封间隙超过临界值，则会发生 O

形圈从间隙挤出的现象，当氢气压力继续提高时，则会进一步加剧挤出程度，最终导致 O 形圈挤出破坏，造成密封失效（图 4-4）[1]。

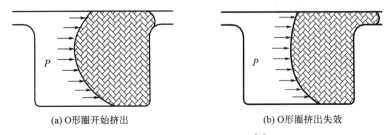

(a) O形圈开始挤出   (b) O形圈挤出失效

图 4-4　O 形圈挤出失效[1]

无论是静密封还是动密封，都不允许 O 形圈出现挤出失效现象。如可能发生挤出失效，则需减少密封间隙，或者降低氢气压力。然而，减少密封间隙需提高沟槽和密封面之间的公差配合精度，从而使加工难度和制造成本大幅提高。因此，目前工程中 O 形圈很少被单独用于超高压密封。

为充分利用橡胶 O 形圈的密封优点，尤其是自紧密封的重要特性，同时避免高压工况下 O 形圈发生挤出失效，消除其对极小密封间隙的高度依赖性以降低加工难度和制造成本，采用了同时适用于超高压氢环境下静密封和动密封的自紧式组合密封结构。以高压氢环境箱中筒体与底座之间的静密封结构为例进行说明：如图 4-5 所示，该密封结构开设在筒体与底座间沿径向的接触方向，由橡胶 O 形圈、楔形环（挡圈）和密封沟槽等组成[1]。其中，密封沟槽不同于传统的矩形凹槽式的结构型式（如图 4-4），此处将其优化为由压盖、筒体和底座三部分构成，并且凹槽形状改进为由矩形与三角形叠加而成[1]。该密封结构具有以下优点：

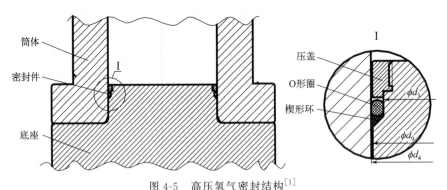

图 4-5　高压氢气密封结构[1]

（1）降低 O 形圈安装难度及损伤的可能性。

O 形圈密封设计中一般要求 O 形圈的内径 d_1（见图 4-6）应小于或等于沟槽槽底的直径 d_3（见图 4-5），以实现一定程度的预拉伸率[1]。若采用传统的一体式矩形凹槽结构（即要求压盖与底座固定为一体），则安装更换 O 形圈时需将其内径 d_1 胀开到比自身内径尺寸偏大的凹槽外侧直径 d_9，方可把 O 形圈套入沟槽以实现安装。此安装过程 O 形圈将会同时发生较大的拉伸变形、翻转变形或下移刮擦，容易造成 O 形圈的损伤。将构成密封沟槽结构的压盖和底座两个部件设置为可拆卸结构，当安装 O 形圈时先将压盖拆开，此时无须将 O 形圈内径 d_1 胀开到较大尺寸的凹槽外侧直径 d_9，而只需稍微拉伸到与 d_1 大小相近的凹

槽槽底直径 d_3，即可轻松将 O 形圈套入凹槽实现安装。因此，该结构降低了 O 形圈安装过程的难度，也减少了安装过程中发生橡胶损伤的可能性。

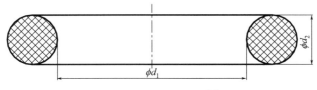

图 4-6　O 形圈结构[1]

（2）可自动填补密封间隙，有效防止超高压下的挤出失效。

在高压尤其是超高压工作状态下，高压气体压缩 O 形圈产生较大变形，O 形圈极易挤入筒体与底座密封槽之间的间隙中，甚至被挤出。由于楔形环的存在，在接下来的数值模拟仿真分析中将会发现，即便楔形环在初始状态，与筒体之间也存在径向间隙，但 O 形圈上侧所受到的氢气压力将传递到 O 形圈下侧的楔形环，使得楔形环也受到挤压，此时楔形环将沿着底座凹槽的斜边向外侧下方滑移，同时沿着径向变形膨胀，迫使楔形环与筒体之间的密封贴合面更加紧密，最终消除了楔形环与筒体之间的径向间隙。从上述过程可见，楔形环有效地对 O 形圈进行限位，并消除密封间隙，避免 O 形圈发生挤出失效。

此外，上述密封过程中高压氢气通过压缩 O 形圈对楔形环所产生的压缩作用，实际上也逐渐消除了楔形环与筒体之间以及与底座沟槽斜边之间的间隙，并迫使楔形环底部的楔尖角进一步填入筒体与底座的密封间隙中。随着氢气压力的进一步增加，上述间隙将消失并形成愈加紧密的密封贴合面。也就是说，楔形环自身在密封过程中同样也起到了密封元件的作用。

因此，该组合密封结构具备自动填补密封间隙的功能，有效防止 O 形圈发生挤出失效，使其在超高压工况下的应用成为可能。

（3）降低密封结构的加工难度和成本。

与仅是单独使用橡胶 O 形圈的密封结构相比，该组合密封结构中的楔形环由于具有自动填补密封间隙的功能，因而扩大了密封面与沟槽间隙的临界值，也就是可加大筒体与底座密封接触处的间隙，允许两个部件之间可采用更为松动的装配，使得系统对筒体内径 d_4 与底座外径 d_9 之间的公差配合等级要求大为降低，从而大大降低了加工难度和制造成本。

4.1.3　静密封氢损伤影响因素

4.1.3.1　楔尖角

楔形环的主要功能是消除密封沟槽的间隙，防止橡胶 O 形圈发生挤出失效现象。因此，楔形环的设计应以保证上述功能为前提。楔尖角一般可选为 30°、45° 或者 60°。分别建立三个由不同楔尖角但内外径相同的楔形环构成的橡胶组合密封结构，研究楔尖角对橡胶密封结构静密封性能的影响，进而为楔尖角的合理确定提供理论依据[1]。

图 4-7 所示为不同楔尖角的密封结构对应的 O 形圈密封面上的接触应力分布情况[1]。可以看出，不同楔尖角的密封结构在相同操作工况（橡胶 O 形圈规格、沟槽参数及工作压力等均相同）下，O 形圈的峰值接触应力几乎一致，故楔尖角的变化不影响 O 形圈的静密封性能。

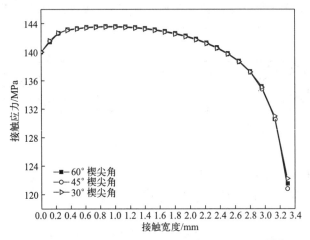

图 4-7　不同楔尖角对应的 O 形圈接触应力分布[1]

　　然而，从图 4-8 可以发现，在超高压氢气下，楔形环的楔尖角均是应力集中的区域，并且已经进入塑性区[1]。虽然工作过程中允许楔形环产生一定的塑性变形以起到密封件的作用，但楔形环的应力水平过高，容易引起强度失效，甚至因此丧失填满密封间隙的功能。所以，在确保楔形环具备消除密封间隙功能的前提下，应尽可能降低应力集中的程度。图 4-8 表明，当楔尖角为 45° 时，其峰值 Mises 应力最小，约为 77.88MPa；而楔尖角为 30° 时，对应的峰值 Mises 应力最大，为 101.9MPa；楔尖角为 60° 的峰值 Mises 应力仅次之，约为 88.42MPa。

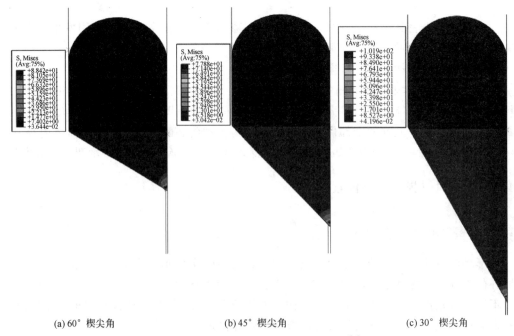

(a) 60° 楔尖角　　　　　　　　(b) 45° 楔尖角　　　　　　　　(c) 30° 楔尖角

图 4-8　不同楔尖角的 Mises 应力云图[1]

　　综合以上分析可知，楔尖角为 45° 的楔形环的受力情况优于其他二者，更适合用于橡胶组合密封结构。

4.1.3.2　氢气压力

高压氢环境材料相容性试验装置的最高工作压力虽然设定为 140MPa，但这并不意味着每次高压氢脆试验的工作压力均是如此。实际试验过程中往往需要根据具体的试验要求采用不同的工作压力（不超过最高工作压力）。因此，有必要研究高压氢气组合密封结构在不同氢气压力下的静密封性能[1]。

如图 4-9 所示，分别为在 0、10、40、60、100 和 140MPa 氢气压力下相同预压缩率的组合密封结构的最大主应变分布情况[1]。从图中可以直观地看出，随着氢气压力的增加，O 形圈与楔形环之间的间隙逐渐减少，当氢气压力达到 40MPa 时，O 形圈已完全填满其与楔形环之间形成的角落空间。当氢气压力从 40MPa 增加到 100MPa 时（压力增幅为 150%），最大主应变增幅为 1.53%；然而当氢气压力从 100MPa 增加到 140MPa 时（压力增幅为 40%），对应最大主应变增幅却为 8.42%，可见，与中、高压阶段相比，O 形圈在超高压阶段的变形增幅更为显著。

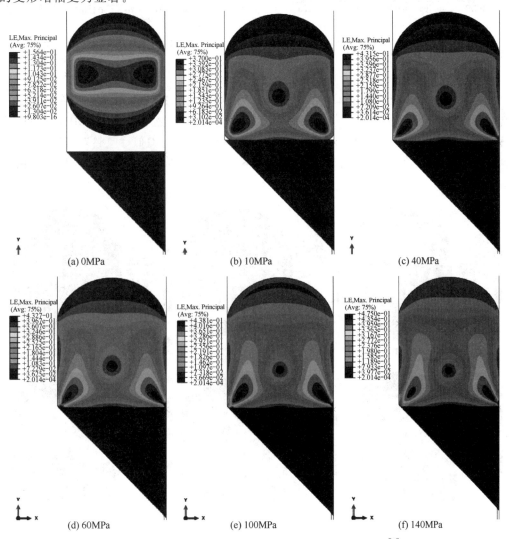

(a) 0MPa　　　　(b) 10MPa　　　　(c) 40MPa

(d) 60MPa　　　　(e) 100MPa　　　　(f) 140MPa

图 4-9　组合密封结构在不同氢气压力下的最大主应变[1]

如图 4-10 所示，分别为在 0、10、40、60、100 和 140MPa 氢气压力下相同预压缩率的组合密封结构中 O 形圈的峰值接触应力情况[1]。由该图可知，不同氢气压力下，O 形圈的峰值接触应力均大于对应的氢气压力，因此满足密封要求[1]。此外，由图 4-11 可知，橡胶 O 形圈的峰值接触应力随着氢气压力的提高能自动调整增加，呈现近似线性增加趋势，具有压力传递的叠加特性[1]。这恰好验证了式(4-9)所表征的橡胶 O 形圈的自紧密封机理。

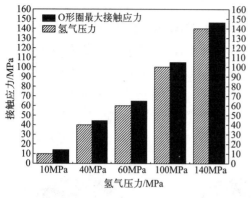

图 4-10　不同氢气压力下 O 形圈峰值
接触应力[1]

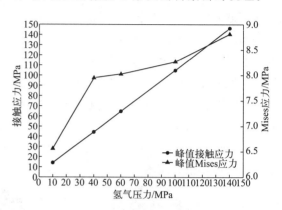

图 4-11　不同氢气压力对应的峰值接触应力和
Mises 应力[1]

如图 4-12 所示，分别为在 0、10、40、60、100 和 140MPa 氢气压力下组合密封结构中橡胶 O 形圈的 Mises 应力云图[1]。从图中可以直观地看出，氢气压力为 0MPa 时，即只有预压缩载荷时，应力主要集中在中间位置的左右两侧，形状上类似"哑铃"。随着氢气压力的增加，峰值 Mises 应力开始向密封沟槽的左下方和右下方两个方向转移，且应力值不断增大。

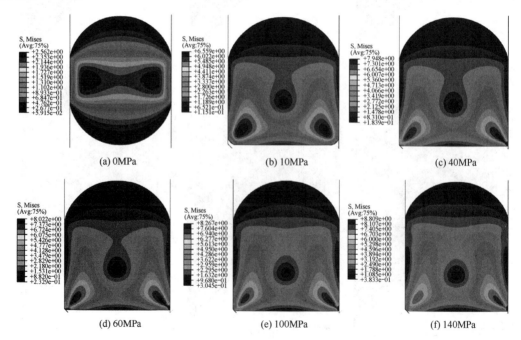

图 4-12　不同氢气压力下 O 形圈的 Mises 应力云图[1]

另外，还可以发现，代表较大应力的区域，其面积随着氢气压力的提高而逐渐缩小，表明应力集中现象随氢气压力的上升而愈加严重。当氢气压力进入超高压（100MPa 或以上）阶段时，峰值 Mises 应力开始转移到密封沟槽右下角，该处刚好是楔形环与外轴的接触界面起始点。图 4-11 中的三角形符号数据也表明当氢气压力进入超高压时，峰值 Mises 应力的增加速率明显加快[1]。为此，当处于超高压氢气作用时，O 形圈的受力危险点发生在楔形环与外轴之间的起始接触位置，O 形圈在该处最易发生磨损、撕裂等破坏现象。然而，可以发现，由于楔形环消除了密封间隙，避免了 O 形圈的间隙挤出现象，因此即便在 140MPa 超高氢气压力下，O 形圈的峰值 Mises 应力（约 8.809MPa）仍控制在合理范围内，并且远离 O 形圈的抗拉强度（27MPa）。

4.1.3.3　预压缩率

预压缩率，又称"初始压缩率"，是指 O 形圈安装后截面直径的变化率。无论是静密封还是动密封，都需先通过对 O 形圈实施预压缩而获得所需的接触应力。预压缩率的大小通常会给密封结构的可靠性以及寿命带来很大影响[1]。基于相关标准或技术手册，本模型将预压缩率设定在 10%～20% 区间。

已知在氢气压力作用前，预压缩产生的接触宽度和接触应力都随着预压缩率的提高而增加。在氢气压力作用下，根据橡胶 O 形圈的密封机理可知，密封面上的峰值接触应力将会在初始峰值接触应力的基础上叠加上近似氢气压力大小的增量，因此可推断工作状态下的峰值接触应力随着预压缩率的增加而增加，图 4-13 的计算结果正好验证和揭示了该规律，该图中各压缩率对应的峰值接触应力均大于 140MPa 的氢气压力，满足密封形成条件[1]。

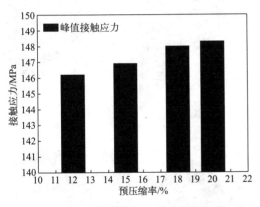

图 4-13　不同预压缩率下 O 形圈峰值
接触应力[1]

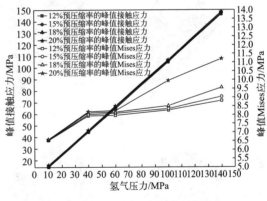

图 4-14　不同预压缩率对应的峰值
接触应力和 Mises 应力[1]

此外，由图 4-14 可知，不同压缩率下密封结构的峰值接触应力在氢气压力增加的过程中均呈现近似线性的递增规律[1]；密封结构的峰值 Mises 应力也随着预压缩率的提高而增加。虽然在中、高压阶段，峰值 Mises 应力的增幅较小，但在超高压阶段其增幅却是非常显著，表明应力集中加剧。

因此，提高预压缩率，虽然能够增加初始接触应力，有利于密封条件的形成。但同时也使得峰值 Mises 应力随之增加，尤其在超高压工况下，过高的 Mises 应力极易导致橡胶 O

形圈应力松弛和永久变形，反而影响 O 形圈的使用寿命，不利于 O 形圈的静密封性能，甚至导致其过早丧失弹性造成泄漏和失效。为此，预压缩率的选择应同时兼顾接触应力和 Mises 应力，遵从两个原则：一是足够的密封接触应力；二是尽量小的永久变形。

从广义上讲，制造误差、热胀冷缩等原因引起的密封沟槽尺寸变化以及 O 形圈尺寸公差波动等均会影响 O 形圈的预压缩率，从而影响结构的静密封性能。故研究预压缩率对静密封性能的影响，同时也间接反映了沟槽深度、制造误差、O 形圈尺寸公差等因素对密封可靠性的影响。

4.1.3.4　吸氢膨胀

为考察吸氢膨胀效应对橡胶 O 形圈静密封性能的影响，分别在有吸氢膨胀效应和无氢膨胀效应情况下对密封结构进行模拟分析[1]。图 4-15 所示为组合密封结构在相同氢气压力作用下橡胶 O 形圈由于吸氢膨胀效应的存在与否而引起的最大主应变变化[1]。图中同时给出了 10、40、100 和 140MPa 氢气压力下的对比结果。从图中可以看出，在 40MPa 以下的低、高压阶段，与无氢膨胀的结果相比，吸氢膨胀引起的最大主应变增量较小。而在超高压阶段尤其是 140MPa 压力下，吸氢膨胀引起最大主应变显著增加。这是因为随着氢气压力的升高，侵入并溶解到橡胶里的氢浓度越高，因而吸氢膨胀效应引起的变形增量也随之加剧。为此，密封沟槽应有足够的宽度，以使 O 形圈沟槽的体积能够适应 O 形圈的膨胀，避免因

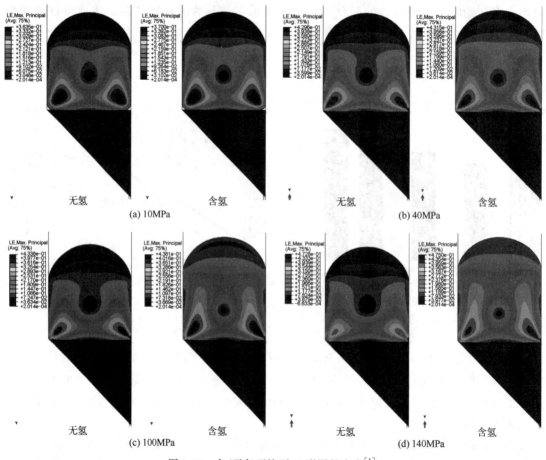

图 4-15　含/无氢环境下 O 形圈的应变[1]

沟槽体积过小导致 O 形圈从高压侧 [图 4-5 中压盖与筒体（沟槽）之间的间隙] 挤出，造成 O 形圈损伤。

由于吸氢膨胀效应引起结构产生膨胀变形，而膨胀变形受到约束时就会产生相应的约束应力。为此，在 O 形圈变形受约束的沟槽接触边界上将会产生约束应力并叠加到已有载荷上，从而增加了 O 形圈接触面上的峰值接触应力，这是有利于密封的。然而，O 形圈的峰值 Mises 应力也随之增加，这反而是不利于 O 形圈的寿命，见图 4-16，并且随着氢气压力的升高，吸氢膨胀效应导致的峰值接触应力和峰值 Mises 应力的增幅也愈加明显[1]。

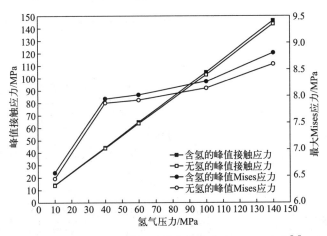

图 4-16　含/无氢对应的峰值接触应力和 Mises 应力[1]

综合以上分析可知，吸氢膨胀效应提高了 O 形圈的预压缩率，从而使其接触应力和 Mises 应力也随之增加。因此，对于高压氢环境下的橡胶 O 形圈组合密封结构来说，在确定 O 形圈的预压缩率时，尤其需要充分考虑吸氢膨胀效应带来的影响，否则极易因压缩率过大引起橡胶应力松弛和永久变形，造成弹性消失，导致 O 形圈丧失密封能力。

4.1.3.5　摩擦系数

摩擦系数直接影响 O 形圈与压盖接触面的摩擦力，进而影响接触面的表面损伤以及密封结构的静密封性能。然而，摩擦系数对静密封性能的影响尚未明确。为了考察摩擦系数的影响，在 100MPa 氢气下，探究了橡胶 O 形圈和 D 形圈在不同摩擦系数（0、0.1、0.2、0.3、0.4、0.5）下的峰值接触应力，如图 4-17 所示。结果表明，摩擦系数在 0.1～0.5 范围内，D 形圈的峰值接触应力总是大于 O 形圈的峰值接触应力。这表明，高压条件下橡胶 D 形圈的静密封性能略优于 O 形圈。

此外，还对比了橡胶 O 形圈和 X 形圈在不同摩擦系数（0、0.1、0.2、0.3、0.4、0.5）和氢气压力下的静密封性能，如图 4-18 所示[4]。结果表明，摩擦系数在 0.1～0.5 范围内，X 形圈的峰值接触应力总是大于 O 形圈。在低压条件下 [图 4-18（a）]，X 形圈的峰值 Mises 应力总是大于 O 形圈的峰值 Mises 应力[4]。在高压条件下 [图 4-18（b）、（c）、（d）]，如果摩擦系数为 0，两种密封圈的峰值 Mises 应力几乎相同。而随着摩擦系数的增加，O 形圈的峰值 Mises 应力一直大于 X 形圈的峰值 Mises 应力[4]。这表明，在高压条件下，尤其是在考虑摩擦效应的情况下，橡胶 X 形圈的静密封性能优于 O 形圈。然而，在低压条件下，X 形圈表现出更高的机械损伤倾向，特别是在考虑到密封面粗糙度的情况下。

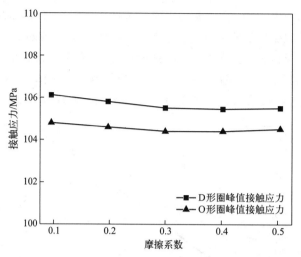

图 4-17　100MPa 氢气下不同摩擦系数的 O 形圈和 D 形圈的峰值接触应力[4]

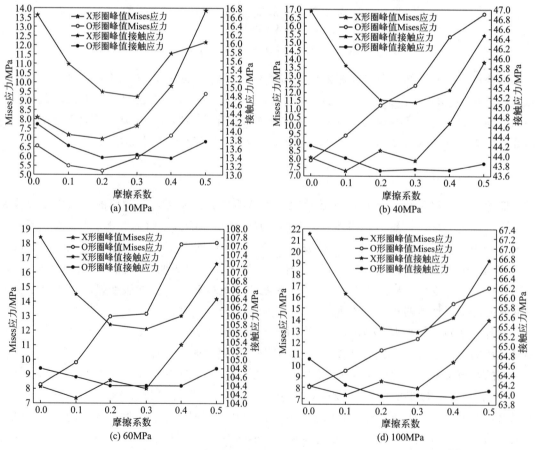

图 4-18　不同摩擦系数下的 O 形圈和 X 形圈的峰值接触应力和 Mises 应力[4]

4.1.3.6　密封件形状

氢能装备橡胶 O 形圈的服役过程容易受到一些复杂的失效机制的影响，如安装过程中的剪切脱落[5]、纵向扭转和螺旋失效[6]。为了克服这些缺点，华南理工大学周池楼等[4] 研究了橡胶 D 形圈的静密封性能。D 形圈具有矩形和扁平的底座，通过防止螺旋失效或扭转，极大地提高了密封结构的稳定性。因此，橡胶 D 形圈可以考虑作为 O 形圈的替代品[5]。研究发现，在 0～100MPa 氢气压力范围内，D 形圈的峰值接触应力总是高于 O 形圈。考虑到 D 形圈在峰值接触应力和峰值 Mises 应力方面的优势，以及避免螺旋失效或扭转的优点，可以认为临氢环境下 D 形圈的静密封性能略优于 O 形圈。

除了橡胶 D 形圈，周池楼等[7] 认为橡胶 X 形圈也是 O 形圈的良好替代品，因为它的四瓣密封设计还可以改善密封润滑性，防止螺旋失效或纵向扭转[8]。结果表明，由于吸氢膨胀，X 形圈上侧中部区域会产生 Mises 应力集中现象，且 X 形圈因吸氢膨胀导致的接触应力增量高于 O 形圈。此外，综合考虑氢气压力和摩擦系数的影响，X 形圈的峰值接触应力高于 O 形圈，这表明临氢环境下 X 形圈的静密封性能略优于 O 形圈。

基于此，为了更清晰地描述橡胶密封件形状对静密封性能的影响，周池楼等[4,7] 综合对比了三种密封圈的静密封性能差异。与 O 形圈相比，D 形圈和 X 形圈在临氢环境下的峰值接触应力和峰值 Mises 应力的增加百分比如表 4-1 所示[4,7]。可以看出，在 0～100MPa 的氢气压力范围内，O 形圈的峰值接触应力始终低于 D 形圈和 X 形圈。因此，综合考虑 D 形圈和 X 形圈在峰值接触应力和防止螺旋失效及扭转的优点，可以认为临氢环境下橡胶 D 形圈和 X 形圈的静密封性能略优于 O 形圈。

表 4-1　与 O 形圈相比 D 形圈和 X 形圈在临氢环境下的峰值接触应力和峰值 Mises 应力的增加百分比[4,7]

氢气压力/MPa		0	10	20	30	40	50	60	70	80	90	100
峰值接触应力增加百分比/%	D 形圈	23.48	6.29	5.04	3.60	2.35	2.56	2.47	2.34	2.07	1.67	1.24
	X 形圈	14.19	17.60	9.68	7.63	6.20	5.31	3.97	3.86	2.77	3.03	2.86
峰值 Mises 应力增加百分比/%	D 形圈	18.27	1.68	1.13	−0.47	−1.18	−0.98	−0.87	−0.76	−0.75	−0.75	−0.81
	X 形圈	46.06	23.30	15.32	8.06	1.99	1.32	0.81	0.33	−0.47	−1.06	−1.50

4.2　动密封特性

动密封特性是指在橡胶密封结构中，橡胶密封材料与其他部件发生相对运动时，接触面之间的接触应力、Mises 应力，以及在服役过程中的氢泄漏量。

4.2.1　橡胶密封件动密封概述

基于 4.1.1 节提到的橡胶密封件自紧密封机理，当橡胶 O 形圈应用于动密封结构时，其自紧密封作用与静密封结构一致。且由于橡胶 O 形圈自身的弹性，具有磨损后自动补偿的能力。因此，橡胶密封件在静密封和动密封工况下的自紧密封机理一致。

基于 4.1.2 节提到的加载杆与底座之间设置的动密封结构，加载过程中主要存在上下移动的往复运动，而高压氢气始终固定出现在 O 形圈的单侧，因而无须在 O 形圈双侧而只需在受压方向的对侧设置楔形环即可实现O形圈的限位和避免出现挤出失效现象。因此，该典型橡胶组合密封结构可同时适用于静密封和动密封。

橡胶O形圈是应用广泛的密封元件，除了应用于静密封结构，也广泛应用于往复动密封结构。我国对往复动密封橡胶O形圈的尺寸系列和公差、沟槽尺寸和公差、需满足的技术条件等均制定了标准。往复动密封的沟槽尺寸窄而深，其目的是减少对密封圈的压缩作用，以降低摩擦阻力。选用时应根据使用的工况条件（温度、压力、速度、介质等）选用不同的材料并提出相关力学性能。值得注意的是，橡胶O形圈对沟槽尺寸敏感，易发生扭转、翻滚，其接触应力高，摩擦阻力大，易发生黏滞作用。相比之下，橡胶X形圈减小了接触面，并可在两接触角间贮存润滑剂，有利于减少摩擦和改善润滑。与此同时，在4.1.3.6节已经论证了临氢环境静密封结构中用X形圈替代O形圈的可行性。

尽管橡胶X形圈的静密封性能略优于O形圈，但在往复动密封结构中，由于压盖运动可能导致X形圈的应力分布不均匀，进而导致密封失效和氢气泄漏[9]。值得注意的是，以往研究主要关注临氢环境下O形圈的动密封特性[10]和X形圈的静密封性能[7]。而关于橡胶X形圈的动密封特性却鲜有报道。刘辉等[11]提出橡胶X形圈在往复动密封中比静密封受到更大的Mises应力。然而，目前的研究仅限于X形圈在低压（小于15MPa）环境下的动密封特性。而实际工况下，橡胶X形圈通常暴露在高压（35MPa）氢气中，且吸氢膨胀可能严重影响X形圈的动密封特性，甚至引起密封失效[10]。因此，在研究动密封特性时，高压溶解氢分子进入X形圈内部导致的橡胶吸氢膨胀行为是不容忽视的。但考虑吸氢膨胀影响的临氢环境下橡胶X形圈的动密封特性较少报道，且关键影响因素对动密封特性的影响规律尚不清楚。此外，临氢环境下橡胶X形圈的动密封特性是否也优于O形圈尚未得到证实。

为此，华南理工大学周池楼等[12]建立了考虑吸氢膨胀的有限元分析模型，研究了氢能装备橡胶X形圈组合密封结构的动密封特性，分析运动幅值、摩擦系数、氢气压力、预压缩率对X形圈动密封特性的影响，并对比了X形圈和O形圈在氢气作用下动密封特性的异同，将在下一节中进行详细论述。

4.2.2　动密封氢损伤影响因素

图4-19所示为临氢环境下橡胶X形圈组合密封结构[12]。该结构由一个X形圈和一个楔形环组成。X形圈安装在沟槽中，并由压盖沿x轴方向进行预压缩。楔形环主要用于防止X形圈通过沟槽与压盖之间的缝隙挤出。这种密封结构设计可有效避免氢气泄漏。

在本有限元模型的分析步设置中，需设置一步压盖沿y轴方向往复运动的分析步，运动幅值为1.2mm，以模拟往复动密封结构服役工况。运动幅值是指压盖从原点运动至y轴某一方向极限位置的距离。整个运动过程包括内行程和外行程。以第一个运动周期（$0T$～$1T$）为例：压盖在原点（$0T$）──→沿$-y$方向运动到最低点（$0.25T$）──→沿$+y$方向运动到原点（$0.5T$）──→沿$+y$方向运动到最高点（$0.75T$）──→沿$-y$方向运动到原

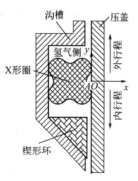

图4-19　X形圈组合密封结构[12]

点（1T）。0T～0.5T 称为"内行程"，0.5T～1T 称为"外行程"。

4.2.2.1　运动幅值

运动幅值直接影响橡胶密封圈的运动区域。随着运动幅值的增大，橡胶 O 形圈的运动依次处于黏着区、混合黏滑区和完全滑移[10]。而该规律是否适用于 X 形圈尚未明确。本节将探讨运动幅值对 X 形圈动密封特性的影响。摩擦系数为 0.05，氢气压力为 35MPa，预压缩率为 10%[12]。

图 4-20 显示了（1～2）T 内 X 形圈的峰值 Mises 应力与运动幅值之间的关系。1T 和 2T 峰值 Mises 应力总是相等的，说明 X 形圈往复动密封的周期为 1T。此外，当运动幅值从 0.1mm 增加到 0.4mm 时，1T、1.25T 和 2T 的峰值 Mises 应力急剧增加，1.5T 和 1.75T 的峰值 Mises 应力略有增加，表明运动处于黏着区。当运动幅值从 0.4mm 增加到 1.2mm 时，所有位置的峰值 Mises 应力都缓慢增加，表明运动处于混合黏滑区。当运动幅值从 1.2mm 增加到 2mm 时，所有位置的峰值 Mises 应力都没有变化，表明运动处于完全滑移

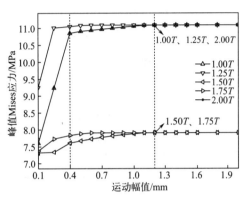

图 4-20　（1～2）T 内峰值 Mises 应力与运动幅值的关系[12]

区。这表明，X 形圈进入混合黏滑区的临界运动位移为 0.4mm，进入完全滑移区的临界运动位移为 1.2mm。

由上述可知，当运动位移小于 0.4mm 时，运动处于黏着区。为了进一步阐明运动幅值对 X 形圈动密封特性的影响，迫切需要比较 X 形圈在黏着区和完全滑移区的运动周期。当运动幅值为 0.2mm 时，（0～3）T 内 X 形圈的峰值接触应力和峰值 Mises 应力（统称为"峰值应力"）的变化情况如图 4-21 所示。在 0.75T 时，X 形圈的峰值应力开始以 1T 为周期呈周期性变化。以（0.75～1.75）T 为例，在每个运动周期内，相邻位置的峰值应力值不同，进一步验证了当运动幅值为 0.2mm 时，X 形圈运行在黏着区。

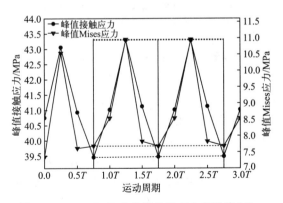

图 4-21　（0～3）T 内峰值接触应力和峰值 Mises 应力的变化（运动幅值为 0.2mm）[12]

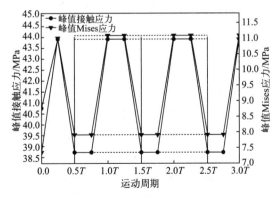

图 4-22　（0～3）T 内峰值接触应力和峰值 Mises 应力的变化（运动幅值为 1.2mm）[12]

此外，图 4-22 反映了当运动幅值为 1.2mm 时，（0～3）T 内 X 形圈的峰值应力的变化情况。在 0.5T 时，X 形圈的峰值应力开始以 1T 为周期呈周期性变化。在每个运动周期内，以（0.5～1.5）T 为例，0.5T 的峰值应力等于 0.75T。在（0.75～1）T 内，峰值应力显著增加。1T 的峰值应力等于 1.25T。在（1.25～1.5）T 内，峰值应力显著降低。最终，1.5T 的峰值应力等于 0.5T 的峰值应力。

综上所述，当运动幅值从 0mm 增加到 2mm 时，X 形圈的运动依次发生在黏着区、混合黏滑区和完全滑移区。内行程和外行程进入混合黏滑区和完全滑移区的临界运动位移相同，分别为 0.4mm 和 1.2mm。在一定范围内，运动幅值越大，X 形圈进入运动周期的时间点越早。X 形圈的运动周期不受运动幅值的影响，始终保持 1T。

4.2.2.2 摩擦系数

摩擦系数直接影响 X 形圈与压盖之间的摩擦力。随着摩擦系数的增加，摩擦力也随之增加，加剧 X 形圈的表面损伤，从而降低 X 形圈的动密封特性，甚至降低组合密封结构的使用寿命。本节将研究摩擦系数对 X 形圈动密封特性的影响。运动幅值为 1.2mm，氢气压力为 35MPa，预压缩率为 10%[12]。

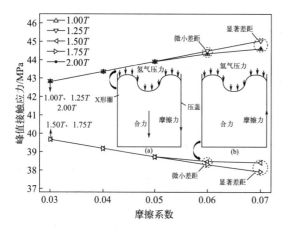

图 4-23　1～2T 内峰值接触应力与摩擦
系数的关系[12]

（a）—（1～1.25）T 和（1.75～2）T 内 X 形圈的
受力示意图；（b）—（1.25～1.75）T 内
X 形圈的受力示意图

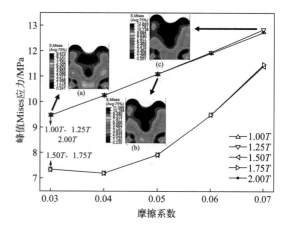

图 4-24　（1～2）T 内峰值 Mises 应力与摩擦
系数的关系[12]

（a）—1.25T 时摩擦系数为 0.03 的 X 形圈的
Mises 应力图；（b）—1.25T 时摩擦系数为 0.05 的
X 形圈的 Mises 应力图；（c）—1.25T 时摩擦
系数为 0.07 的 X 形圈的 Mises 应力图

图 4-23 显示了（1～2）T 内 X 形圈的峰值接触应力与摩擦系数之间的关系。当摩擦系数从 0.03 增加至 0.07 时，1T、1.25T 和 2T 的峰值接触应力显著增加。相比之下，1.5T 和 1.75T 的峰值接触应力显著降低。主要原因是在（1～1.25）T 和（1.75～2）T 内，压盖对 X 形圈施加的摩擦力沿 $-y$ 方向。同时氢气压力也始终沿 $-y$ 方向并保持数值不变。随着摩擦系数的增加，摩擦力增大，施加在 X 形圈上的沿 $-y$ 方向的合力增大，从而使 X 形圈受到的沿 $-y$ 方向的挤压作用增强，最终使 1T、1.25T 和 2T 的峰值接触应力增大。在（1.25～1.75）T 内，压盖对 X 形圈施加的摩擦力沿 $+y$ 方向。随着摩擦系数的增大，摩擦力增大，施加在 X 形圈上的沿 $-y$ 方向的合力减小，从而使 X 形圈受到的沿 $-y$ 方向的挤压作用减

弱，最终使 $1.5T$ 和 $1.75T$ 的峰值接触应力减小。当摩擦系数为 0.06 时，$1.25T$ 的峰值接触应力略大于 $1T$，$1.75T$ 的峰值接触应力略小于 $1.5T$。当摩擦系数值为 0.07 时，$1.25T$ 的峰值接触应力显著大于 $1T$，$1.75T$ 的峰值接触应力明显小于 $1.5T$。这一结果表明，摩擦系数的变化可能会改变 X 形圈的运动运行区域。X 形圈进入完全滑移区的临界运动位移随摩擦系数的增加而增大。

图 4-24 反映了 $(1\sim2)T$ 内 X 形圈的峰值 Mises 应力与摩擦系数之间的关系[12]。当摩擦系数从 0.03 增加至 0.07 时，大多数位置的峰值 Mises 应力增加。因此，适当降低摩擦系数可以降低 X 形圈的 Mise 峰值应力，从而降低因裂纹或弹性损失而导致密封失效的可能性。

由于 O 形圈也具有往复运动周期性，因此，$(1\sim2)T$ 内 X 形圈和 O 形圈的最小峰值接触应力以及最大峰值 Mises 应力可以作为两种密封圈动密封特性异同的主要判据。图 4-25 显示了 $(1\sim2)T$ 内 X 形圈和 O 形圈在不同摩擦系数下的最小峰值接触应力和最大峰值 Mises 应力。当摩擦系数从 0.03 增加到 0.06 时，X 形圈的最小峰值接触应力的下降趋势比 O 形圈的更显著。X 形圈的最小峰值接触应力始终高于 O 形圈。这说明 X 形圈的动密封特性略优于 O 形圈。当摩擦系数值为 0.07 时，X 形圈的最小峰值接触应力略低于 O 形圈，推测在摩擦系数较大时，O 形圈可能具有更好的动密封特性。此外，X 形圈的最大峰值 Mises 应力的增加趋势弱于 O 形圈。X 形圈的最大峰值 Mises 应力始终低于 O 形圈。这意味着 X 形圈内部的裂纹或弹性损失发生的可能性较小。

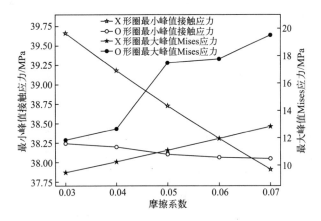

图 4-25　$(1\sim2)T$ 内不同摩擦系数下 X 形圈和 O 形圈的
最小峰值接触应力和最大峰值 Mises 应力[12]

综上所述，在 $(1\sim2)T$ 内，当摩擦系数从 0.03 增加至 0.07 时，$1.25T$ 的峰值接触应力显著增加，且始终是最大的。相比之下，在 $1.75T$ 的峰值接触应力显著降低，且始终是最小的。这意味着氢泄漏更有可能发生在外冲程的极限位置。此外，大多数位置的峰值 Mises 应力都有所增加。因此，应将摩擦系数控制在较小的值。并且，在此摩擦系数范围内的 X 形圈的动密封特性优于 O 形圈。

4.2.2.3　氢气压力

将橡胶 X 形圈直接暴露于临氢环境中。随着氢气压力的增加，橡胶 X 形圈的吸氢膨胀效应越显著，从而影响 X 形圈的动密封特性。因此，X 形圈的动密封特性与氢气压力密切相关。本节将探讨氢气压力对 X 形圈动密封特性的影响。运动幅值为 1.2mm，摩擦系数为 0.05，预压缩率为 10%[12]。

图 4-26 所示为（1～2）T 内 X 形圈的峰值接触应力与氢气压力之间的关系。当氢气压力从 25MPa 增加至 45MPa 时，所有位置的峰值接触应力都会增加。具体来说，五条曲线几乎互相平行且间距相等，说明 X 形圈的峰值接触应力随着氢气压力的增加呈线性增加，且正比例系数约等于 1。这意味着峰值接触应力与氢气压力的差值不随氢气压力而变化。例如，当氢气压力为 30MPa 时，1.5T 时差值为 4.0544MPa；当氢气压力为 35MPa 时，1.25T 时差值为 3.9161MPa。这两个数值非常接近。因此，如果仅从峰值接触应力与氢气压力的差值来评价 X 形圈的动密封特性，可以认为这五组 X 形圈在 25～45MPa 下的动密封特性相近。此外，在 1.75T 的峰值接触应力总是最小的，这表明氢泄漏最有可能发生在外冲程的极限位置。

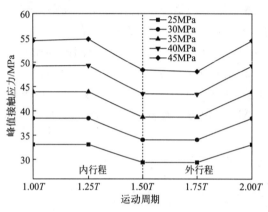

图 4-26　（1～2）T 内峰值接触应力与
氢气压力的关系[12]

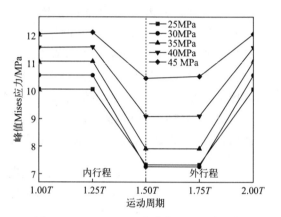

图 4-27　（1～2）T 内峰值 Mises 应力与
氢气压力的关系[12]

图 4-27 所示为（1～2）T 内 X 形圈的峰值 Mises 应力与氢气压力之间的关系。当氢气压力从 25MPa 增加至 45MPa 时，大多数位置的峰值 Mise 应力增大。这表明，高压氢气加剧了 X 形圈裂纹或弹性损失的可能性。特别是，当氢气压力分别为 25MPa 和 30MPa 时，X 形圈在 1.5T 和 1.75T 的峰值 Mises 应力接近重合。这是因为当氢气压力较低时，X 形圈的吸氢膨胀程度较小，削弱了氢气压力对 X 形圈峰值 Mises 应力的影响。

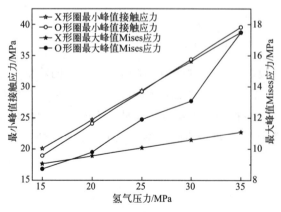

图 4-28　（1～2）T 内不同氢气压力下 X 形圈和
O 形圈的最小峰值接触应力和最大峰值 Mises 应力[12]

图 4-28 所示为（1～2）T 内 X 形圈和 O 形圈在不同氢气压力下的最小峰值接触应力和最大峰值 Mises 应力。当氢气压力从 15MPa 增加至 35MPa 时，X 形圈和 O 形圈的最小峰值接触应力的线性增加趋势与 O 形圈相似。当氢气压力为 25MPa 时，X 形圈和 O 形圈的最小峰值接触应力相等。这些结果表明，在 15～35MPa 的压力范围内，X 形圈和 O 形圈的动密封特性相似。此外，在较低的压

力下（如 15MPa），X 形圈的最大峰值 Mises 应力与 O 形圈相近。相比之下，在较高的压力下（如 35MPa），O 形圈的最大峰值 Mises 应力比 X 形圈的大得多。这意味着在高压条件下，O 形圈内部更容易出现裂纹或弹性损失的破坏行为。

总的来说，在（1～2）T 内，当氢气压力从 25MPa 增加至 45MPa 时，X 形圈的峰值接触应力随氢气压力的增加而线性增加，且正比例系数约等于 1。在氢气压力较高（如 45MPa）时，X 形圈更容易出现裂纹或弹性损失。当氢气压力较低（如 25MPa）时，氢气压力对峰值 Mises 应力的影响减小。此外，在此氢气压力范围内的 X 形圈的动密封特性优于 O 形圈。

4.2.2.4　预压缩率

为了保证组合密封结构的密封性能，需要对橡胶密封圈进行预压缩。选择合适的预压缩率可有效强化橡胶密封圈的动密封特性。一般来说，静密封中橡胶密封圈的允许预压缩率为 10%～20%，动密封中允许预压缩率略低于静密封。本节将讨论预压缩率对 X 形圈动密封特性的影响。运动幅值为 1.2mm，摩擦系数为 0.05，氢气压力为 35MPa[12]。

图 4-29 所示为（1～2）T 内 X 形圈的峰值接触应力与预压缩率之间的关系。当预压缩率从 10% 增加至 14% 时，所有位置的峰值接触应力都会增加。在 $1T$、$1.25T$ 和 $2T$ 时，峰值接触应力显著增加，而在 $1.5T$ 和 $1.75T$ 时，峰值接触应力略有增加。这表明增加预压缩率可以有效地提升 X 形圈的动密封特性，尤其是内冲程阶段。此外，在 $1.75T$ 处的峰值接触应力总是最小的，这意味着氢泄漏最有可能发生在外冲程的极限位置。预压缩率和氢气压力对 X 形圈动密封特性的影响相似。

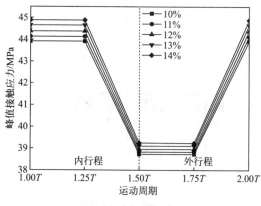

图 4-29　（1～2）T 内峰值接触应力与
预压缩率的关系[12]

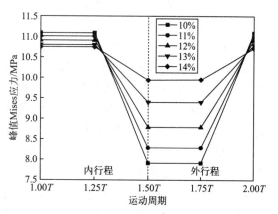

图 4-30　（1～2）T 内峰值 Mises 应力与
预压缩率的关系[12]

图 4-30 所示为（1～2）T 内 X 形圈的峰值 Mises 应力与预压缩率之间的关系。当预压缩率从 10% 增加至 14% 时，$1T$、$1.25T$ 和 $2T$ 的峰值 Mises 应力略有下降，而 $1.5T$ 和 $1.75T$ 的峰值 Mises 应力显著增加。这表明，减小预压缩率可以有效地降低 X 形圈在外行程极限位置出现裂纹或弹性损失的可能性。

图 4-31 所示为（1～2）T 内 X 形圈和 O 形圈在不同预压缩率下的最小峰值接触应力和最大峰值 Mises 应力。当预压缩率从 10% 增加至 14% 时，X 形圈的最小峰值接触应力的增加趋势与 O 形圈相似。X 形圈的最小峰值接触应力始终高于 O 形圈，说明 X 形圈的动密封

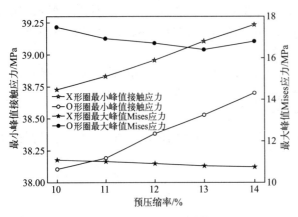

图 4-31　（1～2）T 内不同预压缩率下 X 形圈和 O 形圈的最小峰值接触应力和最大峰值 Mises 应力[12]

特性优于 O 形圈。此外，X 形圈和 O 形圈的最大峰值 Mises 应力的下降趋势相似。X 形圈的最大峰值 Mises 应力始终低于 O 形圈，这表明 O 形圈内部更有可能发生裂纹或弹性损失。

综上所述，在（1～2）T 内，当预压缩率从 10％增加至 14％时，X 形圈的峰值接触应力增大，有效提升了动密封特性。同时，随着预压缩率的增加，X 形圈在外行程极限位置处的峰值 Mises 应力增大，加剧了裂纹或弹性损失的程度。此外，在此预压缩率范围内的 X 形圈的动密封特性优于 O 形圈。

4.3　摩擦磨损特性

4.3.1　摩擦磨损概述

工程部件的磨损是影响其使用寿命的关键因素，会对产业规模和经济效益产生深远影响。根据德国工业标准 DIN 50320 的定义，磨损是指由于固体、液体或气体的接触和相对运动而导致部件表面材料逐渐损耗的现象。

机械密封是由一对或数对动环与静环组成的平面摩擦副构成的密封装置，能适应高温、高压及强腐蚀性介质等各种苛刻的工况。因此，为防止氢气泄漏逸出，氢能装备常采用由橡胶密封件组成的机械密封结构，例如阀门和活塞密封件。然而，橡胶密封部件作为氢能装备中极其重要的关键部件，往往是密封结构的一个薄弱环节。密封圈嵌入密封沟槽中构成动密封结构。工作时，动密封部件（橡胶材料）与沟槽（金属材料）之间可能出现相对静止、部分滑移、不连续滑移和完全滑移等复杂的接触状态。这种接触状态会造成动密封界面的磨损，进而引起整个机械密封的失效，对装置设备的稳定运行带来极大的隐患。图 4-32 展示了一个典型机械密封结构示意图。其中，橡胶 O 形密封圈安装在密封沟槽内。密封结构工作时，O 形圈与轴之间会发生小幅度的相对振荡运动，并且不可避免地会在两个摩擦接触面发生磨损。机械密封中橡胶/金属配副的动密封运行状态不仅会导致橡胶密封部件的损伤失效，也可能导致金属部件表面的损伤及失效。

橡胶密封部件的高摩擦磨损归因于橡胶的黏

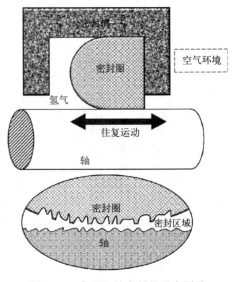

图 4-32　典型机械密封的示意图及摩擦对的磨损失效[13]

弹性特征，使橡胶材料容易在对磨件表面产生黏附，而坚硬的对磨件则会在橡胶密封部件表面形成粗糙的犁沟，导致滞后磨损的出现[14]。此外，橡胶密封部件黏着磨损和磨料磨损的出现同样会加剧部件的磨损。

在氢能装备的机械密封体系中，橡胶材料常被加工成 O 形圈等用于储氢容器、压缩机、加氢机等设备的密封。根据使用位置的不同，橡胶密封部件会反复暴露于高压氢气（100MPa）和－40～85℃的宽温范围内。在氢浓度梯度的作用下，氢气会渗透进橡胶密封部件内，导致密封部件出现吸氢膨胀、鼓泡断裂等氢致损伤，从而改变橡胶密封部件尺寸并影响其与配套部件的接触。此外，由于长时间暴露于高压氢气，橡胶密封部件表面性能也可能发生劣化。

随着结构动载荷、循环氢气暴露以及温度的变化，橡胶密封件和配套结构金属表面之间会发生循环往复的相对运动和结构特性劣化，导致橡胶密封部件发生更加严重的磨损。橡胶密封件的磨损会降低密封件与配套部件的接触力，使橡胶密封件的密封性能随着磨损的加剧而降低，最终对橡胶密封部件的密封性能产生严重影响，导致密封寿命和预期气密性的劣化。

随着氢能装备向着高压力、复杂化方向发展，动密封部件接触界面磨损失效问题日益凸显，并逐渐成为制约氢气动密封可靠性、耐久性的重要因素。

4.3.2　摩擦行为

摩擦系数是评价橡胶密封材料摩擦学特性的重要参数，可用于判定临氢环境橡胶密封件氢损伤情况。目前，橡胶密封结构的摩擦系数测试方法主要两类：一是利用自主研制的高压氢环境摩擦磨损原位测试装置，在临氢环境下对橡胶试样进行原位摩擦磨损试验；二是预先将橡胶试样暴露于临氢环境后，再对试样进行非原位摩擦试验。这两种测试方法各有利弊，但二者的摩擦系数测试结果均反映相似规律，即氢暴露后橡胶密封材料的摩擦系数显著上升，从而使摩擦特性劣化。因此，深入研究临氢环境橡胶密封材料的摩擦行为，有助于制定更科学有效的氢能装备密封材料设计方案和选型策略。

4.3.2.1　原位环境

为了研究原位氢环境下橡胶密封材料的摩擦行为，Duranty 等[15] 开发了一种高压氢环境原位摩擦测试装置及其测试方法，用于表征橡胶密封材料在原位氢环境下的摩擦特性。图 4-33 所示为在高压氢环境和空气环境下两种橡胶试样与磨球之间的摩擦系数 μ。与空气中的摩擦系数结果相比，28MPa 高压氢暴露的 EPDM[15] 和 NBR[16] 试样的摩擦系数显著升高。Duranty 等对此提出了两种诱发机制：

① 临氢环境下橡胶密封材料内部普遍存在大小不一、分布不均的孔隙[17]。这些孔隙可能是橡胶吸氢膨胀所致，也有可能是氢分子对添加剂产生氢化作用而引起的橡胶-基体界面结构分离。随着摩擦系数测试的进行，橡胶内部孔隙可能导致橡胶与磨球接触部位表面粗糙度和形态发生变化，使摩擦系数增大。

② 临氢环境下氢分子可能会改变磨球的氧化层结构[18]，导致磨球表面的粗糙度上升，进而增加橡胶密封材料和磨球之间的黏附力，使橡胶与磨球的相对运动受到更多阻碍，最终引起摩擦系数的增大。

　　此外，由图 4-33 可知，所有橡胶试样的摩擦系数均表现出一致的变化规律，即在测试开始时摩擦系数较大，但随着测试时间的增加，摩擦系数逐渐下降并最终趋于稳定。主要原因是测试开始时，由于橡胶的黏弹性，钢球运动时对橡胶表面产生挤压变形，即摩擦方式为黏着磨损，对磨球的运动产生较大阻力；随着测试时间的增加，橡胶表面出现材料的剥离和磨屑卷曲，即摩擦方式逐渐转变为磨粒磨损，因此摩擦系数最终趋于稳定。

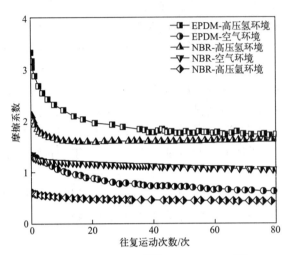

图 4-33　高压氢气和空气环境下 EPDM 试样[15] 和 NBR 试样[16] 与磨球之间的摩擦系数

　　值得一提的是，两种橡胶试样在高压氢环境下的摩擦系数波动幅度也比空气环境下的更剧烈（图 4-33）。主要原因是氢分子直径很小，在临氢环境下氢分子会穿过橡胶表面进入橡胶内部，进而集聚于橡胶密封材料中的自由体积[19]，当氢分子集聚到一定程度时会导致橡胶分子链发生延展，引起橡胶的吸氢膨胀现象，进而造成橡胶分子链间的内聚力下降，即"假塑效应"。该效应可能会导致橡胶密封材料力学性能降低，更可能造成橡胶内部和表面的结构损伤，从而引起摩擦系数的波动更剧烈。

　　在探究空气环境与高压氢环境的摩擦系数对比结果过程中，同时存在气体种类和静水压力两个变量。为实现单一变量控制，消除静水压力对实验结果的影响，Duranty 等[15] 还测试 NBR 试样在高压氩气环境下摩擦系数。结果发现，相比于其他气体环境，高压氩气环境下 NBR 试样的摩擦系数及其波动程度均为最低，这可能是由于氩原子的尺寸高于氢分子，导致氩分子在 NBR 内部的扩散系数较低，因此氩气对 NBR 的摩擦系数影响较小。此外，有报道称氩气可作为钢材摩擦过程中的润滑剂[20]。因此，氩气的润滑作用可能也是高压氩气环境下 NBR 试样低摩擦系数的关键。同时，这也从侧面再次反映了高压氢环境下橡胶摩擦性能劣化特性。

　　在 Duranty 等的研究基础上，Alvine 等[21] 比较了空气环境和高压氢环境下 NBR 试样的静摩擦系数，用于表征橡胶密封部件在密封结构启停过程中的摩擦学特性。结果发现，高压氢环境 NBR 试样的静摩擦系数及其波动程度均高于空气环境，且测试数据的重复性较差。图 4-34（a）显示了单次往复运动过程中橡胶试样和磨球之间的摩擦载荷曲线。由图可知，高压氢环境下 NBR 试样的摩擦力比空气环境中高了 29.8%。这意味着临氢环境下需要更大的力以推动磨球与试样表面之间的相对运动。图 4-34（b）显示了通过计算磨球启停阶段的摩擦力换算得到的平均静摩擦系数。可以看到，高压氢环境下的平均静摩擦系数（1.46

±0.22）明显高于空气环境中的平均静摩擦系数（1.15±0.003）。此外，高压氢环境下的摩擦系数方差更大，且各组数据的重复性也较差。这可能是由于氢分子使 NBR 内部的添加剂发生了氢化，从而劣化了橡胶表面局部力学性能。与此同时，橡胶内部填料的不均匀分布可能也是 NBR 静摩擦系数波动程度较大的重要因素之一。

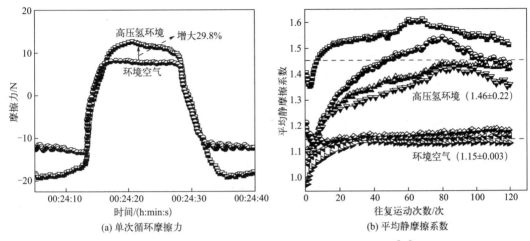

(a) 单次循环摩擦力　　　　　　　　(b) 平均静摩擦系数

图 4-34　NBR 在空气环境和高压氢环境中的摩擦行为[21]

为进一步探明添加剂对临氢环境橡胶密封材料摩擦学特性的作用机制，Kuang 等[15]利用原位摩擦磨损测试装置研究了 27.6MPa 氢环境下添加剂对 EPDM 和 NBR 表面摩擦性能的影响。他们将试样分为如表 4-2 所示的 8 组，整理试验数据得到了不同试样的摩擦系数值[22]。结果表明：与空气环境下的试验结果相比，氢环境下 EPDM 和 NBR 试样的摩擦系数更高，这同时也再次验证了 Kevin 等[23] 的研究结论。此外，对比 N1 和 N2、N3 和 N4 可知，添加 DOS 的 NBR 的摩擦系数较低。该现象可用 HeIM 观测结果进行解释：临氢环境下 DOS 在橡胶内部进行聚集，在氢分子的作用下，NBR 基体与 DOS 发生相分离，使 DOS 迁移到橡胶材料表面。由于 DOS 具有"润滑"效果，因此 NBR 试样的摩擦系数降低。然而，添加 DOS 后，EPDM 的摩擦系数降低程度较小。这可能是由于 DOS 在 EPDM 试样内部具有更高的溶解度和分散性，DOS 难以与橡胶基体分子链分离，因此 EPDM 试样内部并未发生氢诱导相分离现象。

表 4-2　空气环境和高压氢环境下 EPDM 和 NBR 试样的摩擦系数[22]

EPDM	E1	E2	E3	E4
特性	无填料、无增塑剂	无填料、有增塑剂	有填料、有增塑剂	有填料、无增塑剂
空气环境	1.14	1.09	1.11	1.34
高压氢环境	1.59	1.44	1.29	1.54
NBR	N1	N2	N3	N4
特性	无填料、无增塑剂	无填料、有增塑剂	有填料、有增塑剂	有填料、无增塑剂
空气环境	1.45	0.87	0.61	0.75
高压氢环境	2.21	1.37	1.03	1.95

4.3.2.2 非原位环境

由于氢气的易燃易爆性，高压氢环境橡胶密封材料原位摩擦学性能测试对试验场地和试验装置的安全性和可靠性具有极高要求。目前，仅有美国和日本的部分研究团队开展相关实验研究。橡胶密封材料氢致损伤多发生于氢气快速泄压阶段[24]。因此，高压氢气泄压后对橡胶密封材料进行非原位摩擦磨损测试也可在一定程度上反映氢气对橡胶摩擦学特性的影响。以下将对高压氢环境橡胶非原位摩擦行为的研究成果进行系统阐述。

与原位摩擦磨损试样结果相似，Byeonglyul 等[25] 通过开展非原位摩擦磨损试验后提出，高压氢气暴露后 NBR 试样的摩擦系数也会上升。此外，他们还发现氢暴露后填料种类（CB 和 SC）和填料含量（20phr、40phr 和 60phr）也会影响 NBR 的摩擦学特性。他们将 NBR 试样暴露在 96.6MPa 的高压氢气下一段时间，并使用定制的销盘测试仪测定氢暴露前后试样摩擦系数的变化。结果表明 NBR-CB40 和 NBR-CB60 试样在氢暴露后的摩擦系数相较于氢暴露之前增加了 1.5～2 倍，并且 NBR-CB 试样摩擦系数明显高于 NBR-SC 试样[25]。Byeonglyul 等猜测，这一结果可能与加入不同种类和含量填料条件下，橡胶内部的孔隙率差异有关。

4.3.3 磨损行为

除了摩擦系数之外，服役过程中橡胶密封件的磨损程度也是评价其摩擦学特性的一个重要指标，它可以反映特定条件下橡胶密封材料的耐磨性能。在氢能装备中，由于橡胶密封材料表面的损耗会直接影响其密封性能，因此，评价临氢环境橡胶密封材料的磨损行为是必要的。橡胶密封材料耐磨性能可为橡胶密封材料设计和选用提供参考依据。

4.3.3.1 原位环境

一般来说，橡胶密封材料的磨损率可用以下公式进行计算[21]：

$$X = KPVT \tag{4-10}$$

式中，K 为磨损率；X 为磨损深度；P 为法向力；V 为往复摩擦过程中磨球沿磨损轨迹的运动速率；T 为试验时间。通常，磨损率高度依赖于施加在橡胶密封材料表面的压力以及磨球运动速率。一旦摩擦磨损行为达到稳定状态，磨损率将会保持不变。然而，在临氢环境橡胶密封材料的原位摩擦磨损试验过程中，由于氢气压力会影响橡胶试样厚度等特征参数，则通过线性可变差动变压器（linear variable differential transformer，LVDT）测得的磨损深度数据可能无法准确反映真实服役工况下橡胶密封材料的磨损程度。然而，目前仍未有学者对此实验误差加以修正。因此，在原位摩擦磨损测试中仍以式（4-10）进行计算，以获得磨损因子 K^*：

$$K^* = \frac{X}{PVT} \tag{4-11}$$

已有研究表明，高压氢气会对橡胶试样产生压缩作用力，使橡胶分子链相互挤压和收缩，进而使试样表面变得更加致密，提高橡胶密封材料的耐磨性。Duranty 等[15] 开展了 28MPa 氢环境和常压空气环境下 EPDM 试样的原位摩擦磨损测试，并实时获取橡胶表面磨损深度和磨损因子以评估试样的磨损程度，结果如图 4-35 所示。可以看出，氢环境下 EPDM 试样的磨损深度和磨损因子均小于空气环境。这可能是因为高压氢气对 EPDM 试样产生压缩作用从而提高了橡胶表面耐磨性。

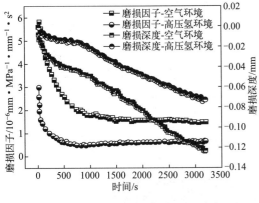

图 4-35　EPDM 在不同环境下的磨损
深度和磨损因子[15]

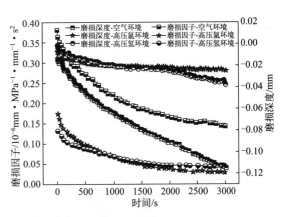

图 4-36　NBR 在不同环境下的磨损
深度和磨损因子[16]

在随后的研究中，Duranty 等[16] 对 NBR 试样在相同条件下进行了摩擦磨损试验，之后利用光学显微镜和光学轮廓显微镜对 NBR 试样进行表征，验证了上述判断：在氢暴露条件下，橡胶试样的损伤程度高于空气环境。如图 4-36 所示，NBR 试样的摩擦磨损试验结果与 EPDM 试样类似[16]，即高压氢环境下 NBR 试样具有更低的磨损因子和磨损深度。然而，磨痕表征结果显示，高压氢环境 NBR 试样中出现了更多的点蚀、凹陷、开裂和碎片生成等情况（图 4-37）。上述结果表明，临氢环境下橡胶试样损伤程度高于空气环境。此外，通过对比高压氢环境和高压氩气环境下 NBR 试样的磨损深度和磨损因子结果可发现，虽然高压氢气和高压氩气环境下橡胶表面的耐磨性都因静水压力的作用而得到提升，但高压氢环境下 NBR 试样的磨损因子和磨损深度仍然大于高压氩气环境，这再次证明氢气加剧了橡胶试样的损伤程度。

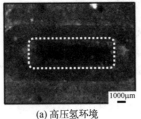
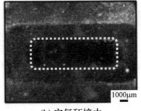

(a) 高压氢环境　　　　　　　　　(b) 空气环境中

图 4-37　不同介质环境下 NBR 试样原位摩擦磨损测试后的磨损轨迹图像[16]

为了深入探究添加剂对临氢环境橡胶磨损特性的影响，Kuang 等[22] 分别制备了 EP-DM 和 NBR 的四组试样：nF-nP（不含 CB/SC，不含 DOS）、nF-P（不含 CB/SC，含 DOS）、F-P（含 CB/SC，含 DOS）、F-nP（含 CB/SC，不含 DOS），并将试样在空气环境和 27.6MPa 氢气下进行了原位摩擦磨损测试，之后根据磨损深度计算得到了磨损因子，结果见表 4-3。同时，结合 HeIM 和光学轮廓仪对试样进行了表征，分析其氢暴露前后的磨损轨迹，如图 4-38 所示。实验结果表明，EPDM 和 NBR 的磨损行为受到高压氢气和添加剂的共同影响。与空气环境相比，氢环境下大部分试样的磨损量均有所减少。其中，由于氢分子与橡胶内部增塑剂的相互作用，高压氢环境下 NBR-F-nP 试样的磨损因子显著增加。由于 DOS 具有润滑特性，含有 DOS 的 NBR 和 EPDM 试样均得到了相对较低的磨损因子。相比之下，CB/SC 对橡胶试样耐磨性的增强效果较为微弱。

表 4-3　EPDM 和 NBR 在空气环境和高压氢环境下的磨损因子[22]

环境	EPDM-nF-nP	EPDM-nF-P	EPDM-F-P	EPDM-F-nP
空气环境	29.1	4.1	0.6	1.7
高压氢环境	0.3	0.9	0.1	0.3
环境	NBR-nF-nP	NBR-nF-P	NBR-F-P	NBR-F-nP
空气环境	0.18	0.28	0.39	0.33
高压氢环境	0.15	0.11	0.08	0.84

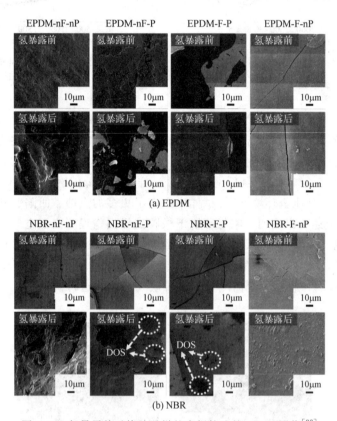

图 4-38　氢暴露前后橡胶试样的磨损轨迹的 HeIM 图像[22]

4.3.3.2　非原位环境

以下将对高压氢环境橡胶非原位磨损行为的研究成果进行系统阐述。Byeonglyul 等[25] 研究了 96.6MPa 高压氢暴露后填料特性对 NBR 试样磨损特性的影响。结果表明：与原位摩擦磨损测试结果相比，非原位摩擦磨损测试工况下没有氢气对橡胶表面的压缩作用力，即没有耐磨性强化驱动力，因此氢暴露后所有试样的磨损率均显著上升。他们将比磨损率 W_s 作为评价指标，以比较不同橡胶材料的耐磨性。比磨损率是磨损体积除以所施加的法向力和滑动距离的乘积，如式(4-12)。然而，氢暴露后，一部分橡胶试样的摩擦系数显著增加，但磨损量也相对较低。为考虑摩擦系数变化对耐磨性的影响，进一步使用式(4-13) 获取修正比磨损率 W_{ss}：采用由摩擦系数计算得到的摩擦力替代法向载荷，以纳入摩擦系数变化的影响，即磨损体积除以产生的摩擦力和滑动距离的乘积。

$$W_s = \frac{\Delta m}{\rho F_N S} \tag{4-12}$$

$$W_{ss} = \frac{\Delta m}{\rho F_f S} \tag{4-13}$$

式中，Δm 为磨损质量损失；ρ 为材料密度；F_N 为法向载荷；F_f 为平均摩擦系数计算出的摩擦力；S 为滑动总距离。

表 4-4 显示了氢暴露前后 NBR-CB 和 NBR-SC 试样的磨损试验对比结果。氢暴露后所有试样的修正比磨损率均显著上升。修正比磨损率越高，耐磨性越差。因此，氢暴露前的 NBR 试样的耐磨性高低排序为：NBR-CB60＞NBR-CB40＞NBR-SC60＞NBR-SC40＞NBR-SC20＞NBR-CB20，而氢暴露后 NBR 试样的耐磨性高低排序为：NBR-CB60＞NBR-CB40＞NBR-SC60＞NBR-SC40＞NBR-CB20＞NBR-SC20。这表明填料的加入会在一定程度上提高 NBR 试样的耐磨性，且随着填料含量的增加，耐磨性也会随之增强。此外，针对 NBR 材料，CB 的加入比 SC 具有更好的耐磨性增强效果。

表 4-4　氢暴露前后 NBR 试样的修正比磨损率[25]

试样	NBR-CB20	NBR-CB40	NBR-CB60	NBR-SC20	NBR-SC40	NBR-SC60
氢暴露前	6.08	1.25	0.29	6.06	5.38	2.11
氢暴露结束 1h 后	20.09	3.01	2.18	22.83	18.83	8.79

已有研究初步揭示了橡胶磨损机理[26]，即当橡胶表面发生形变并产生微小裂纹时，橡胶的磨损率会随之上升。临氢环境下橡胶密封材料会发生吸氢膨胀现象，导致橡胶分子链被破坏，进而引起橡胶硬度的下降。因此，在磨损过程中对磨面更容易形成较大的变形和磨损碎屑，造成粗糙的接触条件，进一步加剧了磨损。

此外，高压氢气泄压阶段会导致橡胶内部出现孔隙和裂纹，尤其是在 NBR-SC 中观察到了大量微孔洞。因此，有必要建立橡胶内部孔隙率与橡胶试样耐磨性关联关系。根据图 4-39 可知，填料的含量和种类确实会影响 NBR 试样内部孔隙的数量和大小，且不同填料填充的 NBR 试样的修正比磨损率与单位面积孔隙密度的变化趋势类似。这表明单位面积孔隙密度对橡胶密封材料的耐磨性有显著影响，即氢暴露后橡胶材料内部的裂纹损伤会降低橡胶材料的耐磨性。

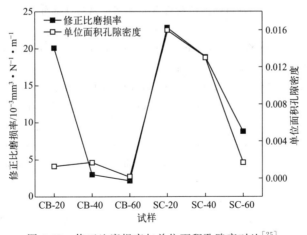

图 4-39　修正比磨损率与单位面积孔隙率对比[25]

对于压缩机、阀门等氢能装备和关键零部件，降低橡胶密封材料因动密封产生的摩擦磨损对于提升设备和部件的安全性和可靠性至关重要。然而，目前橡胶密封材料摩擦磨损性能表征方法标准化程度较低，且原位氢环境测试装置的研发进展相对缓慢。因此，亟须开展临氢环境橡胶密封材料原位摩擦磨损测试装置的研发和标准试验方法的编制等工作。此外，橡胶密封材料的氢传输特性与摩擦学特性关键参量之间的定量关系，以及橡胶材料氢致损伤对摩擦学特性的影响规律及机理需进一步探究。

参考文献

［1］ 周池楼 . 140MPa 高压氢气环境材料力学性能测试装置研究 ［D］. 杭州：浙江大学，2015.

［2］ 黄迷梅 . 液压气动密封与泄漏防治 ［M］. 北京：机械工业出版社，2003.

［3］ 刘后桂 . 密封技术 ［M］. 长沙：湖南科学技术出版社，1981.

［4］ Zhou C L，Chen G，Liu P. Finite element analysis of sealing performance of rubber D-ring seal in high-pressure hydrogen storage vessel ［J］. Journal of Failure Analysis and Prevention，2018，18（4）：846-855.

［5］ Mose B R，Nam J H，Seok L H，et al. Internal stress analysis of a stepped rounded D-ring under a uniform squeeze rate and internal pressure using a photoelastic experimental hybrid method ［J］. Journal of Mechanical Science and Technology，2013，27（8）：2413-2423.

［6］ Lee H S，Lee Y S，Chun B S，et al. Contact stress analysis on the X-shape ring ［J］. Materialwiss Werkstofftech，2008，39：193-197.

［7］ Zhou C L，He M，Chen G，et al. Numerical study on sealing characteristic of rubber X-ring exposed to high-pressure hydrogen by considering swelling effect ［J］. Industrial Lubrication and Tribology，2019，71（1）：133-138.

［8］ Shin D C，Hawong J S，Lee S W，et al. Contact behavior analysis of X-ring under internal pressure and uniformsqueeze rate using photoelastic experimental hybrid method ［J］. Journal of Mechanical Science and Technology，2014，28（10）：4063-4073.

［9］ 王冰清，余三成，孟祥铠，等 . 高压星形密封圈的密封性能分析 ［J］. 流体机械，2017，45（8）：37-42.

［10］ Zhou C，Chen G，Xiao S，et al. Study on fretting behavior of rubber O-ring seal in high-pressure gaseous hydrogen ［J］. International Journal of Hydrogen Energy，2019，44（40）：22569-22575.

［11］ 刘辉，尹明富，孙会来 . 三轴可燃冰试验机 X 形密封圈密封性能分析 ［J］. 现代制造工程，2020（01）：130-135.

［12］ Zhou C L，Zheng Y，Liu X. Fretting characteristics of rubber X-ring exposed to high-pressure gaseous hydrogen ［J］. Energies，2022，15（19）：7112.

［13］ Bingqing W，Xiangkai M，Xudong P，et al. Experimental investigations on the effect of rod surface roughness on lubrication characteristics of a hydraulic O-ring seal ［J］. Tribology International，2021，156：106791.

［14］ Bui X L，Pei Y T，Mulder E D G，et al. Adhesion improvement of hydrogenated diamond-like carbon thin films by pre-deposition plasma treatment of rubber substrate ［J］. Surface & Coatings Technology，2009，203（14）：1964-1970.

［15］ Duranty E R，Roosendaal T J，Pitman S G，et al. In situ high pressure hydrogen tribological testing of common polymer materials used in the hydrogen delivery infrastructure ［J］. Journal of Visualized Experiments，2018（133）：56884.

[16] Duranty E R，Roosendaal T J，Pitman S G，et al. An in situ tribometer for measuring friction and wear of polymers in a high pressure hydrogen environment ［J］. The Review of Scientific Instruments，2017，88 (9)：095114.

[17] Anonymous. 2015 ASME Pressure Vessels & Piping Conference ［J］. Mechanical Engineering，2015，137 (6)：83.

[18] El-Shafei A，Tawfick S H，Mokhtar M O. Experimental investigation of the effect of angular mis-alignment on the instability of plain journal bearings ［C］. International Joint Tribology Conference，2009：171-173.

[19] Yamabe J，Nishimura S. Tensile properties and swelling behavior of sealing rubber materials exposed to high-pressure hydrogen gas ［J］. Journal of Solid Mechanics and Materials Engineering，2012，6 (6)：466-477.

[20] Bell I，Groll E，Braun J，et al. Update on scroll compressor chamber geometry ［C］. International compressor engineering conference at Purdue，2010：1.

[21] Duranty A，Roosendaal P，Simmons B. Preliminary test methodology for linear reciprocating ball-on-flat in situ friction and wear studies of polymers in high pressure hydrogen ［R］. Pacific Northwest National Laboratory，2016：1-40.

[22] Kuang W，Bennett W D，Roosendaal T J，et al. In situ friction and wear behavior of rubber materials incorporating various fillers and/or a plasticizer in high-pressure hydrogen ［J］. Tribology International，2021，153：106627.

[23] Simmons K，Bhamidipaty K，Menon N，et al. Compatibility of polymeric materials used in the hydrogen infrastructure ［J］. Pacific Northwest National Laboratory，DOE Annual Merit Review，2017.

[24] Fujiwara H，Ono H，Nishimura S. Effects of fillers on the hydrogen uptake and volume expansion of acrylonitrile butadiene rubber composites exposed to high pressure hydrogen：-Property of polymeric materials for high pressure hydrogen devices (3) ［J］. International Journal of Hydrogen Energy，2022，47 (7)：4725-4740.

[25] Byeonglyul C，Kap J J，Bong B U，et al. Effect of functional fillers on tribological characteristics of acrylonitrile butadiene rubber after high-pressure hydrogen exposures ［J］. Polymers，2022，14 (5)：861.

[26] Dong C L，Yuan C Q，Bai X Q，et al. Tribological properties of aged nitrile butadiene rubber under dry sliding conditions ［J］. Wear，2015，322：226-237.

第 5 章
氢能装备橡胶密封结构设计

氢能装备橡胶密封结构设计共包括四大部分，分别是密封设计方法、密封性能预测、密封性能优化、密封结构的失效与防治。本章将围绕上述四个方面对临氢装备橡胶密封结构设计展开论述。

5.1 密封设计方法

由于橡胶 O 形圈密封在氢能装备中应用最为广泛，因此本节主要以橡胶 O 形圈为例，从选材原则、设计原则以及结构（沟槽、挡圈）设计方法等方面论述氢能装备橡胶密封的设计方法。

5.1.1 密封结构选材原则

5.1.1.1 密封材料性能与密封件性能的关系

橡胶密封材料性能会直接影响橡胶密封件性能，两者关系如表 5-1 所示[1]。

表 5-1 密封材料性能与密封件性能的关系[1]

密封材料性能指标		密封性能	摩擦性能	耐压性能	使用寿命	安装性能
力学性能	硬度	●	◎	●	●	◎
	强度	●		●	●	
	伸缩率				●	●
弹性		●	◎			◎
压缩永久变形		●	◎		●	
耐高温性能		●			●	
耐低温性能					●	
耐磨损性能					●	

164

密封材料性能指标	密封性能	摩擦性能	耐压性能	使用寿命	安装性能
摩擦系数		◎		◎	
弯曲疲劳强度				●	

注：●表示密封材料性能指标与密封件性能指标正相关；◎表示密封材料性能指标与密封件性能指标负相关。

5.1.1.2　密封材料氢相容性

橡胶密封材料的氢相容性是氢系统安全可靠运行的关键环节，是橡胶密封材料选材的重要依据。为保证临氢环境橡胶密封结构具备优异的密封性能，橡胶密封材料氢相容性指标要求如下。

① 氢渗透速率要求：氢渗透速率不超过 $0.8N \cdot cm^3/h$ 时，视作完全相容；在 $0.8 \sim 1.5N \cdot cm^3/h$ 时，视作部分相容；超过 $16N \cdot cm^3/h$ 时，视作完全不相容。

② 质量变化率要求：质量变化率不超过 0.25% 时，视作完全相容；在 0.25%～1% 时，视作部分相容；超过 6% 时，视作完全不相容。

③ 密度变化率要求：密度变化率不超过 0.25% 时，视作完全相容；在 0.25%～1% 时，视作部分相容；超过 6% 时，视作完全不相容。

④ 体积变化率要求：体积变化率不超过 2.5% 时，视作完全相容；在 2.5%～20% 时，视作部分相容；超过 90% 时，视作完全不相容。

⑤ 硬度变化率要求：硬度变化率不超过 2% 时，视作完全相容；在 2%～9% 时，视作部分相容；超过 25% 时，视作完全不相容。

⑥ 摩擦系数变化率要求：摩擦系数变化率不超过 3% 时，视作完全相容；在 3%～15% 时，视作部分相容；超过 50% 时，视作完全不相容。

⑦ 磨损系数变化率要求：磨损系数变化率不超过 3% 时，视作完全相容；在 3%～15% 时，视作部分相容；超过 50% 时，视作完全不相容。

⑧ 氢暴露试验后外观变化要求：氢暴露试验后，在视觉上观察试样外观，无明显变化时，视作完全相容；有轻微的褪色（无应力开裂、翘曲等）时，视作部分相容；有严重扭曲、开裂或降解时，视作完全不相容。

表 5-2 提供了橡胶密封材料氢相容性指标变化百分比对应的评定等级。此表中氢相容性评定等级从 0～10 不等。其中，0 代表完全不相容，10 代表完全相容。0 和 10 之间的数值是根据氢暴露试验前后橡胶材料特性变化情况而进行评定的。对橡胶材料在氢暴露前后的材料特性进行测试，计算材料特性变化率，再结合表 5-2 对每种材料的氢相容性进行等级评定。值得注意的是，若需要评价氢能装备其他类型的密封材料，则氢相容性评定等级标准可能会有所不同。

表 5-2　橡胶密封材料氢相容性评定等级

评估试验	氢相容性评定等级										
	10	9	8	7	6	5	4	3	2	1	0
渗透速率 /(N·cm³/h)	≤0.8	—	0.8～1.5	—	1.5～3	—	3～6	—	6～16	—	>16
质量变化率 /%	0～0.25	0.25～0.5	0.5～0.75	0.75～1	1～1.5	1.5～2	2～3	3～4	4～6	>6	—
密度变化率 /%	0～0.25	0.25～0.5	0.5～0.75	0.75～1	1～1.5	1.5～2	2～3	3.0～4.0	4.0～6.0	>6	—

续表

评估试验	氢相容性评定等级										
	10	9	8	7	6	5	4	3	2	1	0
体积变化率/%	0~2.5	2.5~5.0	5~10	10~20	20~30	30~40	40~50	50.0~70.0	70.0~90.0	>90	—
硬度变化率/%	0~2	2~4	4~6	6~9	9~12	12~15	15~18	18~21	21~25	>25	—
摩擦系数变化率/%	≤3	3~6	6~10	10~15	15~20	20~25	25~30	30~40	40~50	50~100	0
磨损速率变化率/%	≤3	3~6	6~10	10~15	15~20	20~25	25~30	30~40	40~50	50~100	0
视觉变化率	无变化	—	—	轻微褪色	褪色;稍有弹性	有些应力开裂;有弹性	翘曲;软化;吸氢膨胀	开裂;明显吸氢膨胀;脆	严重扭曲	已分解的	完全不相容

如在不同类型的密封工况下,密封件吸氢膨胀的许用值也会产生差异。密封件的吸氢膨胀会导致机械性能的恶化,特别是抗挤压性能等。在静密封中,吸氢膨胀可能会导致密封件发生挤出现象,而在动密封中,吸氢膨胀会导致摩擦系数增加和磨损率增大。因此,一般情况下对于静密封,吸氢膨胀率可以在25%~30%之间,而对于动密封,通常最大不应超过10%。但是在ISO 11114标准中略有差别,此标准中规定动密封应用中的密封件在正常使用条件下,体积膨胀不能超过15%,此外还应避免收缩,因为由收缩产生的压缩力损失将增加泄漏的风险。

为了便于直接对橡胶密封材料进行选材,本节还汇总了不同文献提供的氢能装备典型橡胶密封材料的氢相容性评价等级,如表5-3所示。表中将材料氢相容性划分为四个等级,分别为相容、部分相容、相容性较差以及暂无相关数据。由于不同文献所采用的氢相容性评价标准不尽相同,且每种橡胶材料又可进行细化分类,因此,表5-3并未严格按照表5-2提及的橡胶材料氢相容性指标变化百分比对应的评定等级进行换算,仅作为橡胶材料氢相容性的初步参考。在氢能装备实际应用中,应基于服役工况对特定橡胶材料进行氢暴露试验,再按照表5-2完成材料氢相容性评价。

表5-3 氢能装备典型橡胶密封材料的氢相容性评价等级表

材料类型	①	②	③	④	⑤	推荐等级	备注
NBR	A	A	A	A	A	A	A:相容 B:部分相容 C:相容性较差 —:暂无相关数据
HNBR	A	—	A	—	—	A	
EPDM	A	A	A	A	A	A	
FKM	A	A	A	A	A	A	
VMQ	C	C	A	C	B	C	
TPU	A	A	A	—	—	A	

① 数据来源于《Parker O-Ring Handbook》(产品手册);

② 数据来源于efunda.com(网站);

③ 数据来源于allorings.com(网站);

④ 数据来源于technoad.com(网站);

⑤ 数据来源于《ISO-11114-2》(标准)。

5.1.1.3　密封材料的选用

选用密封材料时，必须首先明确密封类型和工况参数，同时还要保证密封材料易加工成形和材料经济成本。以下将对橡胶密封材料的选用原则进行论述。

（1）氢相容性

橡胶材料与氢气的相容性是氢能装备橡胶密封材料选用的重要依据。必须选用与氢气相容性较好的密封材料，以最大化减小密封结构发生鼓泡断裂、吸氢膨胀、力学性能氢致劣化等密封材料氢损伤行为，有力保障密封结构的密封性能。

（2）密封类型

氢系统密封结构根据密封偶合面间有无相对运动，可分为静密封与动密封。动密封对橡胶密封材料的摩擦磨损特性要求较高，并应根据密封偶合面相对运动速度和行程选择摩擦系数和耐磨性能合理的密封材料。如果密封结构对相对运动速度有低速率要求，需重点关注密封材料的动摩擦系数和静摩擦系数之差[1]。

（3）密封件结构型式

应根据临氢环境实际服役工况下橡胶密封件的结构型式，选择弹性、强度、压缩永久变形等力学性能特征适配的橡胶密封材料。

（4）工作温度

不同橡胶密封材料的适用温度范围有较大差异。在选用氢能装备密封材料时，要随时关注每个密封结构的工作温度范围，特别是密封件在服役过程中可能面临的极限温度。结合每种橡胶密封材料的适用温度范围，选择合适的密封材料。

（5）工作压力

工作压力是氢能装备橡胶密封结构的关键工况参数，工作压力会对密封材料的氢渗透特性、氢致力学性能劣化、鼓泡损伤、吸氢膨胀等氢损伤行为产生较大影响。因此，应根据不同工作压力情况，选择合适的橡胶密封材料。

（6）环境污染

少部分氢能装备橡胶密封结构周围环境可能存在环境污染因素，比如粉尘污染，一定程度上会加剧密封材料的表面磨损。在此情况下，若无法控制污染源产生，则需选用耐磨性较好的密封材料，以延长密封结构的使用寿命。

（7）特殊机械载荷

氢系统用橡胶密封部件有时需承受振动载荷，对密封件的稳定性造成一定的考验。在此情况下，应选用具有优异弹性的橡胶密封材料，补偿因振动造成的位置偏移，避免密封面的接触应力不足，防止氢气泄漏。

（8）装配工艺

氢能装备橡胶密封结构的装配工艺会影响橡胶密封件的压缩永久变形和抗挤出失效等特性。因此，橡胶密封材料的选用需将密封结构的装配工艺考虑在内。

（9）标准规范

与金属材料相比，橡胶等聚合物材料有不少特殊要求，应符合相应国家标准和行业标准的规定。采用境外牌号材料时，应选用境外相关现行标准规范允许使用且已有成功使用实例的材料，其使用范围应符合材料境外相应产品标准的规定。

5.1.2 密封结构设计原则

通常而言，橡胶密封部件安装在密封沟槽内，利用橡胶自身弹性将密封接触面上的凹凸不平之处填满，从而实现密封效果，如图 5-1 所示。橡胶密封结构的密封性能很大程度上取决于橡胶密封件尺寸与密封沟槽尺寸的匹配度，即需具备合适的橡胶密封件预压缩量或预拉伸量。若橡胶密封件的预压缩量过小，则会引起氢气泄漏；若预压缩量过大，则会导致橡胶密封件发生应力松弛从而也引起氢气泄漏。同样，如果橡胶密封件的预拉伸量过大，也会加速橡胶老化而引起氢气泄漏。因此，为实现最佳密封效果，需要对橡胶密封件的预压缩量、预拉伸量等关键参数进行设计。在实际设计环节，通常使用预压缩率和预拉伸率代替预压缩量和预拉伸量。综上，对橡胶密封结构（重点是沟槽）进行设计时，应对密封件的预压缩率、预拉伸率、截面直径最大减小量、接触宽度等因素进行综合考虑[1]。

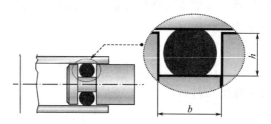

图 5-1　橡胶 O 形密封圈安装示意图

5.1.2.1 预压缩率

预压缩率是橡胶密封结构设计的关键参量。若预压缩率较大，则可获得较大的接触应力，但同时也会增加滑动摩擦力和压缩永久变形；若预压缩率较小，则接触应力也会较小，可能会因密封沟槽的同轴度误差和密封件的加工误差，而无法实现良好密封效果，因预压缩量互相抵消导致氢气泄漏。因此，在设计橡胶密封圈的预压缩率时，理应权衡以下几点要素：足够的密封接触面积、摩擦力尽可能小、尽量避免压缩永久变形。

橡胶 O 形密封圈的预压缩率 k 通常用下式进行计算[1,2]：

$$k = \frac{d_2 - d_2'}{d_2} \times 100\% \tag{5-1}$$

式中，d_2 指橡胶 O 形圈在自由状态下的截面直径，mm；d_2' 指沟槽槽底与被密封表面的距离，mm，即橡胶 O 形圈安装在沟槽内压缩变形后的截面高度。

值得注意的是，在橡胶密封结构的实际设计环节，为进一步提升密封效果，应考虑橡胶 O 形圈和密封沟槽的制造偏差。例如，活塞杆密封结构中，所选用的橡胶 O 形圈内径为 d_1，橡胶 O 形圈外径为 $d_1 + 2d_2$，密封沟槽槽底直径为 d_6，$d_1 + 2d_2$ 应不小于 d_6。最小预压缩率应等于零。此时预压缩率 k 一般用下式进行计算[2]：

$$k_{min} = \frac{(d_{1min} + 2d_{2min}) - d_{6max}}{d_{1min} + 2d_{2min}} \times 100\% = 0 \tag{5-2}$$

或

$$d_{6max} = d_{1max} + 2d_{2min} \tag{5-3}$$

$$k_{max} = \frac{(d_{1min} + 2d_{2max}) - d_{6min}}{d_{1max} + 2d_{2max}} \times 100\% \tag{5-4}$$

或
$$d_{6\min}=d_{1\max}+2d_{2\max}\left(1-\frac{k_{\max}}{100}\right) \tag{5-5}$$

式中，max 表示基本尺寸加上偏差；min 表示基本尺寸加下偏差。橡胶密封件的预压缩率选择应结合橡胶密封结构的密封类型。由 1.1.3 节可知，静密封又可分为径向密封与轴向密封，径向密封的泄漏间隙是径向间隙，轴向密封的泄漏间隙是轴向间隙。轴向密封根据氢气作用于橡胶密封件的内径还是外径，又可分为受内压轴向密封和受外压轴向密封。受内压轴向密封会增加橡胶密封件的预拉伸率，受外压轴向密封会降低橡胶密封件的预拉伸率。因此，橡胶密封圈的预压缩率选用区间，根据密封类型又略有区别，总结：径向密封：$k=10\%\sim15\%$；轴向密封：$k=15\%\sim30\%$；往复动密封：$k=10\%\sim15\%$；低摩擦系数密封：$k=5\%\sim8\%$。

在实际应用中，需考虑临氢环境下橡胶密封的吸氢膨胀效应，结合上述预压缩率选用范围，使橡胶密封圈的体积变化率不高于 15%。

5.1.2.2 预拉伸率

橡胶密封圈安装于密封沟槽后，需具有一定的预拉伸量。若预拉伸率过大，不仅会导致密封圈安装困难，也会使橡胶密封圈截面直径变化而导致密封圈预压缩率降低，从而引起氢气泄漏。

橡胶 O 形圈的预拉伸率 y 通常用下式进行计算[1]：
$$y=\frac{d_3+2d_2}{d_1+2d_2}\times100\% \tag{5-6}$$

式中，d_3 指密封沟槽槽底直径。

与预压缩率类似，为进一步提升密封效果，在设计时应考虑橡胶 O 形圈和密封沟槽的制造偏差。例如，在活塞密封结构中，所选用的橡胶 O 形圈内径 d_1 应不高于密封沟槽槽底直径 d_3，最大预拉伸率不得大于表 5-4 的规定值，最小预拉伸率应等于零[2]。此时预拉伸率 y 一般用下式进行计算：

$$y_{\min}=\frac{d_{3\min}-d_{1\max}}{d_{1\max}}\times100\%=0 \tag{5-7}$$

或
$$d_{3\min}=d_{1\max} \tag{5-8}$$

$$y_{\max}=\frac{d_{3\min}-d_{1\min}}{d_{1\min}}\times100\% \tag{5-9}$$

或
$$d_{3\max}=d_{1\min}\left(1+\frac{y_{\max}}{100}\right) \tag{5-10}$$

式中，$y_{\max}$ 应符合表 5-4 的规定。

表 5-4 活塞密封结构橡胶 O 形圈最大预拉伸率[2]

应用情况	橡胶 O 形圈内径 d_1/mm	$y_{\max}$/%
动密封或静密封	4.87~13.20	8
	14.0~38.7	6
	40.0~97.5	5
	100~200	4
	206~250	3
	258~400	3
静密封	412~670	2

5.1.2.3 截面直径最大减小量

橡胶 O 形圈在拉伸时，其截面直径会减小。截面直径最大减小量 a_{max} 通常用下式进行计算[2]：

$$a_{max} = \frac{d_{2min}}{10} \sqrt{6 \frac{d_{3max} - d_{1min}}{d_{1min}}} \tag{5-11}$$

当橡胶 O 形圈的预拉伸率低于 10％时，利用式(5-11)计算而得的截面直径最大减小量会略高于实际值。

5.1.2.4 接触宽度

当橡胶 O 形圈装入密封沟槽后，O 形圈截面会产生压缩变形。变形后的宽度及其与压盖的接触宽度都会直接影响橡胶 O 形圈的密封性能和使用寿命：若接触宽度过小，则会降低密封效果；若接触宽度过大，则会增加接触面之间的摩擦力，减少使用寿命。

橡胶 O 形圈变形后的宽度 B_0 与 O 形圈的预压缩率 k 和截面直径 d_0 紧密相关，可用下式进行计算[1]：

$$B_0 = \left(\frac{1}{1-k} - 0.6k \right) d_0 \tag{5-12}$$

其中，k 一般在 10％～40％区间，可根据 5.1.2.1 节和实际工况要求进行选取。

橡胶 O 形圈与压盖的接触宽度 b 计算公式如下：

$$b = (4k^2 + 0.34k + 0.31) d_0 \tag{5-13}$$

5.1.3 密封结构设计

5.1.3.1 沟槽设计

橡胶 O 形圈的尺寸与外观质量已标准化。橡胶密封结构的预压缩率和预拉伸率是由橡胶 O 形圈和密封沟槽尺寸共同决定的。当橡胶 O 形圈材料和规格选定后，则密封结构的预压缩率和预拉伸率便由密封沟槽决定。因此，密封沟槽的设计会影响整个密封结构的密封性能和使用寿命。参考 GB/T 3452.3[2]，密封沟槽的设计主要从沟槽的形状、型式、槽底直径、宽度、深度、尺寸公差与粗糙度、圆角与导入角等方面进行综合考虑。沟槽设计的一般原则是：加工容易、尺寸合理、精度易保证、密封件拆装较方便。

（1）沟槽形状

密封沟槽既可开在轴上，也可开在孔上，轴向密封则开在平面上。沟槽可分为矩形、V形、半圆形、燕尾形和三角形等形状。其中，矩形沟槽适用于动密封和静密封，应用最为广泛，其优点是加工容易，便于保证橡胶 O 形圈的预压缩率。V 形沟槽只适用于静密封或低压动密封，摩擦阻力大，容易发生挤出失效，应用较少。半圆形沟槽仅适用于旋转密封且应用很少。燕尾形沟槽适用于低摩擦密封，制造工艺性较为复杂，应用很少。三角形沟槽仅适用于法兰盘及螺栓颈部较窄处的密封结构中。

（2）沟槽型式

根据橡胶 O 形圈的压缩方向，沟槽型式可分为径向密封和轴向密封两种。径向密封又分为活塞密封沟槽型式、活塞杆密封沟槽型式、带挡圈密封沟槽型式；轴向密封型式分为受内部压力的沟槽型式和受外部压力的沟槽型式。这些不同的密封沟槽型式均应符合表5-5中的要求。

表5-5　橡胶O形圈密封沟槽型式[2]

径向密封		轴向密封	
活塞密封沟槽型式	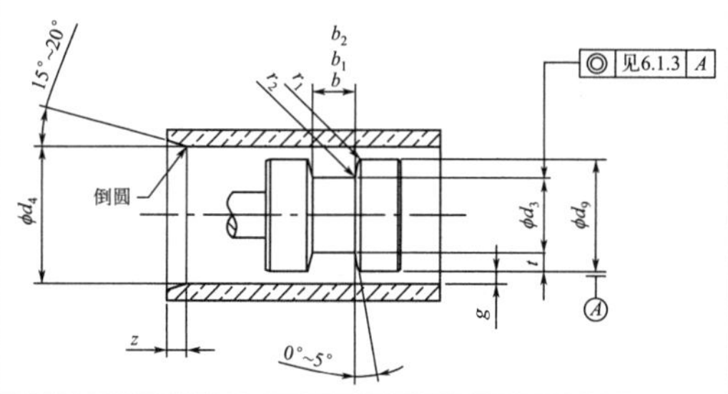	受内部压力的沟槽型式	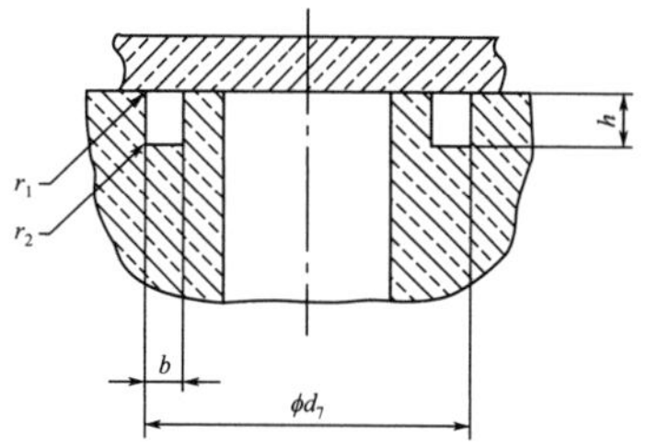
活塞杆密封沟槽型式	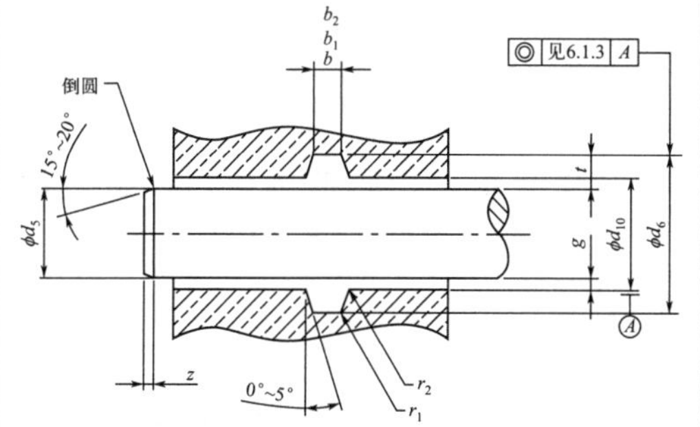	受外部压力的沟槽型式	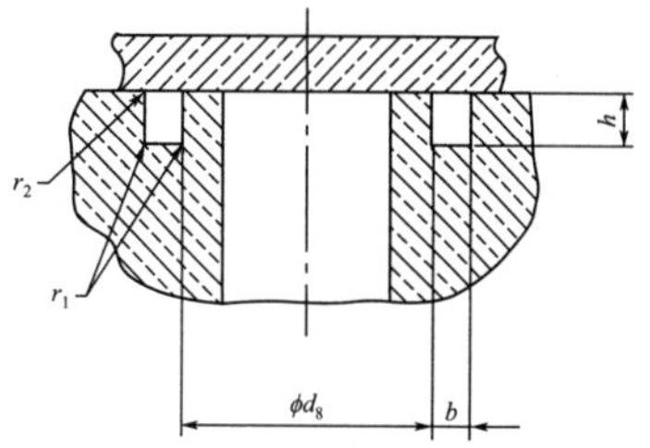
带挡圈密封沟槽型式	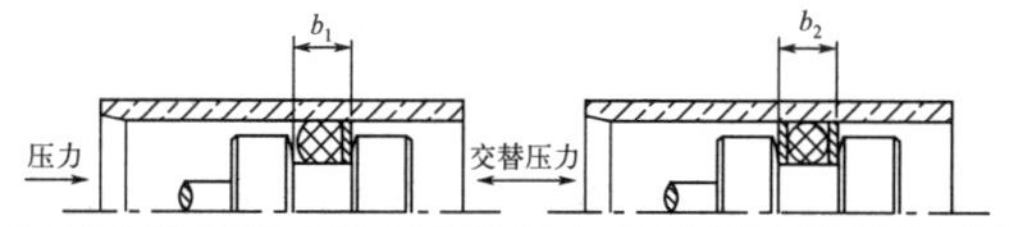		
符号含义 d_3:活塞密封沟槽槽底直径； d_4:活塞缸内径 d_5:活塞杆直径 d_6:活塞杆密封的沟槽槽底直径 d_7:轴向密封的沟槽外径(受内压) d_8:轴向的槽内径受外； d_9:活塞直径(活塞密封)；		d_{10}:活塞杆配合孔直径(活塞杆密封) b:橡胶O形圈沟槽宽度(无挡圈) b_1:加一个挡圈时的橡胶O形圈沟槽宽度 b_2:加两个挡圈时的橡胶O形圈沟槽宽度 h:轴向密封的橡胶O形沟槽深度 t:径向密封的橡胶O形沟槽深度 z:导角长度 r_1:槽底圆角半径 r_2:槽团角半径 g:单边径向间隙	

（3）沟槽槽底直径

① 径向密封沟槽槽底直径。应符合表5-6规定。

对于活塞密封沟槽型式，按下式计算活塞密封的沟槽槽底直径最大极限尺寸 d_{3max}：

$$d_{3max} = d_{4min} - 2t \tag{5-14}$$

式中，d_4 指活塞缸内径，mm；t 指径向密封的橡胶O形圈沟槽深度，mm。

活塞密封的沟槽槽底直径最小极限尺寸 d_{3min} 计算方法如下：首先，根据活塞缸内径 d_4 查标准 GB/T 3452.3[2] 中的表7（气动活塞动密封沟槽尺寸），得到适用的橡胶O形圈规格。其次，结合表5-7，由活塞缸内径公差确定活塞缸内径最小极限尺寸 d_{4min}。再次，通过表5-6确定沟槽深度 t。然后，按式(5-14)计算活塞密封的沟槽槽底直径最大极限尺寸

d_{3max}。最后，通过表 5-7 的沟槽槽底直径公差确定活塞密封的沟槽槽底直径 d_3 及活塞密封的沟槽槽底直径最小极限尺寸 d_{3min}。

表 5-6 径向密封的沟槽尺寸[2]　　　　　　　　　　　　mm

橡胶 O 形圈截面直径 d_2			1.80	2.65	3.55	5.30	7.00
沟槽宽度	动密封		2.2	3.4	4.6	6.9	9.3
沟槽深度 t	活塞密封 计算 d_3 用	动密封	1.4	2.15	2.95	4.5	6.1
		静密封	1.32	2.0	2.9	4.31	5.85
	活塞杆密封 计算 d_6 用	动密封	1.4	2.15	2.95	4.5	6.1
		静密封	1.32	2.0	2.9	4.31	5.85
最小导角长度 z_{min}			1.1	1.5	1.8	2.7	3.6
沟槽底圆角半径 r_1			0.2～0.4		0.4～0.8		0.8～1.2
沟槽棱圆角半径 r_2			0.1～0.3				

注：t 值考虑了 O 形圈的压缩率，允许活塞或活塞杆密封沟槽深度值按实际需要选定。

对于活塞杆密封的沟槽型式，按下式计算活塞杆密封的沟槽槽底直径最小极限尺寸 d_{6min}：

$$d_{6min} = d_{5max} + 2t \tag{5-15}$$

式中，d_{5max} 指活塞杆直径最大极限尺寸，mm。

活塞杆密封的沟槽槽底直径最大极限尺寸 d_{6max} 计算方法如下：首先，根据活塞杆直径 d_5 查标准 GB/T 3452.3[2] 中表 8（气动活塞静密封沟槽尺寸），得到适用的橡胶 O 形圈规格。其次，结合表 5-7，由活塞杆直径公差确定活塞杆直径的最大极限尺寸 d_{5max}。再次，通过表 5-6 确定沟槽深度 t。然后，按式(5-15) 计算活塞杆密封沟槽槽底直径最小极限尺寸 d_{6min}。最后，通过表 5-7 的沟槽槽底直径公差确定活塞杆密封沟槽槽底直径 d_6 及活塞杆密封沟槽槽底直径最大极限尺寸 d_{6max}。

表 5-7 密封沟槽尺寸公差[2]　　　　　　　　　　　　mm

O 形圈截面直径 d_2	1.8	2.65	3.55	5.30	7.00
轴向密封时沟槽深度 h		+0.05 0		+0.10 0	
活塞缸内径 d_4	H8				
沟槽槽底直径（活塞密封）d_3	h9				
活塞直径 d_9	f7				
活塞杆直径 d_5	f7				
沟槽槽底直径（活塞杆密封）d_6	H9				
活塞杆配合孔直径 d_{10}	H8				
轴向密封时沟槽外径 d_7	H11				
轴向密封时沟槽内径 d_8	H11				
形圈沟槽宽度 b、b_1、b_2	+0.25 0				

注：为适应特殊应用需要，d_3、d_4、d_5、d_6 的公差范围可以改变。

② 轴向密封沟槽外径和内径。应符合表5-8规定。

表5-8 轴向密封沟槽尺寸[2]   mm

橡胶O形圈截面直径 d_2	1.80	2.65	3.55	5.30	7.00
沟槽宽度 b	2.6	3.8	5.0	7.3	9.7
沟槽深度 h	1.28	1.97	2.75	4.24	5.72
沟槽槽底倒圆角半径 r_1	0.2～0.4		0.4～0.8		0.8～1.2
沟槽槽口倒圆角半径 r_2	0.1～0.3				

受内部压力轴向密封的沟槽外径 d_7 基本按照下列关系进行确定：

$$d_7(基本尺寸) \leqslant d_1(基本尺寸) \leqslant 2d_2(基本尺寸)$$

受外部压力轴向密封的沟槽外径 d_8 基本按照下列关系进行确定：

$$d_8(基本尺寸) \leqslant d_1(基本尺寸)$$

（4）沟槽宽度

沟槽的宽度和深度是密封沟槽的关键尺寸参数，其设计环节主要依据橡胶O形圈的尺寸参数，即可按照橡胶O形圈的体积以估算沟槽的体积。考虑到当橡胶O形圈与氢气接触时，橡胶O形圈会发生体积膨胀现象，再加之橡胶本身是近似不可压缩材料，因此当橡胶以一定的预压缩率安装至密封沟槽后，沟槽应至少预留一部分空间用于容纳橡胶体积膨胀量。此外，沟槽预留空间会使动密封状态下的橡胶O形圈发生轻微滚动。若沟槽宽度过小，则橡胶O形圈无法滚动，引起严重的磨损；若沟槽宽度过大，则橡胶O形圈容易随着压力波动而发生"游动"，引起密封失效。因此，选择合适的沟槽宽度至关重要。

通常而言，静、动密封结构中橡胶O形圈的允许吸氢膨胀率分别为 $25\%\sim30\%$、$10\%\sim15\%$，且橡胶O形圈的截面面积占据沟槽截面面积的 85% 以上。因此，沟槽体积应比橡胶O形圈体积高 15% 左右。本节将以吸氢膨胀率 15% 为例计算沟槽宽度 $b^{[1,2]}$：

$$V_h = 1.15V_o \tag{5-16}$$

式中，V_h 指沟槽最小体积；V_o 指橡胶O形圈的最大体积。

$$V_o = 2.4674(d_{1max} + d_{2max})(d_{2max})^2 \tag{5-17}$$

由密封沟槽圆角半径而减小的体积按下面两式计算：

$$V_{r3} = 1.35d_{3max}r_{1max}^2 \tag{5-18}$$

$$V_{r4} = 1.35d_{3min}r_{1max}^2 \tag{5-19}$$

式中，V_{r3} 指由活塞密封沟槽圆角半径而减少的沟槽体积（近似值）；V_{r4} 指由活塞杆密封沟槽圆角半径而减少的沟槽体积（近似值）。

则沟槽宽度 b 可按下列两式进行计算：

对活塞密封

$$b = \frac{1.15V_o + V_{r3}}{0.7854(d_{4min}^2 - d_{3min}^2)} \tag{5-20}$$

对活塞杆密封

$$b = \frac{1.15V_o + V_{r4}}{0.7854(d_{6min}^2 - d_{5max}^2)} \tag{5-21}$$

（5）沟槽深度

密封沟槽深度主要取决于橡胶O形圈的预压缩率。沟槽深度与密封间隙之和，应小于自由状态下橡胶 O 形圈的截面直径，以保证橡胶 O 形圈所需的预压缩率。

常见的活塞密封、活塞杆密封沟槽深度极限值及对应的预压缩率极限值应符合表 5-9 的规定，轴向密封沟槽深度极限值及对应的预压缩率极限值应符合表 5-10 的规定。图 5-2 表示橡胶 O 形圈受挤压后的最大和最小预压缩率与 O 形圈截面直径的对应关系，将预压缩率代入式(5-22)～式(5-25) 即可计算沟槽深度 t 或 h[2]。

表 5-9　活塞密封、活塞杆密封沟槽深度极限值及对应的预压缩率极限值[2]

应用	截面直径 d_2/mm	1.80±0.08		2.65±0.09		3.55±0.1		5.30±0.13		7.00±0.15	
		min	max	min	max	min	max	min	max	min	max
动密封	深度 t/mm	1.40	1.56	2.14	2.34	2.92	3.23	4.51	4.89	6.04	6.51
	预压缩率 k/%	9.5	25.5	8.5	22.0	6.5	20.0	5.5	7.0	5.0	15.5
静密封	深度 t/mm	1.31	1.49	1.97	2.23	2.80	3.07	4.30	4.63	5.83	6.16
	预压缩率 k/%	13.5	30.5	13.0	28.0	11.5	27.5	11.0	26.0	10.5	24.0

注：本表给出的是极限值，活塞杆密封沟槽深度及对应的压缩率应根据实际需要选定。

表 5-10　轴向密封沟槽深度极限值及对应的预压缩率极限值[2]

应用	截面直径 d_2/mm	1.80±0.08		2.65±0.09		3.55±0.1		5.30±0.13		7.00±0.15	
		min	max	min	max	min	max	min	max	min	max
轴向密封	深度 h/mm	1.23	1.33	1.92	2.02	2.70	2.79	4.13	4.34	5.65	5.82
	预压缩率 k/%	22.5	34.5	21.0	30.0	19.0	26.0	16.0	24.0	15.0	21.0

径向密封
$$t_{\min} = d_{2\max}\left(1 - \frac{k_{\max}}{100}\right) \tag{5-22}$$

$$t_{\max} = d_{2\min}\left(1 - \frac{k_{\min}}{100}\right) \tag{5-23}$$

轴向密封
$$h_{\min} = d_{2\max}\left(1 - \frac{k_{\max}}{100}\right) \tag{5-24}$$

$$h_{\max} = d_{2\min}\left(1 - \frac{k_{\min}}{100}\right) \tag{5-25}$$

预压缩率可以用于补偿拉伸引起的橡胶 O 形圈截面直径减小和沟槽加工误差，并保证密封结构在正常工作条件下具有良好的密封性。对于特殊应用情况，可通过修改沟槽深度或预压缩率，以达到理想密封效果，并应考虑拉伸对橡胶 O 形圈截面的影响。

（6）尺寸公差与粗糙度

密封沟槽的尺寸公差与表面粗糙度，直接影响着橡胶 O 形圈的密封性能和沟槽的工艺性。密封沟槽的尺寸公差应符合表 5-7 规定。沟槽的同轴度公差也有一定要求，如活塞杆配合孔直径 d_{10} 和活塞杆密封沟槽槽底直径 d_6 之间的同轴度公差，活塞直径 d_9 和活塞密封沟槽槽底直径 d_3 之间的同轴度公差，均应满足下列要求：

① 当沟槽直径≤50mm 时，同轴度公差应不大于 ϕ0.025mm。

② 当沟槽直径＞50mm 时，同轴度公差应不大于 ϕ0.050mm。

密封沟槽的表面粗糙度应符合表 5-11 规定。

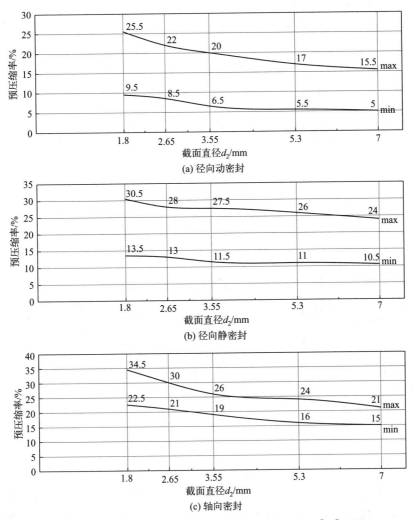

图 5-2　O 形圈受挤压后的最大和最小预压缩率[1,2]

表 5-11　密封沟槽和配合件表面的粗糙度[2]　　　　　　　　　　　　　μm

表面	应用情况	压力情况	表面粗糙度	
			Ra	Ry
密封沟槽的底面和侧面	静密封	无交变、无脉冲	3.2(1.6)	12.5(6.3)
		交变或脉冲	1.6	6.3
	动密封	—	1.6(0.8)	6.3(3.2)
配合表面	静密封	无交变、无脉冲	1.6(0.8)	6.3(3.2)
		交变或脉冲	0.8	3.2
	动密封	—	0.4	1.6
倒角表面			3.2	12.5

（7）倒角与倒圆角

橡胶 O 形圈安装过程中所接触的零件，必须要有规定的倒角和倒圆角。倒角在 O 形圈安装时具有导向作用，而倒圆角是为了防止装配时刮伤橡胶 O 形圈而设计的，这些设计从装配初始阶段消除损伤和密封失效的可能。倒角一般包括沟槽槽口，径向密封中的轴、径向密封中的孔。沟槽槽口在倒角之后，一般还要倒圆角，可以避免该处形成锋利的刃口，通常采用较小的圆角半径，仅为 $0.1 \sim 0.3$mm。圆角不宜过大，可以使橡胶 O 形圈稳定安装，以免橡胶 O 形圈发生挤出失效。径向密封中的轴和孔的倒角和倒圆角如图 5-3 所示。为了便于设计，将倒角的最小长度 z，作为橡胶 O 形圈截面直径相关的参数，列于表 5-12 中。

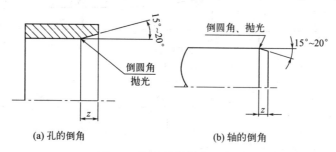

(a) 孔的倒角   (b) 轴的倒角

图 5-3 孔和轴的倒角示意图

表 5-12 导入倒角最小长度对应的橡胶 O 形圈截面直径   mm

导入倒角最小长度(z_{min})		O 形圈截面直径 d_2
15°	20°	—
2.5	1.5	≤1.78
3.0	2.0	≤2.62
3.5	2.5	≤3.53
4.5	3.5	≤5.33
5.0	4.0	≤6.99
6.0	4.5	>6.99

沟槽槽底倒圆角主要用于避免该处产生应力集中，此外若槽底未倒圆角，则在沟槽加工过程中刀具容易磨损或断裂。动密封用密封沟槽槽底圆角半径为 $0.3 \sim 1$mm。静密封用密封沟槽槽底圆角半径为 $0.2 \sim 1.2$mm（可参照表 5-8），除表中常见尺寸外，密封沟槽槽底圆角半径一般可取橡胶 O 形圈截面直径的一半。

5.1.3.2 挡圈设计

挡圈的作用是防止橡胶 O 形圈发生挤出失效（图 5-4），提升橡胶密封结构的最大承压能力。橡胶 O 形圈挤出失效是指：橡胶 O 形圈在密封沟槽中受到氢气压力的作用后会发生变化，被挤入到密封间隙中，导致橡胶 O 形圈遭受损伤破坏，甚至引起密封失效。在橡胶密封结构中加入挡圈后，在氢气压力的作用下，橡胶 O 形圈会优先向挡圈靠拢，随着氢气压力的增加，橡胶 O 形圈与挡圈相互挤压。由于两者均为弹性体，会同时发生变形，向各自的边缘进行扩展，从而避免了橡胶 O 形圈的挤出失效现象。然而，挡圈的加入，会增加密封接触面之间的摩擦力，加速密封件的磨

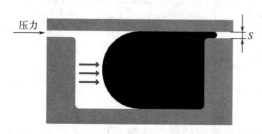

图 5-4 橡胶 O 形圈挤出失效示意图

损[1]，且当氢气压力足够高时，挡圈本身也有可能发生挤出失效。因此，是否安装挡圈，主要与橡胶 O 形圈的挤出失效极限有关，而该极限又同时取决于氢气压力、橡胶硬度、密封间隙等。比如，当密封间隙过大时，橡胶 O 形圈容易发生挤出失效；当密封间隙过小时，则橡胶 O 形圈的加工制造成本高且密封结构装配困难。

（1）设计基本原则

挡圈设计的一般原则是：两个挡圈搭配使用，即在橡胶 O 形圈两侧各设置一个挡圈；如果橡胶 O 形圈是单向受压，则可以只在橡胶 O 形圈单侧设置一个挡圈，即橡胶 O 形圈位于挡圈和氢气之间。通常而言，在挡圈设计环节，需综合考虑氢气压力、橡胶硬度、密封间隙等因素。

图 5-5 显示了橡胶 O 形圈挤出极限，给出了最大工作压力、橡胶硬度以及密封间隙之间的关系。此外，表 5-13 对密封间隙值 S、氢气压力、橡胶硬度以及橡胶 O 形圈截面直径的关联关系进行了总结。

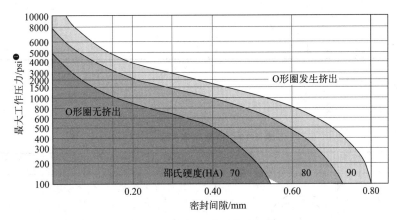

图 5-5　橡胶 O 形圈挤出极限

表 5-13　不同截面直径 O 形圈的挤出极限　　　　　　　　　　　　　　　　　mm

橡胶 O 形圈截面直径 d_2	≤2	2～3	3～5	5～7	＞7
邵氏硬度（HA）为 70 的 O 形圈					
压力/MPa	密封间隙 S				
≤3.5	0.08	0.09	0.10	0.13	0.15
≤7.0	0.05	0.07	0.08	0.09	0.10
≤10.5	0.03	0.04	0.05	0.07	0.08
邵氏硬度（HA）为 90 的 O 形圈					
压力/MPa	密封间隙 S				
≤3.5	0.13	0.15	0.20	0.23	0.25
≤7.0	0.10	0.13	0.15	0.18	0.20
≤10.5	0.07	0.09	0.10	0.13	0.15
≤14	0.05	0.07	0.08	0.09	0.10
≤17.5	0.04	0.05	0.07	0.08	0.09
≤21	0.03	0.04	0.05	0.07	0.08
≤35	0.02	0.03	0.03	0.04	0.04

❶ 1psi＝0.006895MPa。

（2）材料选择

常用挡圈材料包括皮革、硬橡胶、聚四氟乙烯、尼龙 6、尼龙 1010 等。其中，聚四氟乙烯挡圈应用最为广泛。聚四氟乙烯具有工作精度高、耐化学品性能优异、相容性好、无硬化破损现象、使用温度范围宽、摩擦力小、无吸水性、不易老化等优点。

（3）尺寸设计

挡圈的具体尺寸可查表 5-14。

表 5-14　挡圈具体尺寸　　　　　　　　　　　　　　　　　mm

外径 D_2	厚度 T	极限偏差			使用范围	材料
		T	D_2	D_2		
≤30	1.25	±0.1	−0.14	+0.14	参考 表 5-15	聚四氟乙烯、尼龙 6、 尼龙 1010（硬度大于 90HS）
≤118	1.5	±0.12	−0.20	+0.20		
≤315	2.0	±0.12	−0.25	+0.25		
>315	2.5	±0.15	−0.25	+0.25		

（4）类型

挡圈具体类型可查表 5-15。

表 5-15　挡圈具体类型[1,3,4]

名称	结构类型	应用场景
整体式		使用压力可达 70MPa
螺旋式		使用压力可达 25MPa
缺口式		使用压力可达 70MPa
凹面式		适用于高脉冲压力下，其较大的接触表面可保护橡胶 O 形圈，防止变形

5.2　密封性能预测

5.2.1　密封特性预测

氢系统用橡胶密封圈与高纯氢气直接接触，此过程将会发生氢的吸附、侵入、溶解和扩散。溶解在橡胶密封圈内部的氢将会导致其体积发生明显增加造成橡胶的溶胀（即吸氢膨胀现象）。随着氢气压力的升高，橡胶密封圈的吸氢膨胀愈明显，其如何影响密封特性（尤其是对密封面上的接触应力和 Mises 应力的影响）是急亟解决的问题。为此，周池楼等[5] 基于有限元软件 ABAQUS，通过编写用户材料子程序（UMAT），建立了考虑吸氢膨胀效应的高压氢气橡胶密封圈组合密封有限元模型，为高压氢系统橡胶密封圈组合密封设计与性能预测提供理论依据和技术支撑。下文将对其进行详细描述。

5.2.1.1　理论模型

（1）氢扩散模型

根据 Fick 第二定律，氢在橡胶材料中的扩散控制方程为[6]：

$$\frac{\partial c_H}{\partial \tau} = D_H \left(\frac{\partial^2 c_H}{\partial x^2} + \frac{\partial^2 c_H}{\partial y^2} + \frac{\partial^2 c_H}{\partial z^2} \right) \tag{5-26}$$

式中，$\partial / \partial \tau$ 为时间微分；c_H 为氢浓度；D_H 为氢扩散系数。

（2）本构模型

根据连续介质力学，变形梯度张量定义如下：

$$\boldsymbol{F} = \frac{\partial \boldsymbol{x}}{\partial X} \tag{5-27}$$

式中，$\boldsymbol{x}$ 为空间坐标或 Euler 坐标；X 为物质坐标或 Lagrange 坐标。

右和左 Cauchy-Green 变形张量 $\boldsymbol{C}$、$\boldsymbol{B}$ 可分别表示为：

$$\boldsymbol{C} = \boldsymbol{F}^T \boldsymbol{F}, \boldsymbol{B} = \boldsymbol{F}^T \tag{5-28}$$

则有 Green-Lagrange 应变张量为：

$$\boldsymbol{E} = \frac{1}{2} (\boldsymbol{F}^T \boldsymbol{F} - \boldsymbol{I}) = \frac{1}{2} (\boldsymbol{C} - \boldsymbol{I}) \tag{5-29}$$

式中，$\boldsymbol{I}$ 为单位矩阵。

橡胶材料作为一种超弹性材料，一般使用应变能密度函数（W）来表征其力学特性[7]：

$$W = f(I_1, I_2, I_3) \tag{5-30}$$

式中，I_1、I_2、I_3 为变形张量的三个不变量，分别为：

$$I_1 = \text{tr}(\boldsymbol{C}) = (\lambda_1)^2 + (\lambda_2)^2 + (\lambda_3)^2 \tag{5-31}$$

$$I_2 = \frac{1}{2} [I_1 - \text{tr}(\boldsymbol{C}^2)] = (\lambda_1 \lambda_2)^2 + (\lambda_1 \lambda_3)^2 + (\lambda_2 \lambda_3)^2 \tag{5-32}$$

$$I_3 = \det(\boldsymbol{C}) = (\lambda_1 \lambda_2 \lambda_3)^2 \tag{5-33}$$

式中，λ_1、λ_2、λ_3 分别为主拉伸比。

由 Green 弹性假设，第二类 Piola-Kirchhoff 应力 S 可由应变能密度函数导出：

$$\boldsymbol{S} = \frac{\partial \overline{W}}{\partial \boldsymbol{E}} \quad \text{或} \quad \boldsymbol{S} = 2 \frac{\partial W}{\partial \boldsymbol{C}} \tag{5-34}$$

把式(5-30)代入式(5-34)，可得：

$$S = 2\left(\frac{\partial W}{\partial I_1}\frac{\partial I_1}{\partial \boldsymbol{C}} + \frac{\partial W}{\partial I_2}\frac{\partial I_2}{\partial \boldsymbol{C}} + \frac{\partial W}{\partial I_3}\frac{\partial I_3}{\partial \boldsymbol{C}}\right) \tag{5-35}$$

由于 $\frac{\partial I_1}{\partial \boldsymbol{C}} = \boldsymbol{I}$，$\frac{\partial I_2}{\partial \boldsymbol{C}} = I_1\boldsymbol{I} - \boldsymbol{C}$，$\frac{\partial I_3}{\partial \boldsymbol{C}} = I_3\boldsymbol{C}^{-1}$，因此式(5-35)可转化为：

$$S = 2\left[\frac{\partial W}{\partial I_1}\boldsymbol{I} + \frac{\partial W}{\partial I_2}(I_1\boldsymbol{I} - \boldsymbol{C}) + \frac{\partial W}{\partial I_3}I_3\boldsymbol{C}^{-1}\right] \tag{5-36}$$

又，Cauchy 应力的表达式为：

$$\boldsymbol{\sigma} = \frac{1}{J}\boldsymbol{F}\boldsymbol{F}^{\mathrm{T}} \tag{5-37}$$

式中，$J = \det(F)$；det 表示行列式。由此可导出：

$$\boldsymbol{\sigma} = \frac{2}{J}\left[\frac{\partial W}{\partial I_1}\boldsymbol{B} + \frac{\partial W}{\partial I_2}(I_1\boldsymbol{B} - \boldsymbol{B}\boldsymbol{B}) + \frac{\partial W}{\partial I_3}I_3\boldsymbol{I}\right] \tag{5-38}$$

对于近似不可压缩的超弹性材料，有 $I_3 = 1$，因而 W 仅与 I_1、I_2 有关。则式(5-38)可转化为：

$$\boldsymbol{\sigma} = -p\boldsymbol{I} + 2\left(\frac{\partial W}{\partial I_1} + I_1\frac{\partial W}{\partial I_2}\right)\boldsymbol{B} - 2\frac{\partial W}{\partial I_2}\boldsymbol{B}^2 \tag{5-39}$$

式中，p 为静水压力。

Rivlin[8] 在 Mooney 的理论基础上推导出适用于不可压缩橡胶材料的一般形式的应变能函数 W，也就是多项式形式的应变能 Mooney-Rivlin 函数，即式(5-30)可表示为

$$W = \sum_{i+j=1}^{N} C_{ij}(I_1 - 3)^i(I_2 - 3)^j \tag{5-40}$$

式中，C_{ij} 为材料常数，由实验测定，且满足 $C_{00} = 0$。

组合密封结构中橡胶密封圈与氢气直接接触，因此橡胶密封圈的力学响应受耦合吸氢膨胀效应的影响。基于此，提出如下耦合氢致应变模型：认为应变由两部分构成，即

$$\varepsilon_{ij} = \varepsilon_{ij}^{\mathrm{e}} + \varepsilon_{ij}^{\mathrm{H}} \tag{5-41}$$

式中，ε_{ij} 为总应变；$\varepsilon_{ij}^{\mathrm{e}}$ 为超弹性应变；$\varepsilon_{ij}^{\mathrm{H}}$ 为氢致应变。并且假定橡胶材料发生的是各向均匀的体积膨胀，则橡胶内部溶解氢导致的氢致应变由下式表征：

$$\varepsilon_{ij}^{\mathrm{H}} = \mathrm{XT}(c_{\mathrm{H}})\delta_{ij} \tag{5-42}$$

式中，$\mathrm{XT}(c_{\mathrm{H}})$ 为溶解氢引起的单位长度的变形量（即变形率），与氢浓度有关，由实验确定；δ_{ij} 为 Kronecker 符号。

5.2.1.2 有限元模型

为避免橡胶密封圈（尤其是在高压工况下）出现挤出失效，采用了 4.1.2 节所述的典型橡胶组合密封结构。如果是动密封特性预测，密封结构细节需结合图 4-19。

（1）分析方法

有限元软件 ABAQUS 提供了用户材料接口——用户材料子程序（UMAT），用于将用户自定义的材料本构模型嵌入到 ABAQUS 主程序中进行二次开发，UMAT 的主要功能是根据本构关系，由当前的状态（应力、应变和状态变量等）和应变增量，求解应力增量，对当前状态进行更新得到下一步的状态，返回 Jacobian 矩阵给主程序以形成整体刚度矩阵并

暂存状态变量，然后进行下一增量步的求解。基于上述思路，结合前面提出的本构模型，采用 FORTRAN 语言开发了耦合氢致应变的橡胶超弹性本构用户材料子程序 UMAT，计算流程如图 5-6 所示[5]。

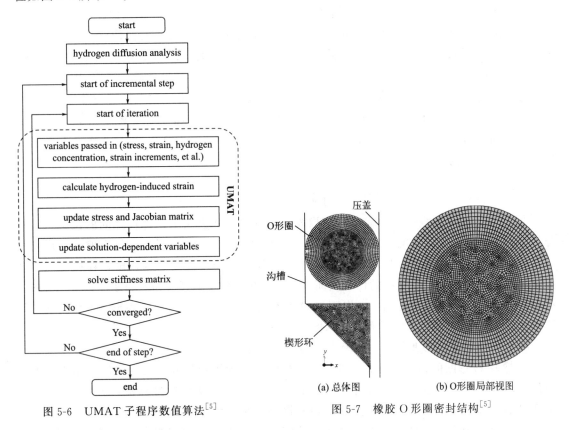

图 5-6　UMAT 子程序数值算法[5]　　　　　图 5-7　橡胶 O 形圈密封结构[5]

（2）模型假设

为简化模型、提高模型收敛性及计算精度，在建立橡胶组合密封数值模型时，做出以下合理假设：

① 忽略密封结构的重量，认为密封结构符合轴对称要求，采用二维轴对称模型。

② 金属的弹性模量一般在 210GPa 左右，而橡胶密封圈的弹性模量仅为 1～20MPa，二者相差太大。因此不考虑金属部件的变形，将其视为不可变形的刚体。

③ 橡胶密封圈为各向同性、均匀连续的材料。忽略橡胶材料的蠕变特性和应力松弛特性。

（3）模型建立

① 网格划分　结合实际密封结构的轴对称性，建立由橡胶密封圈（此处以橡胶 O 形圈为例）、楔形环（挡圈）、密封沟槽和压盖组成的平面轴对称模型。选择橡胶 O 形圈截面直径为 5.7mm。密封沟槽及压盖的材料为低合金钢。金属的弹性模量远大于橡胶的弹性模量，故不考虑密封沟槽和压盖的变形，采用解析刚体对其进行建模，最终模型仅需对橡胶 O 形圈和楔形环划分网格。经网格敏感性分析，橡胶组合密封结构有限元模型的网格划分如图 5-7 所示[5]。其中，橡胶 O 形圈为近似不可压缩材料，单元类型采用细化网格的一阶四边形轴对称杂交（Hybrid）单元 CAX4H，三角形网格自动退化为 CAX3H 单元，单元总数为

3314 个。对于楔形环则采用细化网格的一阶四边形轴对称非协调单元 CAX4I，三角形网格自动退化为 CAX3 单元，单元总数为 1514 个。

② 材料属性 O 形圈材料选用具有良好抗氢脆性能的 NBR（丙烯腈含量为 18%），且已有研究表明此类橡胶材料虽然会发生吸氢膨胀现象，但其在临氢环境拉伸试验中的拉伸应力-应变曲线几乎不受氢气压力的影响[9]。其拉伸性能参考文献给出的拉伸试验应力应变实测数据[9]，基于式（5-40）对实验数据进行拟合获得应变能密度函数对应的材料参数为：1.096MPa（C_{10}），0.809MPa（C_{01}）和 0.513MPa（C_{20}）。对于楔形环，选用 PEEK 材料，其弹性模量为 2800MPa，泊松比为 0.45，根据 NBR 在 100MPa 氢气中的吸氢膨胀实验[9]，可得其在 100MPa 氢气中达饱和状态后的氢浓度为 1000mg/kg，吸氢膨胀引起的应变为 5%。且橡胶材料中氢致应变与氢浓度成正比例线性关系[10]。因此，式（5-42）中变形率 $XT(c_H)$ 表达式为：

$$XT(c_H) = \frac{c_H}{1000} \times 0.05 = 5c_H \times 10^{-5} \tag{5-43}$$

③ 边界条件与加载方式 临氢环境橡胶组合密封结构涉及多个部件之间的接触，针对分析过程中可能发生接触的表面分别建立了五个接触对，即 O 形圈与密封沟槽、O 形圈与压盖、O 形圈与楔形环、楔形环与密封沟槽以及楔形环与压盖之间的接触，在接触对中选择刚度大的作为主面，刚度小的作为从面。并采用罚函数接触算法和库仑摩擦模型。其中各接触对之间的摩擦系数设置如下，沟槽与 O 形圈间的摩擦系数为 0.1，楔形环与沟槽间的摩擦系数为 0.04，O 形圈与楔形间的摩擦系数为 0.02。

临氢环境下橡胶 O 形圈密封的有限元分析由 4 个分析步骤组成。

a. 橡胶 O 形圈的预压缩安装。首先对密封沟槽施加固定边界约束，然后利用刚体的强制位移，对压盖施加沿 x 轴（水平）负方向的位移，使其缓慢线性移动到预期安装位置，实现对 O 形圈的预压缩，从而模拟橡胶 O 形圈的安装过程。

b. 在氢气介质侧（即 O 形圈上侧）未发生接触的单元上逐步施加密封介质压力载荷，模拟 O 形圈在氢气作用下首先从密封沟槽中间位置滑移到楔形环一侧，然后密封压力继续增加直至达到最终工作压力。

c. 在上述分析步骤基础上，进行氢扩散的稳态分析。在 O 形圈与氢气直接接触之处设定氢浓度为该工作压力下对应的氢浓度，O 形圈无介质压力侧的氢浓度设定为 0，从而获得该边界条件对应的稳态氢浓度分布。

d. 基于已获得的氢浓度场，调用所开发的 UMAT 子程序，获得耦合氢致应变的临氢环境橡胶 O 形圈密封的结构应力响应。

如果是动密封特性预测，需增设第 e 步分析步：

e. 在压盖上施加沿 y 轴（垂直）方向的往复运动，运动幅值为 1.2mm，模拟往复运动过程。

（4）模型验证

Yamabe 等[10] 对 100MPa 氢气下橡胶 O 形圈密封结构在吸氢膨胀下的受力情况进行了研究。为验证本模型的准确性，尤其是吸氢膨胀效应分析结果的准确性，利用所提出的模型方法对 Yamabe 等开展的研究中同一密封结构进行有限元分析，并将其与文献中的结果（简称"文献结果"）进行对比（表 5-16）[5]。从表中可以看出，利用本数值模型计算得到的 O 形圈中心处的最大主应力和最大主应变与文献结果较为一致，表明所建立的耦合吸氢膨胀效应的组合密封数值模型有较高的准确性和可靠性，可以运用于研究组合密封结构的受力特性和密封可靠性。

表 5-16　仿真结果对比[5]

运行工况	中心最大主应力			中心最大主应变		
	本模型结果/MPa	文献结果/MPa	误差/%	本模型结果/MPa	文献结果/MPa	误差/%
预压缩	2.45	2.50	−2.00	0.422	0.420	0.48
100MPa 氢气加压	−97.79	−97.00	0.81	0.452	0.440	2.73

如果是动密封特性预测，其模型验证如下：

首先与理论计算结果进行了比较。特定氢气压力下橡胶 X 形圈的峰值接触应力可用下式计算[11]：

$$\sigma_{cs} = \sigma_0 + \kappa P_h \tag{5-44}$$

式中，σ_{cs} 为某一压力下 X 形圈的峰值接触应力；σ_0 为 X 形圈在预压缩状态下的峰值接触应力；κ 为接触应力与氢气压力的线性比例因子；P_h 为氢气压力。κ 的理论值 κ_T 可用下式计算[11]：

$$\kappa_T = \mu/(1-\mu) \tag{5-45}$$

式中，μ 为橡胶材料的泊松比，等于 0.05[11]。因此，κ_T 等于 1。

在模型验证过程中，选择氢气压力为 25、30、35、40 和 45MPa。在有限元分析结果中提取了 σ_{cs} 和 σ_0。κ 的理论计算结果和有限元分析结果如表 5-17 所示[12]。可以看出，两者的最大偏差为 7.30%。因此，理论计算与有限元计算结果之间的误差很小，验证了有限元模型的可靠性。

表 5-17　理论计算结果和有限元分析结果对比[12]

P_h/MPa	σ_0/MPa	σ_{cs}/MPa	κ_T	κ	误差/%
25	3.675	30.50	1	1.0730	7.30
30	3.675	35.46	1	1.0595	5.95
35	3.675	40.43	1	1.0501	5.01
40	3.675	45.40	1	1.0431	4.31
45	3.675	50.37	1	1.0377	3.77

5.2.1.3　数值结果与分析

（1）静密封特性预测

① 接触应力　目前普遍接受的橡胶 O 形圈密封理论指出，当密封面上的接触应力大于氢气压力时，不发生泄漏；反之氢气则会进入密封件和密封面之间的间隙，导致表面分离并引起泄漏。因此，接触应力的大小反映了橡胶密封圈的密封能力。为考察吸氢膨胀效应对橡胶 O 形圈静密封性能的影响，分别在含吸氢膨胀效应和无氢膨胀效应下对密封结构进行有限元分析[5]。

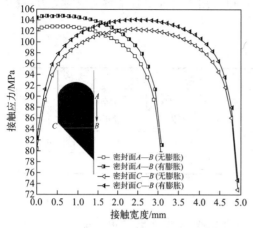

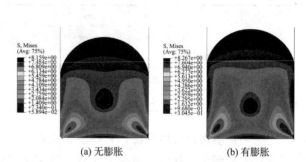

图 5-8　橡胶 O 形圈接触应力分布[5]　　　图 5-9　100MPa 氢气下 O 形圈 Mises 应力分布[5]

图 5-8 所示为 100MPa 氢气压力下橡胶 O 形圈密封结构分别在包含与不包含吸氢膨胀效应下对应的接触应力分布[5]。从图中可直观看出，与无吸氢膨胀的结果对比，吸氢膨胀效应提高了橡胶 O 形圈密封面上的接触应力。氢气侵入并溶解到橡胶材料中引起结构膨胀变形，而膨胀变形受到约束时就会产生相应的约束应力。为此，在 O 形圈变形受约束的沟槽接触边界上将会产生约束应力并叠加到已有载荷上，从而增加了 O 形圈接触面上的接触应力。另外，该图表明：对于主密封面（A—B），吸氢膨胀引起的接触应力增量沿着接触宽度方向（A—B）逐渐减少，这是由于沿着接触宽度方向逐渐远离氢气，氢浓度从而沿着接触宽度方向逐渐降低，对应的吸氢膨胀效应逐渐减弱。而对于底侧密封面（C—B），吸氢膨胀引起的接触应力增量沿着接触宽度方向（C—B）几乎一致，这主要是由于氢浓度沿该接触宽度方向是均匀分布的。

此外，图 5-8 还表明：主密封面（A—B）上接触应力沿接触宽度的分布近似呈半抛物线，接触应力的峰值点并非落在接触宽度中点而是靠近氢气侧[5]。底侧密封面（C—B）上接触应力沿接触宽度的分布形状基本为左右对称的抛物线，接触应力的峰值点处于接触宽度中点。吸氢膨胀并未改变两个接触面上接触应力峰值点的位置。可以明显看出，两种环境（含/不含氢）下密封面上的峰值接触应力均大于氢气压力，确保了形成良好的密封条件。

② Mises 应力分布　第四强度理论的当量应力 von Mises 应力（简称"Mises 应力"）反映了橡胶 O 形圈三个方向的主应力差值的大小。一般来说，该应力值越大的区域，越容易出现裂纹，还将加速橡胶密封圈的应力松弛，导致材料刚度下降，O 形圈随之发生撕裂破坏导致密封失效。因此，还需要考察 Mises 应力以评价组合密封结构的密封可靠性[5]。

图 5-9 给出了 100MPa 氢气压力下橡胶 O 形圈分别在含氢和无氢环境下的 Mises 应力分布云图[5]。无论在含氢还是在无氢环境下，高应力区域主要出现在左下角和右下角；并且峰值 Mises 应力均出现在右下角，表明 O 形圈在该处最易发生磨损、撕裂等失效现象。但在吸氢膨胀效应作用下，橡胶 O 形圈峰值 Mises 应力由 8.159MPa 提高到 8.267MPa。此外，吸氢膨胀效应加剧了 O 形圈截面中心偏上区域的应力水平，并且使左下角的应力水平明显增加。这意味着吸氢膨胀虽然能够增加接触应力，促进密封条件的形成，但同时也使得 Mises 应力随之增加，尤其在超高压工况下，过高的 Mises 应力将极易导致橡胶 O 形圈应力松弛和永久变形，使其密封可靠性降低，甚至导致其过早丧失弹性造成泄漏和失效，降低 O

形圈的使用寿命。

此外，可以发现由于楔形环的存在消除了密封间隙，因此即便在 100MPa 超高氢气压力下橡胶 O 形圈也未出现挤出失效现象，其峰值 Mises 应力（约 8.267MPa）仍控制在合理范围内，并且远离 O 形圈的抗拉强度（27MPa）。

（2）动密封特性预测

与静密封性能相似，分别从接触应力和 Mises 应力两个方面分析 X 形圈的动密封特性数值结果[12]。

橡胶 X 形圈与压盖接触面上的连续节点单元所对应的接触应力和橡胶 X 形圈的 Mises 应力分布图可以直接反映 X 形圈的应力分布和变化规律。可研究 X 形圈在前两个运动周期（0T～2T）内的接触应力和 Mises 应力的分布。运动幅值为 1.2mm，摩擦系数为 0.05，氢气压力为 35MPa，预压缩率为 10%。

图 5-10 为 X 形圈和压盖之间接触面上的连续节点单元对应的接触应力分布。在（0～2）T 内的任意位置，都有两段连续的节点单元接触应力大于氢气压力（35MPa），表明 X 形圈在动密封结构中可以发挥密封作用。值得一提的是，0.25T、1T、1.25T 和 2T 的峰值接触应力几乎相同，0.5T、0.75T、1.5T 和 1.75T 的峰值接触应力几乎相同。

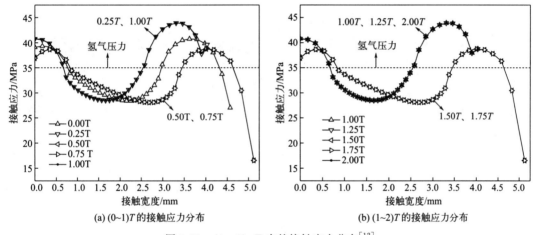

(a) (0～1)T 的接触应力分布　　　　　(b) (1～2)T 的接触应力分布

图 5-10　（0～2）T 内的接触应力分布[12]

图 5-11 显示了（0～2）T 内 X 形圈的 Mises 应力分布[12]。初始时，Mises 应力呈对称分布。在 X 形圈左下角和右下角有米粒状的应力集中区。峰值 Mises 应力位于 X 形圈的右下角，X 形圈的左上和右上的密封唇高度（h_0 和 h_1）相同。从 0.25T 开始，X 形圈的 Mises 应力不再呈对称分布。在 0～0.25T 内，压盖沿 $-y$ 移动，对 X 形圈上产生 $-y$ 方向的摩擦力，拖动 X 形圈沿 $-y$ 一起运动。由于压盖的拖动作用，X 形圈的右上密封唇略有下移，X 形圈右下角的米粒状应力集中区与楔形环上表面的夹角（θ_2）略有减小。由于楔形环阻挡了 X 形圈的挤出，因此 X 形圈右下角区域的 $-y$ 位移为 0。由于橡胶材料是近似不可压缩的，X 形圈右下角区域被上方区域挤压，导致右下角应力集中区的 Mises 应力值显著增加。

在（0.25～0.5）T 内，压盖沿 $+y$ 方向移动，在 X 形圈上产生 $+y$ 方向的摩擦力并拖动 X 形圈一起沿 $+y$ 方向移动。随着 X 形圈向上移动，由于楔形环的阻挡作用减弱，在（0.25～0.5）T 内右上角密封唇的高度增量（$h_3 - h_2$）超过（0～0.25）T 内的高度减量

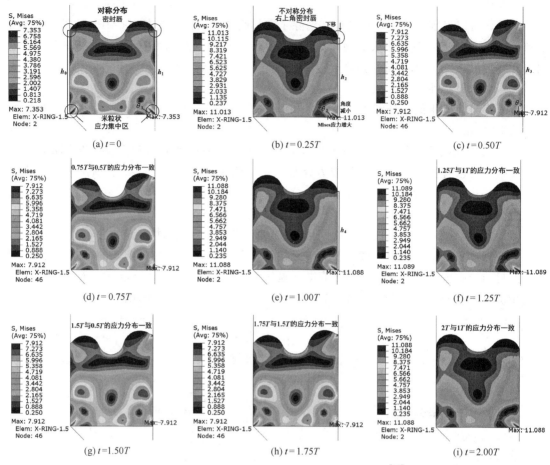

图 5-11　（0～2）T 内 X 形圈的 Mises 应力分布[12]

（$h_1 - h_2$）。因此，$0.5T$ 的右上角密封唇的高度（h_3）显著高于初始高度（h_1）。同时，由于楔形环的阻挡作用减弱，在（$0.25 \sim 0.5$）T 内右下角应力集中区与楔形环上表面的夹角增量（$\theta_3 - \theta_2$）超过了（$0 \sim 0.25$）T 内的夹角减量（$\theta_1 - \theta_2$）。因此，$0.5T$ 时右下应力集中区与楔形环上表面之间的夹角（θ_3）明显大于初始夹角（θ_1）。因此，右下应力集中区几乎接近压盖的表面。

$0.75T$ 的 Mises 应力分布与 $0.5T$ 的应力分布基本一致，即在（$0.5 \sim 0.75$）T 内，X 形圈的运动处于完全滑移区。在这个过程中，压盖沿 $+y$ 方向移动，X 形圈静止不动，X 形圈和压盖产生相对滑移。据此推测，在（$0.25 \sim 0.5$）T 的某一位置，X 形圈的运动开始处于完全滑移区。据此确定，进入完全滑移区的临界运动位移 $\leqslant 1.2\,\mathrm{mm}$。因此，（$0 \sim 0.25$）$T$ 内右上角密封唇高度减量（$h_1 - h_2$）、右下角应力集中区与楔形环上表面夹角减量（$\theta_1 - \theta_2$），以及（$0.25 \sim 0.5$）T 内右上角密封唇高度增量（$h_3 - h_2$）、右下角应力集中区与楔形环上表面夹角增量（$\theta_3 - \theta_2$）已达到相应运动阶段的极限值。进一步验证了楔形环的阻挡效应对 X 形圈动密封特性的影响。

在（$0.75 \sim 1$）T 内，压盖沿 $-y$ 方向移动，对 X 形圈上产生 $-y$ 方向的摩擦力，拖动 X 形圈一起沿 $-y$ 方向移动。在 $1T$ 时，运动已处于完全滑移区。因此，$1T$ 和 $0.25T$ 的右上角密封唇高度（h_4）和右下角峰值 Mises 应力均相等。在（$1 \sim 1.25$）T 内，由于运动仍在完全滑移区，$1.25T$ 的 Mises 应力分布与 $1T$ 时一致。在 $(1.25\sim1.5)T$ 内，$1.5T$ 和 $0.5T$ 的应力分布基本一致，因为 $0.25T$ 和 $1.25T$ 都是内行程的极限位置。可以推测，$1.75T$ 的 Mises 应力分布与 $0.75T$ 和 $1.5T$ 一致，$2T$ 的 Mises 应力分布与 $1T$ 一致。这些推论可以通过图 5-11 中的 Mises 应力分布以及图 5-10 中的接触应力分布来验证[12]。

5.2.2　磨损预测

由于密封结构的磨损会对机械设备的安全性和可靠性产生严重影响，故密封材料磨损现象的预测往往是研究的重点。现有研究提出了众多磨损预测方程，涉及大量材料和操作参数。然而，目前尚缺乏仅基于材料特性和接触条件信息即可合理预测磨损的模型。这是因为磨损现象的预测模拟需要解决材料部件之间的摩擦界面接触问题，而相互作用面之间的接触边界条件极为复杂，使得该问题具有高度的非线性。

学者们已陆续提出基于不同磨损机制的磨损模型。其中，Archard 磨损模型是氢能装备橡胶密封结构中应用最广泛、接受度最高的磨损模型[13]。这是因为 Archard 磨损计算模型基于相互作用的力学条件，适用于分析硬质材料与软质材料摩擦过程中软质材料的磨损状况，十分贴近真实工况中密封结构的橡胶密封材料磨损情况。目前有限元计算已应用于氢能装备中的多个结构部件的磨损计算，如 O 形圈密封接触、法兰环等。

5.2.2.1　计算流程

在有限元软件 ABAQUS 中，基于以下参数，可以建立自适应有限元磨损模型，以模拟两个接触面通过接触节点运动产生的磨损[14]：

① 接触节点处的法向应力；

② 接触节点的相对滑动；

③ 实验或经验确定的材料磨损率。

该模型提供了接触界面随时间变化的几何图形，从而真实地模拟磨损部件的接触应力、运动情况以及磨损状况。自适应有限元磨损建模概念如图 5-12 所示[14]。

在模拟过程中，需根据初始网格、材料参数、边界条件和接触条件求解有限元模型。具体包括两个步骤：模拟可变形体之间的静态无穷小接触；磨损的处理。在模拟可变形体之间的静态无穷小接触后，需在第一个步骤的基础上增加接触面之间的相对运动，并考虑增量求解过程，将分析步划分为非常小的时间间隔。此时需调用磨损处理器算法以模拟第一个增量的边界接触问题。磨损处理器会逐个访问接触节点，记录每个节点的节点坐标、接触应力和最近一次增量中的相对滑移率，并根据这些信息结合当前节点的材料磨损率，计算出磨损深度。最后，对所有接触节点完成上述处理后，将网格节点从原始位置重新映射到新位置。

通过自适应网格划分算法实现节点的偏移过程。在对接触单元进行网格重新划分之后，根据重绘网格的几何结构获得下一个增量，并在每个增量结束时再次执行磨损处理阶段。整个过程的总时间取决于所需的滑动距离，并由用户自定义参数决定。

因此，在实现完整的有限元模型计算过程中，需解决三个关键问题：总磨损量的计算、磨损方向的确定、全局网格的重绘，从而实现橡胶密封结构磨损现象的准确预测，对于设计可靠的机械部件和提高机械设备的使用寿命具有重要意义。

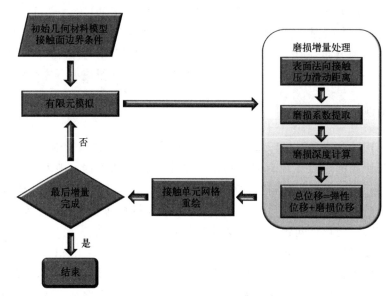

图 5-12　自适应有限元磨损模拟概念图[14]

5.2.2.2　磨损率计算

局部磨损量的计算可以利用下式的 Archard 磨损模型来实现：

$$\frac{\mathrm{d}w}{\mathrm{d}t} = K\frac{Lv}{H} \tag{5-46}$$

式中，$\frac{\mathrm{d}w}{\mathrm{d}t}$ 为体积磨损率，$\mathrm{m^3/s}$；L 为加载力，N；v 为滑动速度，$\mathrm{m/s}$；H 为材料表面硬度；K 为磨损率[15]。通常认为磨损材料（橡胶）的硬度是恒定的，因此将式(5-46)转换为：

$$\frac{\mathrm{d}w}{\mathrm{d}t} = k_{\mathrm{H}}Lv \tag{5-47}$$

式中，$k_{\mathrm{H}} = K/H$，定义为尺寸磨损率（$\mathrm{m^2/N}$）。式(5-47)两边除以实际接触面积 s，深度磨损率为：

$$\frac{1}{s} \times \frac{\mathrm{d}w}{\mathrm{d}t} = k_{\mathrm{H}}\frac{L}{s}v$$

$$\frac{\mathrm{d}h}{\mathrm{d}t} = k_{\mathrm{H}}Pv \tag{5-48}$$

式中，$\frac{\mathrm{d}h}{\mathrm{d}t}$ 为深度磨损率，$\mathrm{mm/s}$；P 为节点压力，$\mathrm{N/mm^2}$。因此，对于极小的增量 $\mathrm{d}t$，磨损深度为：

$$\mathrm{d}h = k_{\mathrm{H}}Pv\mathrm{d}t \tag{5-49}$$

式中，$\mathrm{d}h$ 为磨损深度，mm。随着接触面磨损运算的进行，实际的磨损接触面积发生变化，接触应力也随之变化。因此，必须设置足够的增量步以获得更真实的磨损模型。第 i 个增量的总磨损深度为：

$$h_i = h_{i-1} + \mathrm{d}h_i \tag{5-50}$$

式中，h_i 为到增量 i 的总磨损深度，mm；h_{i-1} 为到增量 $i-1$ 的总磨损深度，mm；

dh_i 为当前增量的磨损深度，mm。式(5-50)计算了一个节点的磨损，该节点与它的对磨面连续接触。很显然，当节点与接触面分离时，相应的磨损深度增量为零。

由于磨损模拟需要处理大量的增量步，因此采用合适的增量技术以提高模拟的计算效率至关重要。在磨损增量处理过程中，可以使用自适应增量技术，以考虑最大允许局部磨损深度。在每个增量步开始前，根据有限元软件推荐的当前增量时间计算磨损深度。如果磨损深度大于预先定义的阈值，算法将停止计算当前增量，并重新设定另一个增量时间。该方式不仅能控制每个增量步的磨损深度，还能最大程度地减少增量步的数量，从而提高模拟的计算效率[16]。由下式计算增量 i 的局部磨损深度：

$$dh_i = k_H P v dt_i \tag{5-51}$$

将 dh_{max} 定义为最大允许磨损增量，因此 dh_i 必须小于 dh_{max}。若 $dh_i > dh_{max}$，则磨损处理器将自动修改增量时间，使 dh_i 等于 dh_{max}，那么新的增量时间变为：

$$dt_{i\_new} = dt_i \times \frac{dh_{max}}{dh_i} \tag{5-52}$$

需要注意的是，磨损深度阈值是根据模拟条件选择的。如果某一次迭代的节点磨损增量之间的差异很大，则模拟结果可能会出现偏差。因此，选择合适的 dh_{max} 至关重要。这种方法适用于复杂的接触结构，如磨损不均匀的曲面。

5.2.2.3 磨损方向确定

一旦根据接触应力计算出磨损深度增量，并从有限元模型中提取出滑移率，下一步便是确定磨损方向[17]。根据接触面轮廓的不同，可将接触节点分为两类：内部节点和边缘节点。

图5-13是两个接触部件的示意图。在这种接触模式中，物体A的下部与物体B接触，使物体A对物体B施加压力。物体B从右向左移动。在此接触模型中，物体A和物体B的接触面上的节点标记为"a"到"f"，节点 b、c、d、e 为内部接触节点，节点 a、f 为边缘节点。

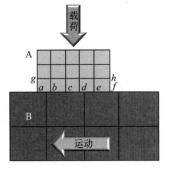

图5-13 两个物体接触时的
内部和边缘接触节点[17]

磨损方向是由两种不同的机制决定的。对于内部接触节点，磨损方向由内表面法线决定，图5-14和式(5-53)表示在二维模型中如何计算节点 i 的内表面法向量 n_i。其中 r_{i1} 对应于网格①的边向量，r_{i2} 对应于网格②的边向量，S_i 是节点 i 和节点 l 之间形成的次表面向量，n_{i1} 是 r_{i1} 的法向量，n_{i2} 是 r_{i2} 的法向量，n_i 是节点 i 的向曲面法向量。且 n_i、n_{i1}、n_{i2} 之间满足以下公式：

$$n_i = \frac{n_{i1} + n_{i2}}{|n_{i1} + n_{i2}|} \tag{5-53}$$

对于边缘节点，磨损方向由边缘节点到对应下节点的向量确定。例如在图5-15中，节点 i 是一个边缘节点，l 是节点 i 对应的下节点。计算从节点 i 到节点 l 的向量，并除以其大小，得到单位向量 n_i。对于边缘节点 i，磨损则沿向量 n_i 的方向施加。

磨损增量模拟是通过在磨损方向上设置与计算磨损深度相等的接触节点来完成的。利用ABAQUS的自适应网格特征对接触节点进行扫描，并通过网格扫描过程调整节点后，使材料磨损量加载到模型当前配置的修正网格中。

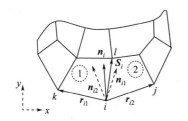
图 5-14　内部接触节点磨损方向确定[17]

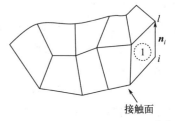
图 5-15　边缘节点的磨损方向[17]

5.2.2.4　全局网格重绘

在磨损模拟过程中，仅对接触单元进行自适应网格划分会导致磨损深度受到接触单元大小和纵横比的限制。这种限制在进行精细离散化的精密接触模拟中尤为明显。为了克服这一限制，磨损处理器不仅需要对接触单元进行网格重绘，还需要对其周围单元进行网格重绘，以便更好地适应局部形状的变形。如此一来，既可保证磨损深度计算的准确性，又能确保接触表面网格密度和分布的均匀，从而获得更准确的接触力和接触节点位置，进而提高模拟计算的精度和效率。

全局网格重绘原理如图 5-16 所示。域 F 与一个配合端面接触。例如，考虑接触网格 A 及编号为 B、C 和 D 的附近网格。在磨损过程中，节点 1 按照增量磨损计算过程发生位移，经过一定次数的迭代后，节点 1 的磨损深度为 h_1。以 H_{1-3} 为节点 1 和节点 3 的初始距离，则节点 1 和节点 3 的当前距离 H_{1-3}^i 为：

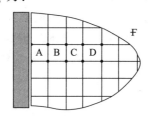

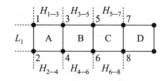

(a) 区域F与配合端面的联系

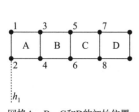

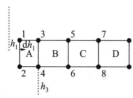

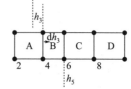

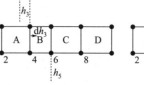

| 网格A、B、C和D的初始位置 | 基于Archard磨损模型的接触节点1的运动 | 网格A的长径比处于临界状态时节点3的运动 | 网格B的长径比处于临界状态时节点5的移动 |

(b) 磨损模拟过程中的网格重绘步骤

图 5-16　全局网格重绘原理[17]

$$H_{1-3}^{i} = H_{1-3} - h_1 \qquad (5-54)$$

定义 H_{1-3}^{cr} 为节点 1 和节点 3 之间的临界距离。随着磨损的进行，H_{1-3}^{i} 逐渐接近 H_{1-3}^{cr}。一旦 H_{1-3}^{i} 等于 H_{1-3}^{cr}，则磨损处理器将节点 3 移动到节点 5，那么节点 3 和节点 5 的当前距离变成：

$$H_{3-5}^{i} = H_{3-5} - h_3 \qquad (5-55)$$

式中，H_{3-5} 为节点 3 和节点 5 的初始距离，h_3 为节点 3 的总位移。与网格 A 类似，网格 B 的节点 3 和 5 同样可被定义临界距离。当 H_{3-5}^{i} 等于 H_{3-5}^{cr} 时，磨损处理器将节点 5 移动到节点 7。这种网格节点移动可对接触区域附近任何所需层数的网格执行，使模拟的磨损深度不限于接触部件的网格尺寸。全局网格重绘技术为接触单元提供了安全的纵横比，且总磨损深度甚至可以超过接触单元的尺寸。

5.2.2.5　磨损的实现

在上述模拟过程，以 Archard 磨损模型为起点，将摩擦试验得到的摩擦系数、磨损率等关键特征参量输入到橡胶密封材料与接触件之间的摩擦磨损模型中[18]。整个模拟过程均在 ABAQUS 中实现，且需使用用户有限元代码子程序 Umeshmotion 以及基于 ALE 方法的网格平滑工具。

在用户子程序 Umeshmotion 的计算过程中，首先需要定义有限元模型、网格、材料、边界条件、载荷和摩擦学参数等数据。在每次增量运算收敛后，Umeshmotion 子程序会自动计算接触节点的材料磨损量，并结合 ALE 网格平滑工具将网格移动到新的区域。在此过程中，材料的摩擦损耗表现为网格的不断移动。磨损实现全过程如图 5-17 所示。该方法是一种较为成熟完善的磨损数值模拟方法，可应用于氢能装备橡胶密封件的典型磨损问题。

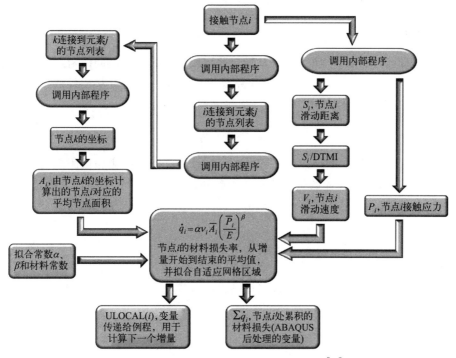

图 5-17　Umeshmotion 子程序的实现过程[18]

5.2.3 泄漏预测

橡胶密封结构的氢泄漏量主要由两部分组成：经过密封接触面的间隙泄漏以及穿过密封件的渗透泄漏（机械损伤泄漏涉及部件的失效，不在预测范围内）。

从微观尺度上看，由机械加工制成的橡胶密封接触面无法完全平整，很难实现绝对密封。如图 5-18 所示，粗糙的密封接触面会使接触应力限制在大量分散的微凸点上，因此容易在接触界面处形成氢气泄漏路径[19]。此外，由于氢分子尺寸很小，容易透过橡胶密封材料表明渗透进入橡胶内部。如图 5-19 所示，在压力梯度和氢浓度梯度的共同作用下，氢分子会在材料内部发生扩散，并从低压侧的橡胶密封件表面逸出，从而导致渗透泄漏[20]。橡胶材料属性、工作温度、工作压力、预压缩率和密封结构型式等因素均会影响氢泄漏量。

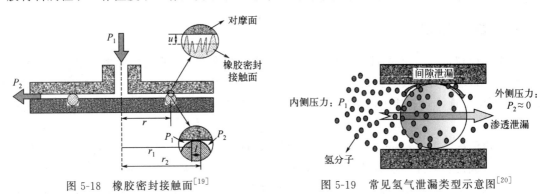

图 5-18　橡胶密封接触面[19]　　　　　图 5-19　常见氢气泄漏类型示意图[20]

本节拟围绕临氢环境橡胶密封结构可能出现的间隙泄漏和渗透泄漏，讨论橡胶密封结构总泄漏量的通用理论计算公式，以对氢泄漏量进行预测。

5.2.3.1 间隙泄漏

在进行间隙泄漏预测时，橡胶密封材料与所配合的金属端面之间的密封面被认为是粗糙界面。根据 Kozeny-Carman 理论[21]，假定粗糙界面形成一组长度为 L 且截面任意的泄漏路径，则氢泄漏量定义为：

$$Q_1 = KS \frac{\Delta p}{\eta L} \tag{5-56}$$

式中，S 为接触区域泄漏通道截面积；Δp 为密封结构高压侧和低压侧的压差；η 为氢气的动力黏度；K 为密封界面的氢渗透系数。此外，Kozeny 已推导出以下格式：

$$K = \frac{cm^3}{\tau_1 s^2} \tag{5-57}$$

式中，c 为与泄漏通道形状相关的无因次常数；m 为橡胶密封材料的孔隙率（孔隙率指材料内部孔隙体积与整体体积之比）；s 为材料表面系数；τ_1 为弯曲系数。为了描述橡胶密封材料与金属端面之间的间隙变化，采用微通道统计理论，故实际接触面积 A_r 与名义接触面积 A_n 的比值为：

$$\frac{A_r}{A_n} = 1 - \exp\left(-\frac{\sigma_n}{k} E\right) \tag{5-58}$$

式中，k 为表面粗糙度系数（由加工纹理方向、粗面半径等条件决定）；E 为弹性模量；

σ_{n} 为接触应力。由式(5-58) 可知，当接触类型为弹性接触（橡胶-金属）时，由于离散载荷区域的相互作用，使接触面积的增长速度会随着接触应力的增加而减缓。氢渗透系数中由微通道尺寸定义的孔隙率随弹性模量 E 和接触应力的三次幂而变化。在具有恒定尺寸、表面粗糙度和介质黏度等工况条件的密封结构中，对于任意的 Δp、σ_{n} 和 E，氢泄漏量可通过以下公式计算：

$$Q_{1} \approx \frac{\Delta p}{L\left(\sigma_{n}\right)} \frac{1}{\left[\exp\left(\dfrac{\sigma_{n}}{E}\right)\right]^{3/k}} \tag{5-59}$$

$$\sigma_{n} = \sigma_{n,\max} - \Delta p \tag{5-60}$$

上述公式反映了松弛和蠕变、温度变化以及接触长度变化对氢泄漏量的影响[22]。其中，$\sigma_{n,\max}$ 为橡胶密封部件与金属端面之间的峰值接触应力，与压差 Δp 无关，并取决于摩擦系数 μ 和橡胶硬度与力学性能。式(5-59) 表明，橡胶弹性模量会影响橡胶密封结构的氢泄漏量。由于式(5-59) 中未涉及氢气黏度，故在氢泄漏量的预测中，氢气黏度可被认为是常数。因此，对于任意分布的接触应力，式(5-59) 可自然推广为：

$$Q_{1} \approx \frac{\Delta p}{\displaystyle\int_{l}\left\{\exp\left[\dfrac{\sigma_{n}(l)}{E}\right]\right\}^{\frac{3}{k}} \mathrm{d}l} \tag{5-61}$$

为了防止氢气的泄漏，密封界面处的微泄漏通道需要尽可能抑制。因此，根据式(5-60) 可得，需保证密封件与金属端面之间的峰值接触应力大于密封结构高低压侧的压差。

5.2.3.2　渗透泄漏

氢分子由于自身尺寸极小，容易从高压侧渗透进入橡胶密封件从而进入低压侧，引起氢气泄漏。因此，需明确氢气透过密封件得到的累积氢量 q 与测试时间 t 的关系，即氢渗透泄漏曲线（q-t 曲线）。此外，在薄板试验片的氢渗透试验中，可从 q-t 曲线进一步获得氢溶解度和氢扩散系数。

假设板厚 l、面积 A 的薄板试验片的一侧氢浓度为 c_{1}，另一侧氢浓度 $c_{2}=0$。此时，透过试验片的累积氢量 q 在稳定状态时可以表示为：

$$q = \frac{DAc_{1}t}{l} \tag{5-62}$$

以橡胶为溶剂，氢气为溶质，当氢溶解度与压力成比例的 Henry 定律成立时，式(5-62) 可表达为：

$$q = \frac{DASpt}{l} \tag{5-63}$$

式中，$p(=p_{1})$ 是高压侧的氢气压力。氢渗透系数 ϕ 定义为：

$$\phi = DS = \frac{ql}{Apt} \tag{5-64}$$

从稳定状态下的 q-t 曲线可以得到 q/t。只有假定氢气为理想气体时，q-t 曲线才呈现出正比例关系。而实际情况下，当氢气压力变高时，q-t 曲线明显脱离正比例关系，即氢浓度 c 不与压力 p 成正比。因此，可假定随氢气压力变化的系数 Z，用 $c=Zp$ 来表示氢浓度 c 和压力 p 的关系。

瞬态下，透过橡胶薄板的累积氢量 q 表示为：

$$q = DA\left\{\frac{c_1 t}{l} - \frac{c_1 l}{6D} - \frac{c_1 l}{6D}\sum_{\infty}^{n=1}\left[\frac{12}{\pi^2}\frac{(-1)^n}{n^2}e^{-\left(\frac{n\pi}{l}\right)^2 Dt}\right]\right\} \tag{5-65}$$

$t = \infty$ 时，式(5-65) 可以近似地表示为：

$$q = \frac{DAc_1}{l}\left(t - \frac{l^2}{6D}\right) \tag{5-66}$$

式(5-66) 中 $q = 0$ 的时刻 t，即延迟时间 t_D，可以推定氢扩散系数 D：

$$D = \frac{l^2}{6t_D} \tag{5-67}$$

如果将研究对象换为橡胶 O 形圈试样，内径为 r_1，外径为 r_2。氢气从 O 形圈试样内侧向外侧透过时，与式(5-64) 对应的试样氢泄漏量 Q_2 可以表示为：

$$Q_2 = \frac{Apt\phi}{r_2\ln(r_2/r_1)} \tag{5-68}$$

式中，A 是橡胶密封件外侧表面积。

5.2.3.3　总泄漏量

通过上述讨论，分别获得了间隙泄漏和渗透泄漏对应的氢泄漏量。在实际工程应用中，这两种泄漏形式往往同时存在，因此可将它们的氢泄漏量相加，得到橡胶密封结构的总泄漏量：

$$Q_{all} \approx \frac{Apt\varphi}{r_2\ln(r_2/r_1)} + \frac{\Delta p}{\int_l\left[\exp\left(\frac{\sigma_n(l)}{E}\right)\right]^{\frac{3}{k}}dl} \tag{5-69}$$

5.3　密封性能优化

5.3.1　抗氢损伤的优化方法

橡胶密封材料在高压氢气环境下长期服役，容易发生鼓泡断裂、吸氢膨胀以及力学性能劣化等氢致损伤。因此，亟须增强橡胶密封材料的抗氢损伤性能，以适应复杂严峻的氢系统服役环境。为此，可从源头上对橡胶密封材料的抗氢损伤特性进行优化，如图 5-20 所示。共包括抗鼓泡断裂优化、抗吸氢膨胀优化、静态力学性能优化、动态力学性能优化四方面。

5.3.1.1　抗鼓泡断裂的优化方法

由 3.1.3.2 节可知，临氢环境橡胶密封材料的鼓泡断裂与填料种类、填料含量及交联密度等橡胶材料属性特征参量密切相关。因此，可从这三方面分析橡胶密封材料的抗鼓泡断裂的优化方法。

（1）填料种类

Yamabe 等[23] 开展了有无填料和填料种类对 EPDM 和 NBR 氢致鼓泡的影响，发现鼓泡断裂损伤程度排序为：橡胶-NF＞橡胶-CB＞橡胶-SC。这是由于橡胶-NF 的拉伸性能（主要是拉伸弹性模量和抗拉强度）低于其他两种橡胶。此外，在相同氢气压力下，橡胶-CB 内

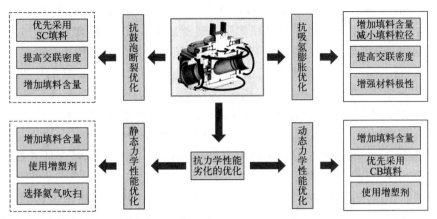

图 5-20　密封材料抗氢损伤优化示意图

部存在裂纹，而橡胶-SC 内部没有裂纹，这表明橡胶-CB 的鼓泡断裂损伤程度大于橡胶-SC。

因此，为避免或缓解氢系统用橡胶密封材料鼓泡断裂，优化橡胶材料的抗鼓泡断裂性能，可以考虑 SC 作为橡胶的填料。

（2）填料含量

Yamabe 等[24] 研究了 CB 含量对 EPDM 裂纹损伤的影响。结果表明：EPDM 的裂纹损伤程度随着 CB 含量的增加而降低。类似地，Jeon 等[25] 发现，由 NBR-HAF CB 和 NBR-SC 的耐氢致鼓泡性能均随着填料含量的增加而提高。这表明，在临氢环境中，橡胶的裂纹损伤程度随填料含量的增加而降低，且与填料种类关联性较小。

因此，为避免或缓解氢系统用橡胶密封材料鼓泡断裂，优化橡胶材料的抗鼓泡断裂性能，可考虑提高橡胶中的填料含量。

（3）交联密度

Jeon 等[25] 对 NBR 进行氢鼓泡测试，并通过 SEM 观测得出，具有较高交联密度的橡胶具有较高的抗氢致鼓泡性能。Wilson 等[26] 基于分子动力学模拟技术，得出较高的交联密度使得泄压后的 EPDM 内的大孔隙较少，减小 EPDM 中出现鼓泡断裂的可能性。这表明，橡胶的抗氢致鼓泡性能与交联密度成正相关关系。

因此，为避免或缓解氢系统用橡胶密封材料鼓泡断裂，优化橡胶材料的抗鼓泡断裂性能，可适当提高橡胶的交联密度。

5.3.1.2　抗吸氢膨胀的优化方法

由 3.2.4.4、3.2.4.5 节可知，临氢环境橡胶密封材料的吸氢膨胀与填料特性、交联密度及橡胶极性等特征参量密切相关。因此，可从这三方面分析橡胶密封材料的抗吸氢膨胀的优化方法。

（1）填料特性

Yamabe 等[27] 研究了 NBR-NF、NBF-CB、NBR-SC 在 100MPa 氢气环境下的体积膨胀行为。结果发现，当氢气压力高于 10MPa 时，三种橡胶的体积均有所增加，但 NBF-CB 和 NBR-SC 的体积增幅明显小于 NBR-NF。这表明，填料 CB 和 SC 的加入可在一定程度上缓解橡胶的体积膨胀。Yamabe 等[28] 认为 CB 的加入提高了橡胶材料的力学性能，从而抑制了橡胶的体积膨胀。此外，填料含量也会影响临氢环境橡胶密封材料的体积膨胀。Kang

等[29] 发现，当 SC 的含量低于 60phr 时，氢暴露后 EPDM-SC 试样发生了明显的体积膨胀，且随着 SC 含量的不断增加，试样的体积膨胀率逐渐减小。当 SC 的含量大于 60phr 时，试样的体积膨胀率小于 1%。这主要是由于 SC 对橡胶试样结构的补强作用，抑制了试样的体积膨胀。Fujiwara 等[30] 同样发现随着 CB 或 SC 含量的增加，橡胶试样的体积膨胀率会逐渐减小。他们测量了 NBR-CB50、NBR-CB30、NBR-SC50、NBR-SC30 和 NBR-NF 试样在 90MPa 氢暴露后的体积膨胀变化情况。所有试样的体积变化率均随着氢气压力的增大而增大，体积变化率顺序为 NBR-NF＞NBR-SC30＞NBR-CB30＞NBR-SC50＞NBR-CB50。这表明，随着填料含量的增加，橡胶试样的体积膨胀逐渐降低，且同等填料含量下 CB 填料抑制橡胶体积膨胀的能力优于 SC 填料。

不仅如此，氢系统用橡胶密封材料的体积膨胀还与填料粒径和比表面积有关。Jeon 等[25] 发现，粒径较小、比表面积较高的 CB 对 NBR 试样吸氢膨胀的抑制效果更加明显。这是由于较小粒径和较高比表面积的 CB 更容易与橡胶基体形成更加复杂的交联结构，从而降低因大量氢吸附导致的体积膨胀程度。Nishimura 等[31] 进一步细化了 CB 粒径（19mm、22mm、28mm、43mm、66mm 和 280mm）对橡胶体积膨胀的影响，发现粒径越小的 CB 对橡胶体积膨胀的抑制作用反而越弱。当氢气压力相同时，随着 CB 粒径的增大，CB 比表面积逐渐减小，橡胶试样的体积变化率呈现出先减小后增大的趋势。其中，43mm 粒径的 CB 填料 NBR 试样体积膨胀最小。这说明不同粒径和比表面积的 CB 对橡胶试样的补强效果呈现先增大后减小的趋势，过大或过小粒径的填料均不利于抑制橡胶的体积膨胀。综上，相比于未填充橡胶，CB 或 SC 填充的橡胶的体积膨胀程度显著降低，且当 SC 含量较高时，临氢环境橡胶密封材料几乎不发生体积膨胀。此外，CB 粒径不宜过大或过小，较小粒径和较高比表面积的 CB 可有效降低体积膨胀程度。

因此，为避免或缓解氢系统用橡胶密封材料体积膨胀，优化橡胶材料的抗吸氢膨胀性能，可向橡胶中加入较高含量的 SC 或较小粒径的 CB。

（2）交联密度

Wilson 等[26] 使用经典的分子动力学方法，建立了 EPDM 分子模型，研究高压氢暴露后 EPDM 试样的体积变化。结果表明，当橡胶的交联密度增加时，氢暴露后 EPDM 试样的自由体积孔径会减小，导致 EPDM 的体积膨胀率也减小。

因此，为避免或缓解氢系统用橡胶密封材料体积膨胀，优化橡胶材料的抗吸氢膨胀性能，可适当提高橡胶的交联密度。

（3）橡胶极性

Nishimura 等[31] 研究氢环境下橡胶极性对橡胶试样体积膨胀的影响。研究结果表明，随着橡胶极性的增强，橡胶密度逐渐增大，这使得橡胶内部结构的强度增强，进而抑制了橡胶分子链的扩展，宏观上抑制了橡胶体积的膨胀。因此橡胶的极性越高，其体积膨胀越小。

因此，为避免或缓解氢系统用橡胶密封材料体积膨胀，优化橡胶材料的抗吸氢膨胀性能，可适当提高橡胶极性。

5.3.1.3　静态力学性能的优化方法

由 3.3.1.1 节、3.3.2.1 节、3.3.2.3 节可知，临氢环境橡胶密封材料的静态力学性能与添加剂特性、吹扫气体等因素密切相关。因此，可从这两方面分析橡胶密封材料的静态力学性能的优化方法。

（1）添加剂特性

Kim 等[32] 发现，高压氢暴露后 EPDM 试样的抗拉强度有所降低。Jeon 等[25] 认为，96.3MPa 氢暴露后，NBR-CB 试样的抗拉强度和断后伸长率均有所下降，且断后伸长率相对变化率随 CB 含量的增加而减小。Kang 等[29] 发现，随着 SC 含量的增加，高压氢暴露后 EPDM-SC 的硬度、抗拉强度和拉伸弹性模量均会增加，且当 SC 含量低于 60phr 时，橡胶的拉伸性能下降幅度较大，而当 SC 含量高于 60phr 时，橡胶的拉伸强度变化率约为 0，基本恢复到氢气暴露前水平。此外，Simmons 等[33] 发现，DOS 的加入可有效降低单次氢暴露后 EPMD 的压缩永久变形，却显著提高了 NBR 的压缩永久变形。紧接着，Simmons 等[34] 还进一步证实了 DOS 的加入同时也可以降低氢气循环暴露后 EPDM 的压缩永久变形。综上，CB 的加入对橡胶断后伸长率有一定的增强效果，且随着 SC 含量的增加，橡胶的硬度、抗拉强度、拉伸弹性模量均得到强化，同时 DOS 的加入可以降低临氢环境 EPDM 在不同工况下的压缩永久变形。

因此，为避免或缓解氢系统用橡胶密封材料静态力学性能氢致劣化，优化橡胶材料的静态力学性能，可在常用橡胶材料中添加适量的 CB 或 SC，在 EPDM 中加入 DOS。

（2）吹扫气体

Menon 等[35] 探究了吹扫气体（He、Ar）对临氢环境 NBR 和 EPDM 压缩性能的影响。结果表明，NBR 试样的压缩永久变形在 Ar/H_2 暴露后增加 60%，在单独 He 暴露后增加 46%，在 He/H_2 暴露后增加 9%。因此，对于 NBR 而言，He 是比 Ar 更好的吹扫气体选择。此外，FKM 试样的压缩永久变形 Ar/H_2 暴露后增加 428%，在单独 He 暴露后增加 92%，在 He/H_2 暴露后增加 60%。因此，对于 FKM 而言，He 是比 Ar 更好的吹扫气体选择。综上，利用 Ar 对橡胶试样进行吹扫后，对橡胶的压缩永久变形的加剧程度远高于 He 吹扫。

因此，为避免或缓解氢系统用橡胶密封材料静态力学性能氢致劣化，优化橡胶材料的静态力学性能，可在吹扫环节选用 He 气体。

5.3.1.4　动态力学性能的优化方法

由 3.3.4.1 节、3.3.4.3 节可知，临氢环境橡胶密封材料的动态力学性能与添加剂特性、吹扫气体等因素密切相关。因此，可从这两方面分析橡胶密封材料的动态力学性能的优化方法。

（1）添加剂特性

Simmons 等[33] 研究了添加剂特性对氢暴露前后 EPDM 和 NBR 试样储能模量的影响。具体而言，加入填料 CB/SC 后，EPDM 和 NBR 的储能模量均有了很大程度提高。加入 DOS 后，不含填料的 EPDM 储能模量降低，含填料的 EPDM 储能模量显著增加，且无论是否含填料，在加入 DOS 后，NBR 的储能模量降低。

因此，为避免或缓解氢系统用橡胶密封材料动态力学性能氢致劣化，优化橡胶材料的动态力学性能，可在常用橡胶材料中添加适量的 CB 或 SC，在含填料的 EPDM 中加入 DOS。

（2）吹扫气体

Menon 等[35] 研究了吹扫气体（He、Ar）对临氢环境 NBR 和 FKM 储能模量的影响。结果表明，NBR 试样的储能模量在 Ar/H_2 暴露后未发生变化，在单独 He 暴露后下降 5%，在 He/H_2 暴露后下降 20%。因此，对于 NBR 而言，Ar 是比 He 更好的吹扫气体选择。此外，FKM 试样的储能模量在 Ar/H$_2$ 暴露后下降 41％，在单独 He 暴露后未发生变化，在 He/H$_2$ 暴露后下降 28％。因此，对于 FKM 而言，He 是比 Ar 更好的吹扫气体选择。

因此，为避免或缓解氢系统用橡胶密封材料动态力学性能氢致劣化，优化橡胶材料的动态力学性能，当橡胶试样为 NBR 时，可在吹扫环节选用 Ar 气体；当橡胶试样为 EPDM 时，可在吹扫环节选用 He 气体。

5.3.2 抗氢渗透的优化方法

目前，主要有两种抗氢渗透的优化方法：增强分子链间的相互作用力、延长氢渗透路径。

5.3.2.1 增强分子链间的相互作用力

氢分子在橡胶中的渗透过程受橡胶分子链间的相互作用力影响，即分子链间的相互作用力越强，对氢渗透阻力越大。通常而言，可通过增强橡胶极性以强化橡胶分子链间的相互作用力。Tsutomu 等[36] 开发了对 H$_2$（气）、D$_2$（气）和 T$_2$（氚）具有优异阻隔性能的橡胶材料，研究了溴化改性前后三种气体在丁基橡胶中的渗透行为。结果表明，与未改性的丁基橡胶相比，在较宽的温度范围内改性丁基橡胶对 H$_2$、D$_2$ 和 T$_2$ 表现出优异的阻隔性能。这是由于在丁基橡胶碳链中引入了极性溴原子，限制了节段链的流动性，导致氢扩散系数和氢渗透系数降低。与之类似的是，Fitch 等[37] 采用测压法测定了各种弹性体的 He、H$_2$、D$_2$ 和 O$_2$ 扩散系数。结果发现，含有极性基团的氯磺化聚乙烯橡胶的气体扩散系数和溶解度均较低。这是由于极性氯原子增强了橡胶分子链间的吸引力，使橡胶具有更好的阻隔能力。综上，提高橡胶极性，可有效抑制氢渗透过程。

因此，为减慢氢系统用橡胶密封材料的氢渗透过程，优化橡胶材料的抗氢渗透性能，可再适当提高橡胶极性。

5.3.2.2 延长氢渗透路径

延长氢渗透路径是指通过对橡胶密封材料进行改性，使氢分子在橡胶基体中的扩散路径变得更加曲折或使氢分子在橡胶表面与内部扩散的总路径延长，进而削弱氢渗透作用，提高橡胶氢气阻隔能力。目前，延长氢渗透路径的改性方法主要有两种：共混改性和构建阻氢涂层。

（1）共混改性

共混改性是指在橡胶基体中添加具有高比表面积片状功能填料和高阻隔材料（如 CB、蒙脱土、石墨烯、聚酰胺等），使橡胶基体中形成如图 5-21 所示的"隔离结构"，进而使氢分子在橡胶基体中的扩散路径变得更加曲折，延长氢渗透路径，降低橡胶材料氢渗透性，增强橡胶材料抗氢渗透性能[38]。共混改性制备的橡胶复合材料兼具优异的氢阻隔性能和良好的力学性能。舒代桂[39] 以溴化丁基橡胶为基体，氧化石墨烯（GO）为填料，制备出 GO-溴化丁基橡胶复合材料。通过 SEM 观测到 GO 在溴化丁基橡胶中呈隔离结构分布。此外，橡胶复合材料的氢渗透系数随 GO 用量的增加而逐渐降低，且

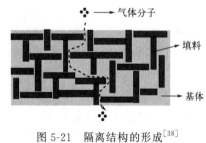

图 5-21　隔离结构的形成[38]

当 GO 用量为 1% 时，橡胶复合材料的渗透系数降低约 45%。这是由于 GO 在溴化丁基橡胶中的取向排列使氢渗透路径变得曲折。吴杰[40] 为增强溴化丁基橡胶氢阻隔能力，采用填充改性法将磁性纳米片 α-Al_2O_3 填充到溴化丁基橡胶中，制备出磁致取向 α-Al_2O_3-溴化丁基橡胶复合材料。相比未改性溴化丁基橡胶，改性后的橡胶复合材料的氢渗透系数下降约 48.4%。这是由于纳米片层的 α-Al_2O_3 填料延长了氢分子在橡胶中的有效扩散路径，降低了橡胶的氢渗透系数。除此之外，已有多篇文献证明，在橡胶中加入高比表面积的填料可有效提升橡胶复合材料的气体阻隔性能[41]。

为了解释共混改性后橡胶复合材料氢阻隔性能增强机理，探究橡胶复合材料氢阻隔性能影响因素，以下将介绍几种橡胶复合材料中的气体小分子阻隔模型。

Nielsen[42] 考虑了片层填料特性（径厚比、含量）对氢渗透路径的影响，提出了片层填料-复合材料气体阻隔模型。之后，在 Nielsen 理论模型的基础上，Bharadwaj[43] 探讨了片层填料的排列方式与氢渗透方向的关系，提出了 Bharadwaj 理论模型。考虑到片层填料在橡胶材料内部会发生团聚现象，Nazarenko 等[44] 在 Bharadwaj 理论模型的基础上引入了团聚层数这一概念。Cussler 等[45] 发现减小气体小分子的渗透面积同样能降低材料的渗透系数，并提出了 Cussler 理论模型。然而，以上几种模型均假设片层填料在材料内部平行规则分布，但实际上填料在材料内部的分布并不均匀，而是随机分布。基于此，Lape 等[46] 在 Cussler 理论模型的基础上考虑了随机分布情况，建立了 Lape-Cussler 模型。在这些理论模型中，片层填料被假设不可渗透且几何形状统一。需依据填料在橡胶基体中的不同存在状态以选择相应的理论模型。理论模型的计算公式和适用条件如表 5-18 所示。

表 5-18　各类理论模型的理论公式及适用条件

理论模型	理论公式	适用条件
Nielsen	$\dfrac{\phi}{\phi_0}=\dfrac{1-\varphi}{1+\dfrac{\alpha\varphi}{2}}$	片层填料平行且规则分布
Bharadwaj	$\dfrac{\phi}{\phi_0}=\dfrac{1-\varphi}{1+\dfrac{\alpha\varphi}{3}\left(\beta+\dfrac{1}{2}\right)}$	片层填料与渗透方向呈角度分布
Nazarenko	$\dfrac{\phi}{\phi_0}=\dfrac{1-\varphi}{1+\dfrac{\alpha\varphi}{3n}\left(\beta+\dfrac{1}{2}\right)}$	考虑片层填料团聚
Cussler	$\dfrac{\phi}{\phi_0}=\dfrac{1-\varphi}{1+\dfrac{(\alpha\varphi)^2}{4}}$	片层填料平行且规则分布
Lape-Cussler	$\dfrac{\phi}{\phi_0}=\dfrac{1-\varphi}{\left(1+\dfrac{\alpha\varphi}{3}\right)^2}$	片层填料随机分布

注：ϕ_0 为不含片层填料的材料渗透系数；ϕ 为含片层填料的材料渗透系数；φ 是片层填料的体积分数；α 是片层填料的纵横比；β 是片层填料与气体分子渗透方向的取向参数；n 是片层团聚层数。

（2）构建阻氢涂层

除了对橡胶基体进行共混改性外，在橡胶表面构建氢气阻隔涂层（阻氢涂层）以延长氢渗透路径是近年研究的热点[47]。构建阻氢涂层的本质原理与橡胶基体共混改性大同小异且效果相同，前者是使氢分子在橡胶基体中的扩散路径变得更加曲折，后者是使氢分子在橡胶表面与内部扩散的总路径延长。具体而言，构建阻氢涂层是基于利用静电自组装、表面涂覆

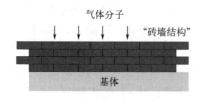

图 5-22   "砖墙结构"气体阻隔涂层

等各种分层技术，采用高比表面积的纳米片层材料（如蒙脱土、石墨烯、氮化硼等），在橡胶表面构建叠层结构。叠层结构也被称作"砖墙结构"，如图 5-22 所示。叠层结构在宏观上延长了氢分子在橡胶表面与内部扩散的总路径，且片层填料在叠层过程中具有很强的方向性，在垂直于氢气渗透方向的平面上消除了缺陷，从而降低氢渗透系数，进而提高了气体阻隔性能，即增强橡胶材料的抗氢渗透性能。叠层结构的层数越多、越薄，则气体阻隔性能越好。

Lee[48] 等采用静电逐层组装法（LBL）制备聚二烯丙基二甲基氯化铵（PDDA）/改性氧化石墨烯（MGO）复合材料（PDDA/MGO），并利用喷涂法辅助沉积在聚对苯二甲酸乙二醇酯（PET）薄膜基材上。他们研究了 pH 值对不同 PDDA/MGO 基 PET 薄膜的氢气透过率的影响。通过扫描电子显微镜观察 PDDA/MGO 自组装涂层的形态，证实了密集堆积的层状结构。其中，6 层 PDDA/MGO 复合涂层 PET 基材的氢气透过率最低，为 $5.7cm^3/(m^2 \cdot 24h \cdot 0.1MPa)$，远低于纯 PET 基材 $[170.7cm^3/(m^2 \cdot 24h \cdot 0.1MPa)]$，氢气透过率降低了 96.7%。该结果表明，PDDA/MGO 复合涂层可作为制备氢气阻隔涂层的潜在候选材料。Li 等[49] 通过共价键自组装技术制备了用于氢气阻隔的改性氧化石墨烯（MGO）/聚乙烯亚胺（PEI）逐层自组装薄膜，并沉积在 PET 基材上。乙二醇二缩水甘油醚改性后的 GO 可以与 PEI 反应形成共价键的环氧基团。他们详细研究了 GO 的改性时间、改性 pH 值对 MGO/PEI 复合涂层 PET 基材氢气渗透性的影响。结果发现，当改性时间为 6h、pH 值为 2 时，10 层 MGO/PEI 复合涂层 PET 基材的氢气透过率为 $289cm^3/(m^2 \cdot 24h \cdot 0.1MPa)$，与纯 PET 基材 $[1365cm^3/(m^2 \cdot 24h \cdot 0.1MPa)]$ 相比降低了 78.8%，这表明 MGO/PEI 复合涂层具有优异的氢气阻隔能力。

因此，为降低氢系统用橡胶密封材料的氢渗透过程，优化橡胶材料的抗氢渗透性能，可对橡胶基体进行共混改性和在橡胶表面构建阻氢涂层。

5.3.3 抗磨减摩的优化方法

5.3.3.1 抗磨减摩涂层

抗磨减摩涂层是一种综合运用物理、化学技术在橡胶基材表面涂覆一层性能优良的润滑膜，赋予橡胶表面低摩擦特性和高耐磨特性的方法。目前常用的抗磨减摩涂层主要分三类：类金刚石涂层、聚合物涂层以及无机材料涂层。

（1）类金刚石涂层

橡胶基材表面的类金刚石（DLC）涂层沉积技术包括等离子体辅助化学气相沉积（PACVD）、等离子体增强化学气相沉积（PECVD）、等离子体化学气相沉积（PCVD）、磁控溅射、飞秒脉冲激光、等离子体基离子注入（PBII）等。

Nakahigashi 等[50] 通过射频等离子体辅助化学气相沉积技术（RF-PCVD）将 DLC 涂层沉积到 NBR 基材表面，在摩擦测试过程中发现 NBR 复合材料表面的摩擦系数下降，且 DLC 的黏附性较好，不会因为 NBR 基材的变形而剥离。

为进一步提高 DLC 膜与 NBR 基材之间的黏合强度，Wu 等[51] 将掺钛碳（Ti-C）膜作为 NBR 基材表面和 DLC 层的中间层，发现在一定的偏置电压下，具有 Ti-C 中间层的 DLC

膜的黏合强度较高，在滑动磨损试验 6000 圈时仍表现出优异的耐磨性和较低的低摩擦系数，说明 Ti-C 中间层可以显著提高 NBR 基材表面沉积的 DLC 涂层的附着力和耐磨性。最近，硅（Si）中间层对 DLC 膜与 NBR 基材之间的黏附性和摩擦学性能的影响被 Qiang 等[52] 发表。他们研究发现，Si 中间层在改善 DLC 膜的黏合性方面无法起到积极作用。此外，当偏置电压较低（小于 500V）时，Si 中间层对涂层的摩擦磨损特性的影响很小。紧接着，Qiang 等[53] 进一步研究了 Si 中间层厚度对 DLC 膜与 NBR 基材之间的黏附性和摩擦学性能的影响。研究表明，当 Si 中间层厚度为 $1.04\mu m$ 时，DLC 涂层具有最佳的附着力和摩擦学性能，而中间层厚度过薄或过厚都会对 DLC 涂层性能产生不利影响。

表 5-19　不同橡胶复合材料的摩擦学特性参数[57]

试样			摩擦学特性				
基材	涂层		力/N	速度/cm·s^{-1}			摩擦系数
Q＊CR＊NBR＊EPT	DLC	Al	0.1	1		干燥	0.7～1.3
Butyl rubber	DLC	Steel	0.5～5	10		干燥	0.15～0.25
Fluoro rubber	Si-DLC	Steel＋SUJ	0.49	1		干燥	0.2～0.25
FKM＊HNBR	Cr/WC/W-DLC	Steel＋100Cr6	1	10		干燥	0.2～0.6
FKM＊HNBR＊ACM	WC/W-DLC	↑	1～5	↑		↑	0.2～0.6
HNBR	Ti-DLC	↑	1,3	↑		↑	0.17～0.25
HNBR	DLC	↑	1,3	↑		↑	0.16～0.22
HNBR	DLC	↑	1,3	↑		↑	0.16～0.22
HNBR	DLC	↑	1	↑		↑	0.11～0.18
ACM	DLC	↑	1～5	↑		↑	0.07～0.3
ACM	DLC	↑	1,3	5～40		↑	0.16～0.3
ACM	DLC	↑	1～5	10		干燥,油	0.07～0.3
HNBR	DLC	↑	1～5	10		干燥	0.1～0.22
HNBR	DLC	↑	1	10～30		↑	0.11～0.18
HNBR	DLC	↑	1,3	10～50		↑	0.11～0.23
NBR	DLC	↑	1～3	10		↑	0.2～0.3
ACM	DLC	Steel＋100Cr6	0.001～1	5		↑	0.05～0.4
NBR	SiC＋optional// DLC or Si-DLC	WC-Co	1,5	10		干燥或水	0.18～0.6
NBR,FKM,TPU	DLC	Steel＋100Cr6	1	10		干燥	0.3～0.65
NBR	DLC	Steel＋100Cr6	1	10		干燥	0.2～0.3
NBR	DLC	WC	0.3	～4.7		干燥	0.22～0.37
NBR	DLC	WC	0.3	～4.7		干燥	0.05～0.3
NBR	Ti-C/DLC	ZrO	0.3	～3.1		干燥	0.15～1

　　除中间层外，等离子体预处理也常被用于提高橡胶基材与涂层之间的结合力。Bai 等[54] 系统研究了 Ar 等离子体预处理时间对 NBR 基材表面的 DLC 涂层的附着力和摩擦学性能的影响。结果发现，随着 Ar 等离子体预处理时间的增加，DLC 涂层与 NBR 基材之间的附着力先增加后减小。此外，Ar 等离子体预处理时间为 30min 的 DLC 涂层的摩擦系

数最低。Liu 等[55] 在此基础上研究了 Ar 溅射压力以及沉积偏压的影响,证明在 Ar 溅射压力为 1.4Pa、沉积偏压为 −200V 的条件下制备的 DLC 涂层表现出优异的附着力和摩擦学性能。

此外,Bayrak 等[56] 提出 DLC 涂层的摩擦磨损行为还取决于橡胶基材性能。由上述可知,DLC 涂层可显著降低 NBR 复合材料的摩擦系数。而 Bayrak 等[56] 发现,当 NBR 基材的硬度越高,NBR 复合材料的摩擦系数降幅越小:硬度最低的 NBR 基材对应的摩擦系数降幅高达 76%,而硬度最高的 NBR 基材的摩擦系数降幅仅为 42%。

表 5-19 总结了不同橡胶基材搭配不同涂层的橡胶复合材料的摩擦学特性参数[57]。值得关注的是,DLC 的化学惰性有效阻止了钢对偶与橡胶基底的直接接触,从而避免了严重的黏着磨损,可以有效提高橡胶密封材料的耐磨性能,降低材料的摩擦系数。

(2) 聚合物涂层

橡胶基材表面的聚合物涂层包括 PTFE 涂层、PU 涂层、PTFE/PU 涂层、PTFE/PE 涂层、聚羟乙基丙烯酸甲酯涂层等。

聚合物涂层已被应用于橡胶制品的表面改性,通过改变橡胶基材表面形态,进一步改善橡胶复合材料的摩擦学特性,例如 PTFE 涂层。PTFE 涂层具有极低的摩擦系数,然而,由于 PTFE 涂层薄膜强度低且在橡胶基材表面的附着力差,导致 PTFE 涂层的耐磨性较差。因此,通常可以对 PTFE 进行复合涂层改性工艺处理,以获得优异的抗磨减摩涂层。

为此,江晓红等[58] 利用 PU 单层涂层、PTFE 单层涂层、PTFE/PU 双层复合涂层对 NBR 基材表面进行改性,发现三种涂层的加入均能有效降低 NBR 复合材料的摩擦系数,且当 PTFE 与 PU 质量比为 1:1 时,PTFE/PU 双层复合涂层改性的 NBR 复合材料的摩擦系数最低。然而,由于 PU 材料硬度较低,PTFE/PU 双层复合涂层的整体耐磨性仍存在不足。

基于此,Zhou 等[59] 以醋酸铜、PE、PTFE 为涂层原料,采用电子束分散技术,在橡胶基材上制备了 PE-PTFE 复合涂层和 Cu-PE-PTFE 复合涂层,并研究了掺杂醋酸铜和辉光放电处理对涂层形态、结构和摩擦学性能的影响。结果表明,由于 PE 和 PE-PTFE 相对较低的表面能,PE-PTFE 复合涂层可以显著降低橡胶复合材料的动摩擦系数。掺杂醋酸铜会引入铜元素,一定程度上增加了复合涂层的动态摩擦系数,但由于等离子放电处理可以有效降低动态摩擦系数,并在摩擦后可以诱导复合涂层表面硬化,提高耐磨性。因此,放电处理的 Cu-PE-PTFE 复合涂层具有较低的动态摩擦系数和较高的耐磨性。

依托橡胶基材表面的抗磨减摩涂层的研究基础,学者们对服役工况下橡胶密封结构涂层的摩擦学特性也展开了初步研究。Padgurskas 等[60] 研究了氟聚合物材料对服役工况下法兰橡胶密封件摩擦磨损特性的影响。结果表明,应用在密封部件上的低氟聚物涂层使运行 1500 小时的密封件和轴承的磨损率分别降低了 68% 和 74%。即使氟聚合物涂层被磨穿,摩擦副的性能仍基本不受影响。这归因于在聚合物-金属摩擦过程中,氟聚合物涂层依靠自身的层状结构、高耐热性以及高稳定性,降低了摩擦系数并提高摩擦副的耐磨性。

Zhou 等[61] 还报告了一种应用于水润滑条件下的亲水性聚羟乙基丙烯酸甲酯(PHE-MA)涂层,它可以轻松涂覆在硅橡胶表面,以保证低摩擦系数。结果表明,在纯水环境中,所有 PHEMA 涂层的硅橡胶复合材料摩擦系数显著低于不含涂层的硅橡胶摩擦系数。此外,PHEMA 涂层的硅橡胶复合材料摩擦系数随着甘油浓度的增加而逐渐降低,可能是由于甘油在一定程度上减小了接触面粗糙度。

因此，基于化学吸附或物理吸附作用的薄聚合物涂层，可以改变橡胶基材表面的形态，改善橡胶基材表面的摩擦学特性，有效降低橡胶复合材料的摩擦系数。

（3）无机材料涂层

橡胶基材表面的无机材料涂层包括陶瓷材料［如碳化钨（WC）］、Ni-P以及硬质SiO_2等。无机材料涂层沉积技术包括物理沉积法、化学沉积法、化学镀法、溶胶-凝胶法等。

Cadambi等[62]利用离子注入技术将WC涂层沉积在HNBR、FKM和硅橡胶基材上。在较低温度下，根据SEM观测结果可知，WC涂层在三种橡胶基材上均呈现出分布均匀且沉积良好的状态，涂层均具备良好的附着力。根据磨损测试结果可知，HNBR、FKM和硅橡胶基材的耐磨性分别提高了42.6%、40.8%和42.5%，说明WC涂层可有效提高橡胶材料的耐磨性能和使用寿命。Verheyde等[63]使用成本更低的烷基酚聚氧乙烯醚（APEO）作为前体，利用大气压等离子射流技术将硅氧烷基涂层沉积在HNBR基材上，并用X射线光电子能谱（XPS）和傅里叶变换红外光谱（FTIR）研究涂层的化学结构，通过OM观察涂层表面结构。结果发现，APEO涂层显著降低了HNBR复合材料的摩擦系数。

上述无机材料涂层沉积技术均属于物理沉积法或化学沉积法，其制备成本较高。为此，Vasconcelos等[64]发表了一种无机材料涂层化学镀法，在HNBR基材上涂覆附着力良好的Ni-P涂层，其操作相对简单、成本相对较低。具体而言，他们首先优化了HNBR基材表面功能化工艺，与聚乙烯吡咯烷酮（PVP）形成互穿网络。其次，使银纳米颗粒沉积在PVP上并作为Ni-P涂层沉积的催化剂。再次，在碱性浴中电镀60~120min后，获得了均匀的低磷Ni-P涂层。随后研究了Ni-P涂层/HNBR基材的摩擦学行为。结果表明，与未涂覆的HNBR相比，Ni-P涂层使HNBR复合材料的摩擦系数降低了30%~49%。

因此，采用合适的无机材料涂层制备工艺可以提高橡胶材料的耐磨性能与使用寿命，降低橡胶基材表面的摩擦系数。

5.3.3.2 抗磨减摩填料

填料在橡胶材料中的应用是目前材料科学研究的重要方向。填料的加入可以改变橡胶的许多材料特性，尤其是摩擦学性能。填料特性（种类、含量、粒径、比表面积）会影响橡胶摩擦磨损特性。目前常用的抗磨减摩填料主要分三类：传统填料、纤维填料以及纳米填料。

（1）传统填料

传统填料（如CB、石墨等）对橡胶摩擦学特性的影响已得到了广泛研究。Karger-Kocsis等[65]采用销-板和环-板两种摩擦磨损试验方式，研究了CB含量对EPDM与钢的干摩擦和滑动磨损性能的影响。结果表明，随着CB含量的增加，橡胶材料比磨损率逐渐降低，而摩擦系数则取决于橡胶成分、试验持续时间和试验台类型。此外，接触应力、闪蒸温度和磨屑从接触区域的转移也会影响摩擦系数。一般来说，稳态摩擦系数会随着CB含量的上升而降低。

Kuang等[66]将NBR和EPDM试样暴露于27.6MPa氢环境下进行平面摩擦学测量，以确定填料对橡胶摩擦学特性的影响。结果表明，CB的加入可以显著降低临氢环境下NBR试样的摩擦系数，但会略微增加临氢环境下EPDM试样的摩擦系数。这可能是由于两者橡胶中的填料分布特性不同。此外，由于NBR基体与DOS发生相分离，使DOS迁移到橡胶材料表面。由于DOS具有"润滑"效果，因此NBR试样的摩擦系数显著低于EPDM。上述结果表明，NBR 和 EPDM 的摩擦磨损行为的变化是高压氢、填料和增塑剂综合作用的结果。

除了 CB 之外，SC 也是氢能装备橡胶密封材料的常用填料。Choi 等[67] 通过非原位磨损试验，对比研究了 96.6MPa 氢暴露前后的填料种类（CB 和 SC）及含量（20、40 和 60phr）对 NBR 试样摩擦学特性的影响。结果发现，NBR 试样的耐磨性随填料含量的增加而增加，且 NBR-CB 的摩擦系数和磨损率低于 NBR-SC，这主要归因于 NBR-CB 内部的结构强度更胜一筹。

综上，橡胶密封材料的摩擦磨损特性受传统填料的种类、含量等参量的影响。选择合适的传统填料可以有效改善橡胶材料的摩擦学性能。

（2）纤维填料

常见的纤维填料有玄武岩纤维、碳纤维等。Wang 等[68] 制备了不同纤维含量和取向的碳纤维（CF）增强 NBR 复合材料，通过阿克隆磨耗试验评价了复合材料的耐磨性。结果表明，随着碳纤维含量的增加，纤维水平排列的 NBR 复合材料的磨损量增加，而纤维水平排列的 NBR 复合材料的磨损量先减小后增加。

玄武岩纤维（BF）是一种天然矿物纤维，由于其优异的综合性能和相对较低的成本，已作为橡胶复合材料传统填料的"绿色"替代填料。近年来，BF 由于具有优异的耐磨性，其对橡胶复合材料摩擦学性能的影响逐渐受到关注[69]。Li 等[70] 制备了不同 BF 含量（0~30phr）和取向（平行/垂直于摩擦滑动方向）的 BF/NBR 复合材料，研究了 BF 含量和取向对复合材料磨损性能的影响。结果表明，添加适量的 BF 可以提高复合材料的硬度和形成摩擦转移膜，从而显著降低摩擦系数和磨损率，且平行于摩擦滑动方向的 BF 对提高耐磨性的效果更好。然而，过量的 BF（高于 20phr），特别是垂直于摩擦滑动方向的 BF，可能会被压碎并保留在摩擦界面上，导致磨粒磨损的出现并加剧复合材料表面的断裂。

上述研究结果表明，纤维增强橡胶复合材料的摩擦学性能受纤维含量、取向、长径比和表面处理方式等因素的综合影响。

（3）纳米填料

由于较大的表面积与体积比，石墨烯、纳米二硫化钼等纳米填料可以在非常低的填料含量下显著影响橡胶材料的整体性能，特别是摩擦学性能。多功能纳米填料拓宽了橡胶纳米复合材料的潜在应用，使其能够针对特定应用进行选择，例如氢能装备橡胶密封材料面临的高压工况、不允许使用润滑剂的环境以及高温度变化范围的条件。目前应用于摩擦工况的橡胶纳米复合材料正朝着节省材料、减少能耗以及提高效益的方向迈进。

对于橡胶-金属摩擦副，填料总是从橡胶向金属摩擦副表面转移，形成转移膜，起到润滑和减少磨损的作用。纳米填料的加入显著改变了橡胶密封材料的性质和表面粗糙度，更有利于在对磨件之间形成润滑膜，提高橡胶材料的摩擦学特性。

石墨烯作为纳米领域中的明星材料，具有高润滑性等许多优异性质。Agrawal 等[71] 研究了石墨烯在 NBR 中的分散情况，发现石墨烯的自润滑作用可以大幅降低 NBR 复合材料的摩擦系数。Das 等[72] 研究了氧化石墨烯在干润滑和水润滑条件下对 NBR 摩擦系数和磨损率的影响。结果表明，在干滑动摩擦条件下，NBR 的摩擦系数和磨损率随着氧化石墨烯含量的增加先减小后增大；在水润滑条件下，随氧化石墨烯含量的增加而减小。

除了石墨烯之外，纳米金属氧化物也被应用于改善橡胶密封材料的结构特性。Wang 等[73] 为改善 NBR 的摩擦学性能，在 NBR 中加入了具有良好润滑性的纳米四氧化三铁

（Fe_3O_4）颗粒，制备了 NBR/纳米 Fe_3O_4 复合材料。结果表明 NBR/纳米 Fe_3O_4 复合材料具有优异的抗磨减摩性能。随着纳米 Fe_3O_4 含量的增加，复合材料的摩擦系数和磨损率逐渐降低，且当纳米 Fe_3O_4 质量分数为 10% 时，摩擦学特性最佳。然而，当纳米 Fe_3O_4 质量分数高于 15% 时，由于磨粒磨损和黏着磨损不断增强，导致摩擦系数和磨损率逐渐增大，并稳定维持在一定范围内。除此之外，纳米 Fe_3O_4 的加入提高了复合材料的耐热性能，保障了复合材料在高温下的摩擦学特性。

纳米二硫化钼（MoS_2）和纳米二氧化铈（CeO_2）同样具有良好的润滑特性。Dong 等[74]研究了球状和片状纳米 MoS_2 颗粒对水润滑橡胶材料摩擦学性能的影响。通过对摩擦噪声和摩擦振动临界速度的测试，发现球形纳米 MoS_2 粒子的加入提高了橡胶材料的力学性能和抗磨减摩性能。而片状纳米 MoS_2 颗粒虽然降低了橡胶材料的摩擦系数，但未能提高其力学性能和耐磨性能。Han 等[75]研究了纳米 CeO_2 和石墨烯对热氧化老化条件下的苯硅橡胶复合材料摩擦学性能的影响。结果发现，随着纳米 CeO_2 和石墨烯的加入，GCr15 钢球与苯硅橡胶复合材料之间的摩擦系数逐渐降低，这与纳米 CeO_2 和石墨烯在老化和摩擦生热过程中对橡胶基材表面的保护作用有关。随着法向载荷的增加，摩擦生热增加，橡胶基材的软化降低了磨球的运动阻力，减小了摩擦系数。然而，过高的石墨烯含量（$0.8 \sim 1.5$phr）会导致石墨烯转移膜的破坏和严重的疲劳磨损，反而会增加苯硅橡胶复合材料的磨损率。

当二氧化硅（SiO_2）的粒径达到纳米级时，同样能显著提升橡胶的摩擦学特性。Liu 等[76]研究了纳米 SiO_2 颗粒对 NBR 摩擦学性能的影响，发现 SiO_2 的分散性和粒径对复合材料摩擦学特性的影响最为明显。他们用硅烷偶联剂双-3-(三乙氧基硅烷)丙基四硫化物（TESPT）对纳米 SiO_2 粒子进行改性后，显著提高了其在橡胶中的分散性，且 SiO_2（TESPT）/NBR 在低速和高载荷条件下均表现出较低的摩擦系数。此外，改性后的 SiO_2 粒径更小，与 NBR 基体的界面结合更强，故 SiO_2（TESPT）/NBR 的磨损程度更低，耐磨性更优异。

近年来，MXene 等新兴纳米材料的出现，为橡胶/纳米填料复合材料的制备提供了更多可能性。Qu 等[77]采用溶液共混和热压法制备了聚多巴胺和氨基硅烷表面改性 Ti_3C_2-MXene，加入 NBR 后增强了材料的耐磨性。在干摩擦条件下，与不含 Mxene 的 NBR 摩擦系数（0.647）相比，M/NBR（含 Mxene）、MP/NBR（含改性 Mxene）和 MPK/NBR（含二次改性 Mxene）复合材料的摩擦系数分别为 0.563、0.561 和 0.543。此外，M/NBR、MP/NBR 和 MPK/NBR 复合材料的磨损率分别比不含 Mxene 的 NBR 降低了 40%、74% 和 76%。因此，表面改性有利于提高 MXene 与 NBR 基材的界面强度，提高了复合材料的硬度，在摩擦过程中形成了稳定连续的润滑膜，帮助 NBR 复合材料获得优异的耐磨性。

由此可见，加入适量的纳米填料可显著改善橡胶材料的性质和表面粗糙度，有利于在对磨件之间形成润滑膜，不仅能降低橡胶材料的摩擦系数，还能提高橡胶材料的耐磨性能。

5.3.4　阻氢与耐磨协同优化方法

与传统工况下橡胶密封材料的磨损机制不同，氢能装备橡胶密封材料的氢侵入与摩擦磨损的耦合问题更为复杂，这对橡胶密封材料的阻氢与耐磨优化方法提出严峻挑战。由 5.3.1 节、5.3.2 节以及 5.3.3 节可知，橡胶密封材料的性能提升主要与内部填料和表面涂层有关。基于此，本节针对橡胶密封件与金属组成的摩擦副，提出两种橡胶密封结构抗氢渗透与抗磨减摩双强化的优化思路。

（1）金属摩擦副的耐磨性提升＋橡胶密封材料氢相容性提升

在动态密封结构中，橡胶密封部件的摩擦磨损受到多种因素的共同影响，其中橡胶密封件与金属摩擦副端面之间的磨料磨损便是至关重要的因素之一。一旦金属受到坚硬的化合物或介质的作用而发生磨损，则粗糙的金属端面会加剧橡胶密封件的磨损。针对此问题，在金属摩擦副端面涂覆具有优异摩擦学特性的涂层是一种简便可行的方法。另一方面，橡胶密封材料的氢传输特性受多种因素影响，其中填料特性是主要因素之一。因此，可向橡胶密封材料中加入合适的填料或在其表面制备阻氢涂层，使氢分子在橡胶基体中的扩散路径变得更加曲折，抑制氢气传输过程，提高橡胶密封材料的氢相容性。

（2）橡胶材料的阻氢与耐磨性双强化

二维材料具有比普通材料更高的纵横比，在橡胶材料内部可以作为氢气阻隔的屏障，从而实现最佳的氢气阻隔效果。除此之外，二维材料的加入还能在摩擦过程中在摩擦界面形成稳定的转移膜，降低橡胶密封材料的摩擦系数和磨损率，并提高密封结构的耐久性。因此，将性能优异的二维材料加入橡胶密封材料的功能性涂层中是一种可行的方案。然而，由于二维材料层间基团的相互作用，容易发生团聚现象。此外，过度的填料团聚现象会导致橡胶材料的软化。同时，当橡胶内部出现气泡或缺陷时，橡胶基体-填料的界面结构不牢固，容易成为裂纹萌生和扩展的部位。因此，在选择填料时应仔细考虑填料的尺寸和形貌、填料界面的各向异性、填料与橡胶密封材料的相容性以及填料在加工过程中的固有缺陷等因素，以避免引起或增加橡胶材料内部的缺陷。

为了提高氢能装备橡胶密封结构的抗氢渗透和抗磨减摩性能，本节提出了两种可能的研究思路：提升金属摩擦副的摩擦学性能和橡胶密封件的阻氢性能，或同时提升橡胶密封材料的阻氢性能和抗磨减摩性能。这两种思路各有优劣却又具有很大挑战性，需要在实验和理论上进行深入的探索和验证。因此，之后仍需要对氢能装备橡胶密封材料密封性能优化方法进行更深入的探究，以期开发兼具高效阻氢与抗磨减摩的新型密封部件。

5.4 密封结构的失效与防治

密封结构常见失效模式及防治措施见表 5-20。

表 5-20　密封结构失效模式及防治措施

失效模式	现象描述	防治措施
安装损伤	橡胶密封件部分或全部呈现整齐伤口	① 清除锋利边角 ② 提升沟槽设计合理性 ③ 选择尺寸合适的橡胶密封件 ④ 选用高硬度、高弹性的橡胶密封材料 ⑤ 安装前确保橡胶密封件表面足够清洁

续表

失效模式	现象描述	防治措施
氢致鼓泡	橡胶密封件的内外部出现气泡、凹坑、疤痕	① 考虑以 SC 作为填料 ② 适当提高填料含量 ③ 适当提高橡胶交联密度 ④ 降低泄压速率
挤出咬伤	橡胶密封件的低压侧出现粗糙破烂的边缘	① 选用高硬度、高弹性的橡胶密封材料 ② 减小加工误差、提高装配精度 ③ 提升沟槽设计合理性 ④ 将压盖的锋利边缘倒圆角 ⑤ 加装挡圈 ⑥ 设计时充分考虑吸氢膨胀的影响
磨粒磨损	橡胶密封件全部或部分密封区域产生磨损，可在密封表面找到材料磨损的颗粒	① 适当增加填料含量 ② 使用较小粒径的填料 ③ 在往复动密封件低压侧加装挡圈 ④ 确保密封面尺寸精度的合理性 ⑤ 在设计时考虑吸氢膨胀的影响
压缩永久变形	橡胶密封件接触表面呈现平面永久变形，并可能伴随裂纹	① 添加适当的填料和增塑剂 ② 优先考虑用 FKM 制备的密封件 ③ 选择合适的吹扫气体
扭曲现象	橡胶密封件沿周向发生扭转的现象	① 改善动密封部件(气缸孔,活塞杆)的表面粗糙度 ② 检查外圆部件(特别是气缸孔) ③ 提供适当的润滑 ④ 使用内部润滑的橡胶密封材料 ⑤ 选用高硬度的橡胶密封材料 ⑥ 考虑优化密封圈形状(如 X 形圈)

续表

失效模式	现象描述	防治措施
焦耳热效应	橡胶密封件处在拉伸状态时遇热收缩现象 	① 选择耐高温性能的橡胶材料或者尽可能降低密封面的温度 ② 橡胶密封圈在较高温度工况中服役时，尽可能设计为压缩状态下的密封，如将活塞密封改为活塞杆密封
增塑剂析出	橡胶密封截面尺寸减小 	① 添加增塑剂时严格控制增塑剂的用量及质量，同时控制熔融温度 ② 确保橡胶密封材料硫化工艺的合理性

参考文献

[1]　黄迷梅．液压气动密封与泄漏防治 [M]．北京：机械工业出版社，2003.

[2]　GB/T 3452.3—2005.

[3]　付平，常德功．密封设计手册 [M]．北京：化学工业出版社，2009.

[4]　广廷洪，汪德涛．密封件使用手册 [M]．北京：机械工业出版社，1994.

[5]　周池楼，陈国华．O 型橡胶密封圈高压氢气环境中特性表征 [J]．化工学报，2018，69（08）：3557-3564.

[6]　Barth R R，Simmons K L，San Marchi C. Polymers for hydrogen infrastructure and vehicle fuel systems：applications，properties，and gap analysis [R]．Barth R R，Simmons K L，San Marchi C，2013.

[7]　Bechir H，Chevalier L，Chaouche M，et al. Hyperelastic constitutive model for rubber-like materials based on the first Seth strain measures European Journal of Mechanics-A/Solids，2006，25（1）：110-124.

[8]　Rivlin R S. Large elastic deformations of isotropic materials Ⅳ. Further developments of the general theory [J]．Philosophical Transactions of the Royal Society of London. Series A，Mathematical and Physical Sciences，1948，241（835）：379-397.

[9]　Yamabe J，Nishimura S，Koga A. A study on sealing behavior of rubber O-ring in high pressure hydrogen gas [J]．SAE International Journal of Materials and Manufacturing，2009，2（1）：452-460.

[10]　Yamabe J，Fujiwara H，Nishimura S. Fracture analysis of rubber sealing material for high pressure hydrogen vessel [J]．Journal of Environment & Engineering，2011，6（1）：53-68.

[11]　刘辉，尹明富，孙会来．三轴可燃冰试验机 X 形密封圈密封性能分析 [J]．现代制造工程，2020（01）：130-135.

[12]　Zhou C L，Zheng Y，Liu X. Fretting characteristics of rubber X-ring exposed to high-pressure gaseous hydrogen [J]．Energies，2022，15（19）：7112.

[13]　Kapoor A，Johnson K L. Plastic ratchetting as a mechanism of metallic wear [J]．Proceedings：Mathematical and Physical Sciences，1994，445（1924）：367-384.

［14］　Rezaei A，Paepegem W V，Baets P D，et al. Adaptive finite element simulation of wear evolution in radial sliding bearings ［J］. Wear，2012，296 (1-2)：660-671.

［15］　Wilson B. Friction，Wear and lubrication：a textbook in tribology ［J］. Industrial Lubrication and Tribology，1998，50 (5)：236.

［16］　Põdra P，Andersson S. Simulating sliding wear with finite element method ［J］. Tribology International，1999，32 (2)：71-81.

［17］　Hegadekatte V. Modeling and simulation of dry sliding wear for micro-machine applications ［M］. Düren：Shaker Verlag GmbH，2006.

［18］　Martínez F J，Canales M，Izquierdo S，et al. Finite element implementation and validation of wear modelling in sliding polymer-metal contacts ［J］. Wear，2012，284：52-64.

［19］　Yuan T，Yan H，Zhao Y L，et al. Gas Sealing Performance Analysis of Metal Rubber Seals ［J］. IOP Conference Series：Materials Science and Engineering，2018，423 (1)：012142.

［20］　Yamabe J，Nishimura S. Hydrogen-induced degradation of rubber seals，woodhead publishing series in metals and surface engineering ［J］. Woodhead Publishing：Elsevier，2012：769-816.

［21］　Heinze E. Besonderer BerÜcksichti-dung ihrer Verwendung im Kältema schinenbau ［J］. Kältetechnik，1949，1：26-32.

［22］　Abouel-Kasem A，Lazarev S. Micro elastoviscoplastic model of rubber and its usage for numerical analysis and design of parts ［C］. Ⅳ th International Conference on Scientific and Technical Problems of Forecasting of Reliability and Durability of Designs and Methods of Their Solution，November，2000：13-15.

［23］　Yamabe J，Nishimura S. Influence of fillers on hydrogen penetration properties and blister fracture of rubber composites for O-ring exposed to high-pressure hydrogen gas ［J］. International Journal of Hydrogen Energy，2009，34 (4)：1977-1989.

［24］　Yamabe J，Nishimura S. Influence of carbon black on decompression failure and hydrogen permeation properties of filled ethylene-propylene-diene-methylene rubbers exposed to high-pressure hydrogen gas ［J］. Journal of Applied Polymer Science，2011，122 (5)：3172-3187.

［25］　Jeon S K，Kwon O H，Tak N H，et al. Relationships between properties and rapid gas decompression (RGD) resistance of various filled nitrile butadiene rubber vulcanizates under high-pressure hydrogen ［J］. Materials Today Communications，2022，30：103038.

［26］　Wilson M A，Frischknecht A L. High-pressure hydrogen decompression in sulfur crosslinked elastomers ［J］. International Journal of Hydrogen Energy，2022，47 (33)：15094-15106.

［27］　Yamabe J，Nishimura S. Tensile properties and swelling behavior of sealing rubber materials exposed to high-pressure hydrogen gas ［J］. Journal of Solid Mechanics and Materials Engineering，2012，6 (6)：466-477.

［28］　Yamabe J N M，Fujiwara H，Et Al. Influence of high-pressure hydrogen exposure on increase in volume by gas absorption and tensile properties of sealing rubber material ［J］. Journal of the Society of Materials Science，2011，60 (1)：63-69.

［29］　Kang H M，Choi M C，Lee J H，et al. Effect of the high-pressure hydrogen gas exposure in the silica-filled EPDM sealing composites with different silica content ［J］. Polymers，2022，14 (6)：1151.

［30］　Fuji wara H，Ono H，Nishimura S. Effects of fillers on the hydrogen uptake and volume expansion of acrylonitrile butadiene rubber composites exposed to high pressure hydrogen：-Property of polymeric materials for high pressure hydrogen devices (3) ［J］. International Journal of Hydrogen Energy，2022，47 (7)：4725-4740.

［31］　Nishimura S. Database of Polymeric Materials for Hydrogen Gas Seals and Dispensing Hoses ［R］.

Kyushu University，2018：1-24.

[32] Kim K，Jeon H-R，Kang Y-I，et al. Influence of filler particle size on behaviour of EPDM rubber for fuel cell vehicle application under high-pressure hydrogen environment［J］. Transactions of the Korean Hydrogen and New Energy Society，2020，31（5）：453-458.

[33] Simmons K，Bhamidipaty K，Menon N，et al. Compatibility of polymeric materials used in the hydrogen infrastructure［J］. Pacific Northwest National Laboratory，DOE Annual Merit Review，2017.

[34] Simmons K L，Marchi C S. H-Mat Overview：Polymer［R］. Simmons K L，Marchi C S，Sandia National Lab，2021.

[35] Menon N C，Kruizenga A M，San Marchi C W，et al. Polymer behaviour in high pressure hydrogen helium and argon enviornments as applicable to the hydrogen infratructure［R］. Sandia National Lab. (SNL-NM)，Albuquerque，NM（United States），2017.

[36] Tsutomu N M Y，Katsumi K. Development of rubbery materials with excellent barrier properties to H_2，D_2，and T_2［J］. Journal of Membrane Science，1990，52（3）：263-274.

[37] Fitch M W，Koros W J，Nolen R L，et al. Permeation of several gases through elastomers，with emphasis on the deuterium/hydrogen pair［J］. Journal of Applied Polymer Science，1993，47（6）：1033-1046.

[38] Wang X，Tian M，Chen X，et al. Advances on materials design and manufacture technology of plastic liner of type Ⅳ hydrogen storage vessel［J］. International Journal of Hydrogen Energy，2022，47（13）：8382-8408.

[39] 舒代桂. 氧化石墨烯/溴化丁基橡胶隔离结构复合材料制备及阻氢性能研究［D］. 绵阳：西南科技大学，2020.

[40] 吴杰. 磁致取向 α-Al_2O_3/溴化丁基橡胶复合材料制备及阻氢性能研究［D］. 绵阳：西南科技大学，2019.

[41] Wang L，Zhang J，Sun Y，et al. Green preparation and enhanced gas barrier property of rubber nanocomposite film based on graphene oxide-induced chemical crosslinking［J］. Polymer，2021，225.

[42] Nielsen L E. Models for the permeability of filled polymer systems［J］. Journal of Macromolecular Science：Part A-Chemistry，1967，1（5）：929-942.

[43] Bharadwaj R K. Modeling the barrier properties of polymer-layered silicate nanocomposites［J］. Macromolecules，2001，34（26）：9189-9192.

[44] Nazarenko S，Meneghetti P，Julmon P，et al. Gas barrier of polystyrene montmorillonite clay nanocomposites：effect of mineral layer aggregation［J］. Journal of Polymer Science Part B：Polymer Physics，2007，45（13）：1733-1753.

[45] Cussler L E，Hughes S E，Ward W J. Barrier membranes［J］. Journal of membrane science，1998，38（2）：161-174.

[46] Lape N K，Nuxoll E E，Cussler E L. Polydisperse flakes in barrier films［J］. Journal of Membrane Science，2004，236（1-2）：29-37.

[47] Saha S，Son W，Kim N H，et al. Fabrication of impermeable dense architecture containing covalently stitched graphene oxide/boron nitride hybrid nanofiller reinforced semi-interpenetrating network for hydrogen gas barrier applications［J］. Journal of Materials Chemistry A，2022，10（8）：4376-4391.

[48] Lee S M，Jeong H，Kim N H，et al. Layer-by-layer assembled graphene oxide/polydiallydimethylammonium chloride composites for hydrogen gas barrier application［J］. Advanced Composite Materials，2018，27（5）：457-466.

[49] Li P，Chen K，Zhao L，et al. Preparation of modified graphene oxide/polyethyleneimine film with enhanced hydrogen barrier properties by reactive layer-by-layer self-assembly［J］. Composites Part B：

Engineering，2019，166：663-672.

[50] Nakahigashi T，Tanaka Y，Miyake K，et al. Properties of flexible DLC film deposited by amplitude-modulated RF P-CVD [J]. Tribology International，2004，37 (11-12)：907-912.

[51] Wu Y M，Liu J Q，Cao H T，et al. On the adhesion and wear resistance of DLC films deposited on nitrile butadiene rubber：A Ti-C interlayer [J]. Diamond and Related Materials，2020，101.

[52] Qiang L，Yu S，Liu G，et al. Comparative study on the influence of bias on the properties of Si-DLC film with and without Si interlayer on NBR：The role of Si interlayer [J]. Diamond and Related Materials，2020，101：107614.

[53] Qiang L，Bai C，Gong Z，et al. Microstructure，adhesion and tribological behaviors of Si interlayer/Si doping diamond-like carbon film developed on nitrile butadiene rubber [J]. Diamond and Related Materials，2019，92：208-218.

[54] Bai C，Liang A，Cao Z，et al. Achieving a high adhesion and excellent wear resistance diamond-like carbon film coated on NBR rubber by Ar plasma pretreatment [J]. Diamond and Related Materials，2018，89：84-93.

[55] Liu J，Li L，Wei B，et al. Effect of sputtering pressure on the surface topography，structure，wettability and tribological performance of DLC films coated on rubber by magnetron sputtering [J]. Surface and Coatings Technology，2019，365：33-40.

[56] Bayrak S，Paulkowski D，Stöckelhuber K W，et al. A comprehensive study about the role of crosslink density on the tribological behavior of DLC coated rubber [J]. Materials，2020，13 (23)：5460.

[57] 强力，张斌，于元烈，等. 橡胶表面碳基薄膜耐磨改性研究进展 [J]. 中国表面工程，2021，34 (02)：25-34.

[58] 江晓红，等. 聚合物复合薄膜改性橡胶表面结构及其摩擦性能研究 [J]. 摩擦学学报，2007，(02)：106-111.

[59] Zhou B，Liu Z，Xu B，et al. Modification of Cu-PE-PTFE composite coatings on rubber surface by low-energy electron beam dispersion with glow discharge [J]. Polymer Engineering & Science，2018，58 (1)：103-111.

[60] Padgurskas J，Zunda A，Andriusis A，et al. The effect of fluorine oligomer coatings on the tribocontacts of a piezoelectric actuator [J]. Journal of Friction and Wear，2014，35 (1)：1-6.

[61] Zhou S，Qian S，Wang W，et al. Fabrication of a hydrophilic low-friction poly (hydroxyethyl methacrylate) coating on silicon rubber [J]. Langmuir，2021，37 (45)：13493-13500.

[62] Cadambi R M，Ghassemieh E. Hard coatings on elastomers for reduced permeability and increased wear resistance [J]. Plastics，rubber and composites，2012，41 (4-5)：169-174.

[63] Verheyde B，Havermans D，Vanhulsel A. Characterization and tribological behaviour of siloxane-based plasma coatings on HNBR rubber [J]. Plasma Processes and Polymers，2011，8 (8)：755-762.

[64] Vasconcelos B，Serra R，Oliveira J，et al. Electroless deposition of Ni-P coatings on HNBR for low friction rubber seals [J]. Coatings，2020，10 (12)：1237.

[65] Karger-Kocsis J，Mousa A，Major Z，et al. Dry friction and sliding wear of EPDM rubbers against steel as a function of carbon black content [J]. Wear，2007，264 (3).

[66] Kuang W，Bennett W D，Roosendaal T J，et al. In situ friction and wear behavior of rubber materials incorporating various fillers and/or a plasticizer in high-pressure hydrogen [J]. Tribology International，2021，153：106627.

[67] Choi B L，Jung J K，Baek U B，et al. Effect of functional fillers on tribological characteristics of acrylonitrile butadiene rubber after high-pressure hydrogen exposures [J]. Polymers，2022，14 (5)：861.

［68］ Wang X，Zhang J，Zhang H，et al. Tensile and friction properties of carbon fiber/nitrile rubber composites：influence of carbon fiber content and orientation ［J］. Polym Mater Sci Eng，2015，31：92-101.

［69］ Kumar A J，Srinivasan V. Wear behavior of chitosan-filled polylactic acid/basalt fiber hybrid composites ［J］. Advances in Polymer Technology，2018，37 (3) .

［70］ Li Z，Li Y，Cheng J，et al. Effects of fibre content and orientation on wear properties of basalt fibre/acrylonitrile-butadiene rubber composites ［J］. Iranian Polymer Journal，2020，29 (4) .

［71］ Agrawal N，Parihar A，Singh J，et al. Efficient nanocomposite formation of acyrlo nitrile rubber by incorporation of graphite and graphene layers：reduction in friction and wear rate ［J］. Procedia Materials Science，2015，10：139-148.

［72］ Das A，Kasaliwal G R，Jurk R，et al. Rubber composites based on graphene nanoplatelets，expanded graphite，carbon nanotubes and their combination：A comparative study ［J］. Composites Science and Technology，2012，72 (16) .

［73］ Wang Q. The heat-resistant and tribological mechanism of nano-Fe_3O_4-reinforced nitrile butadiene rubber ［J］. Journal of Elastomers & Plastics，2013，45 (3) .

［74］ Dong C L，Yuan C Q，Bai X Q，et al. Tribological properties of aged nitrile butadiene rubber under dry sliding conditions ［J］. Wear，2015，322：226-237.

［75］ Han R，Quan X，Shao Y，et al. Tribological properties of phenyl-silicone rubber composites with nano-CeO_2 and graphene under thermal-oxidative aging ［J］. Applied Nanoscience，2020，10 (prepublish) .

［76］ Liu X，Zhou X，Yang C，et al. Study on the effect of particle size and dispersion of SiO_2 on tribological properties of nitrile rubber ［J］. Wear，2020，460-461.

［77］ Qu C H，Li S，Zhang Y M，et al. Surface modification of Ti_3C_2-MXene with polydopamine and amino silane for high performance nitrile butadiene rubber composites ［J］. Tribology International，2021.